甘肃太统-崆峒山国家级自然保护区
综合科学考察

GANSU TAITONG – KONGTONGSHAN GUOJIAJI ZIRAN BAOHUQU
ZONGHE KEXUE KAOCHA

杨占峰 周 建 王玉霞 主 编

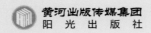

黄河出版传媒集团
阳光出版社

图书在版编目（CIP）数据

甘肃太统－崆峒山国家级自然保护区综合科学考察 /
杨占峰，周建，王玉霞主编. -- 银川：阳光出版社，
2022.12
　　ISBN 978-7-5525-6724-3

Ⅰ.①甘… Ⅱ.①杨… ②周… ③王… Ⅲ.①自然保
护区－科学考察－考察报告－甘肃 Ⅳ.①S759.992.42

中国国家版本馆CIP数据核字（2023）第000268号

甘肃太统－崆峒山国家级自然保护区综合科学考察

杨占峰　周　建　王玉霞　主编

责任编辑　马　晖
封面设计　石　磊
责任印制　岳建宁

黄河出版传媒集团　出版发行
阳光出版社

出 版 人　薛文斌
地　　址　宁夏银川市北京东路139号出版大厦（750001）
网　　址　http://www.ygchbs.com
网上书店　http://shop129132959.taobao.com
电子信箱　yangguangchubanshe@163.com
邮购电话　0951-5047283
经　　销　全国新华书店
印刷装订　宁夏银报智能印刷科技有限公司
印刷委托书号　（宁）0025191
地图审图号　甘S（2024）6208009号

开　　本　720mm×980mm　1/16
印　　张　22.25
字　　数　280千字
版　　次　2022年12月第1版
印　　次　2024年8月第1次印刷
书　　号　ISBN 978-7-5525-6724-3
定　　价　88.00元

前 言
FOREWORD

甘肃太统－崆峒山国家级自然保护区（以下简称"自然保护区"）位于陇东黄土高原西部，六盘山系东侧支脉，黄河支流中上游地区平凉市崆峒区境内，距城区仅15 km。自然保护区范围东起平泾公路甘沟大湾梁，西至宁夏固原市泾源县界，南至包家沟梁，北至胭脂河，地理坐标位于东经106°26′18″~106°37′24″和北纬35°25′08″~35°34′50″。总面积16 283 hm²，其中，核心区6 680 hm²、缓冲区4 645 hm²、实验区4 958 hm²，分别占自然保护区总面积的41.02%、28.53%和30.45%。自然保护区属于森林生态系统类型自然保护区，主要保护对象是森林生态系统、珍稀野生动植物资源、古文化遗迹和地质遗迹。

自然保护区蕴藏着丰富的生物多样性。自然保护区记录到维管束植物有134科602属1 421种。其中，蕨类植物12科23属47种（含变种）、种子植物（裸子、被子植物）共122科579属1 374种（含种下等级）。植物区系组成中以种子植物占绝对优势。

自然保护区内分布的脊椎动物共324种，其中，哺乳类55种，占总数的16.98%；鸟类215种，占总数的66.36%；爬行类19种，占总数的5.86%；两栖类8种，占总数的2.47%；鱼类27种，占总数的8.33%。类群组成上鸟类居第一，哺乳类次之。

根据甘肃太统－崆峒山国家级自然保护区的调查结果，统计得到国家一级重点保护动物9种（其中，哺乳类4种、鸟类5种），国家二级重点保护动物39种（其中，哺乳类5种、鸟类31种、爬行类1种、两栖类2种）；列入IUCN红色名录的极危物种（CR）1种（两栖类1种），濒危物种（EN）4种（其中，哺乳类1种、鸟类1种、爬行类1种、两栖类1种），易危物种（VU）9种（其中，哺乳类3种、鸟类3种、爬行类2种、鱼类1种）；列入濒危野生动植物种国际贸易公约（CITES）附录I的物种4种（其中，哺乳类2种、鸟类1种、两栖类1种），附录II的物种4种（其中，哺乳类2种、鸟类2

种）；国家三有动物193种，其中，哺乳类18种、鸟类154种、爬行类15种、两栖类6种；甘肃省重点保护动物6种，其中，哺乳类1种、鸟类3种、爬行类1种、两栖类1种。

自然保护区山峦起伏，群峰竞秀，茫茫林海，万木争荣。这里是一座天然植物园和生物基因库，在保护黄土高原向青藏高原和蒙新高原过渡地带物种和遗传多样性方面有着积极的意义，在维持物种持续进化过程方面有重要作用。

自然保护区独特的地理位置和丰富的生物多样性，吸引省内、国内多家科研院所的专家前来此地开展研究，研究成果为自然保护区的建设、生态环境与资源保护、资源合理开发与持续利用，以及有效支持地方经济合理快速发展提供科学依据，为自然保护区的管理工作起到促进作用，为该区域的农林畜牧业等合理配置与科学发展提供参考依据。

自然保护区在2011年开展过一次综合科学考察，距离目前已过去十余年，按照国家林草局《自然保护区综合科学考察规程（试行）》的相关要求，需要开展新一轮的综合科学考察。由于甘肃太统－崆峒山国家级自然保护区独特的地理位置，为了更好地保护其生物多样性，由北京农学院、甘肃农业大学、国家林业和草原局林草调查规划院、国家林业和草原局产业发展规划院、北京中林国际林业工程咨询有限责任公司、北京山水林合工程咨询有限公司、北京顺天意环境科技有限公司和甘肃太统－崆峒山国家级自然保护区管护中心的专业技术人员组成的科考队，于2020年9月至2022年9月，历时两年的工作筹备、现场座谈、野外考察，同时进行资料汇集、图纸绘制和基础工作，长期深入系统地实地调查，综合科学考察成果，编写成《甘肃太统－崆峒山国家级自然保护区科考》。

本书吸收和概括了前人的许多研究成果，考察报告不足之处敬请专家批评指正。

编者

2023年3月

目 录
CONTENTS

第一章
总　论

第一节　自然保护区地理位置

甘肃太统－崆峒山国家级自然保护区（以下简称"自然保护区"）位于陇东黄土高原西部，六盘山系东侧支脉，黄河支流中上游地区平凉市崆峒区境内，距平凉市城区仅15 km。自然保护区范围东起平泾公路甘沟大湾梁，西至宁夏固原市泾源县界，南至包家沟梁，北至胭脂河，地理坐标介于东经106°26′18″~106°37′24″，北纬35°25′08″~35°34′50″。总面积16 283 hm²，其中，核心区6 680 hm²、缓冲区4 645 hm²、实验区4 958 hm²，分别占自然保护区总面积的41.02%、28.53%和30.45%。自然保护区属于森林生态系统类型自然保护区，主要保护对象是森林生态系统、珍稀野生动植物资源、古文化遗迹和地质遗迹。

第二节　自然地理环境概况

自然保护区优美的自然景观、种类丰富的动植物与森林生态系统有机地结合在一起，构筑了人和自然休戚与共的和谐景观。

一、地形地貌

自然保护区位于华北板块（或华北克拉通）偏西部，贺兰－六盘山内陆造山带偏南段，六盘山山脉山地地貌与其东部黄土丘陵地貌单元内。自然保护区主体部分属六盘山山脉东侧小关山，部分处于六盘山与鄂尔多斯盆地过渡地带。自然保护区出露地层由老至新分别为震旦系、寒武系、奥陶系、二叠系、三叠系、白垩系、第三系和第四系等不同时代地层。太统山、崆峒山为地壳运动基岩上升褶皱而成，具有典型的山地地貌特征。

自然保护区共划分了侵蚀构造中山地、侵蚀构造低山地、堆积侵蚀黄土丘陵区、堆积侵蚀河谷阶地4种地貌类型。自然保护区最高峰位于东北部的太统山，海拔为2 234 m，最低点在崆峒水库坝面下，海拔为1 443 m，相对最大高差为791 m，辖区内主要山岭有太统山、崆峒山、大阴山、大帽山、杨家山、香山和祁家山等，峡谷主要有崆峒后峡、泾河峡谷和十万沟等。

二、气候特征

自然保护区处于东亚季风区边缘，在全省气候区划中属温带半湿润大陆性季风气候，冬春寒冷干燥，多西北风；夏秋温热湿润，多东南风。年均气温8.6℃，最高气温出现在6—8月，月均气温18.0℃左右，7月平均最高温21.0℃；最低气温出现在每年12月至翌年2月，月均气温 –4.0℃左右，1月平均最低温 –5.2℃，气温日较差11.6℃，年较差26.2℃，年极端最高温差37.3℃（1944年8月3日），年极端最低温达 –25.4℃（1975年12月13日）。初霜期在每年10月初，终霜期为翌年4月底。年均风速2.1 m/s。年均日照时数2 424.8 h，日照率55%，全年日照日数平均为208 d。

受东南、西南海洋性暖湿气流、西北干冷气团和地形、地貌等诸因素的影响，本区空气湿度大，年均气压866 kPa。年平均降水量511.2 mm，且多集中在7—9月，其间多连阴雨、暴雨和冰雹，日最大降水量67.7 mm，7—9月降水量占年降水总量的53.6%。降水变率大，冬季降水极少，仅占全年降水量的2%左右。冬季积雪较厚，时间较长，积雪平均厚度达25 cm。年蒸发量为1 430 mm左右，是降水量的2倍多。

三、河流水系

自然保护区内水资源主要由地下水和地表水两部分构成。地下水主要有以下4种类型：河流（沟谷）潜水、黄土层潜水、山区基岩潜水和层间承压水。自然保护区内地表水资源为地表径流，主要是泾河及其支流。自然保护区内的泾河水系分布于全境，主要有8条河流：泾河、颉河、大陆河、小陆河、潘涧河、大岔河、涧河和四十里铺河。这8条河流中泾河最大，它发源于宁夏回族自治区泾源县内六盘山以东，横贯全区，长达75 km。河流平均径流量为56 m^3/s，流域面积1.72 km^2，在崆峒峡的平均流量为3.88 m^3/s，最大可达58.5 m^3/s（1962年9月25日），此处现已建成崆峒峡水库。

四、土壤

自然保护区在山地环境和森林植被的作用下，土壤类型带有明显的山地特征。主要土类有山地棕壤类、灰褐土类和红土类，其中灰褐土类分布最广。

山地棕壤土分布于崆峒山海拔1 600~1 900 m的高山区，土层厚50 cm以上，肥厚湿润，是山区落叶、阔叶与针叶混交林带下发育成的土壤。根据利用方式、垦殖与否划分成坡棕壤、棕壤和生草棕壤3个土种。

红土分布于冲沟底部或沟垴，是在第三纪红色风化物上发育形成的一种土壤。根据地形部位和利用方式分为坡红胶土、梯红胶土和荒地红胶土3个土种。

灰褐土分布最广，一般阳坡、半阳坡为褐土型薄层砂壤土或碳酸岩灰褐土，瘠薄干燥；阴坡或半阴坡为褐土型中层砂壤土或灰褐土，海拔1 500~2 100 m，土壤肥沃、潮润。灰褐土包括粗骨质灰褐土、坡灰褐土和梯灰褐土3个土种。此外，沟谷坡地尚有淋溶褐色土分布。

五、植被

自然保护区位于六盘山东侧，是泾河（黄河支流）重要的水源涵养基地，其森林植被是黄土高原保存较为完整的典型森林生态系统。太统山、崆峒区系是华北、东北、华中、蒙古、中国喜马拉雅区系成分的交会点，但植物成分主要属于华北植物区系，该区植被成分复杂，具有十分明显的古老性、过渡性和复杂性等特点。保护区在《中国植被》区划上属于温带草原植被区域的甘肃黄土高原南部森林草原植被区，其地带性植被是落叶阔叶林和草甸草原。其植被分为4种类型：①温性针叶林：本区主要是华山松林和油松林；②落叶阔叶林：本区的阔叶林属于温带落叶阔叶林，主要树种以栎属、桦木属、杨属、椴属的树种为主；③落叶阔叶灌丛：广泛分布于本保护区山地和沟谷，其群落结构简单，一般仅有灌木层和草本层；④草原：本保护区处于草原区南缘的森林草原地带，植被类型应属于草甸草原。在森林草原地带内，最常见的是白羊草草原和长芒草草原。在山地上，落叶阔叶林分布在阴坡和半阴坡，主要是以辽东栎林为山地前缘地带的森林顶级群落类型，还分布有山杨林和白桦林。在阳坡和半阳坡分布有以白羊草为代表的草甸草原和耐旱灌丛。

自然保护区主要森林类型有人工落叶松林、人工油松林、人工杨类林、人工刺槐林、天然辽东栎林、白桦林、阔叶混交林、山杨林、针阔混交林、其他硬阔类等。

其垂直分布层次性较明显，海拔1 369~1 796 m，分布有稀疏的辽东栎（*Quercus wutaishanica* Blume）、榆树（*Ulmus pumila* L.）、小叶朴（*Celtis bungeana* Blume）、山桃（*Prunus davidiana*（Carrière）Franch.）、蒙古荚蒾（*Viburnum mongolicum*（Pall.）Rehd.）、还有少量少脉雀梅藤（*Sageretia paucicostata* Maxim.）、白刺花（*Sophora davidii*（Franch.）Skeels）、酸枣（*Ziziphus jujupa* var. *spinosa*（Bunge）Hu ex H. F. Chow.）等形成杂木林，或形成白刺花、陕西荚蒾（*Viburnum schensianum*）、小叶朴、酸枣等群落。

海拔1 796~1 946 m，分布有猕猴桃属（*Actinidia*）、鼠李属（*Rhamnus*）的植物，以及胡枝子（*Lespedeza bicolor* Turcz.）、接骨木（*Sambucus williamsii* Hance）、宝兴茶藨（*R. moupinensis*）、暴马丁香（*Syringa reticulata* subsp. *amurensis*（Rupr.）P. S. Green & M. C. Chang）、油松（*Pinus tabuliformis* Carriere）、华山松（*Pinus armandii* Franch.）、鹅耳枥（*Carpinus turctaninouii*）、辽东栎、大果榆（*Ulmus macrocarpa* Hance）、山杨（*Populus davidiana* Dode）、少脉椴（*Tilia paucicostata* Maxim.）、白杜（*Euonymus maackii* Rupr）、栾树（*Koelreuteria paniculate* Laxm.），形成了茂密的针阔混交林。

海拔1 946~2 046 m，分布有辽东栎、白桦（*Betula platyphylla* Suk.）、木梨（*Pyrus xerophila* Yü）、沙棘（*Hippophae rhamnoides* L.）、红花忍冬（*Lonicera rupicola* var. *syringantha*（Maxim.）Zabel）、李（*Prunus salicina* Lindl.）、箭竹（*Fargesia spathacea* Franch.）等。

崆峒山植物受环境条件的影响在分布上形成了十分清晰的反差现象。阴坡、阳坡植物成分有明显的差异。阳坡植物受干旱的影响，植被低矮，根系发达，分布着一批抗旱性很强的植物，占优势的树种主要有白刺花、山桃、少脉雀梅藤、木梨、榆树、沙棘、胡颓子、胡枝子、栾树、榛、虎榛子等。阴坡植物生长茂密，特别是海拔1 456~1 956 m的坡地、沟谷，土层厚而肥沃，湿润、背风，为植物生长提供了十分优越的环境条件，加之山高坡陡，未受人为干扰破坏，植物种类最多，主要的有槭属（*Acer*）、忍冬属（*Lonicera*）、荚蒾属（*Viburnum*）的植物，以及苦木（*Picrasma quassioides*（D. Don）Benn.）、辽东栎、胡桃楸（*Juglans mandshurica* Maxim.）、华山松、水榆花楸（*Sorbus alnifolia*（Sieb. et Zucc.）K. Koch）、托叶樱桃（*Cerasus stipulacea*（Maxim.）Yü et Li）、臭檀（*Tetradium daniellii*（Bennett）T. G. Hartley）、 漆（*Toxicodendron vernicifluum*（Stokes）F. A. Barkl.）、 膀胱果（*Staphylea holocarpa* Hemsl.）、白蜡（*Fraxinus chinensis* Roxb.）、梓（*Catalpa ovata* G. Don）、三裂叶蛇葡萄（*Ampelopsis delavayana* Planch.）、变叶葡萄（*Vitis piasezkii* Maxim.）、狗枣猕猴桃（*Actinidia kolomikta* Maxim.）、华中五味子（*Schisandra sphenanthera* Rehd. et Wils.）、粗齿铁线莲（*Clematis grandidentata*（Rehder & E. H. Wilson）W. T. Wang）、 东陵绣球（*Hydrangea bretschneideri* Dippel）、山梅花（*Philadelphus incanus* Koehne）、 稠李（*Padus padus*（L.）Gilib.）、 泡花树（*Meliosma cuneifolia* Franch.）、 倒卵叶五加（*Eleutherococcus brachypus*）、 楤木（*Aralia elata* L.）、 小叶丁香（*Syringa pibescens* subsp *microphylia*）、 木香薷（*Elsholtzia stauntonii* Benth.） 等植物；大批的蕨类植物，如麦秆蹄盖蕨（*Athyrium fauaciosum* Milde）、华东蹄盖蕨（*A.nipponicum*）、鞭叶耳蕨（*Polystichum craspedosorum*（Maxim.）Diels）、太白凤丫蕨（*Coniogramme taipaishanensis* Ching et Y. T. Hsieh）。调查确认约有30多种豆科和禾本科草类植物，是良好的饲用和牧用植物。

六、动物资源

经实地调查，该区动物资源十分丰富，有脊椎动物324种，隶属于33目87科，其中，鱼类27种、两栖类19种、爬行类8种、鸟类215种。列入国家一级重点保护动物9种（其中，哺乳类4种、鸟类5种），国家二级重点保护动物39种（其中，哺乳类4种、鸟类31种、爬行类1种、两栖类2种）。列入IUCN红色名录的极危物种（CR）1种（其中，两栖类1种），濒危物种（EN）4种（其中，哺乳类1种、鸟类1种、爬行类1种、两栖类1种），易危物种（VU）9种（其中，哺乳类3种、鸟类3种、爬行类2种、鱼类1种）。列入濒危野生动植物种国际贸易公约（CITES）附录Ⅰ的物种4种（其中，哺乳类2种、鸟类1种、两栖类1种），附录Ⅱ的物种4种（其中，哺乳类2种、鸟类2种）。国家三有动物193种，其中，哺乳类18种、鸟类154种、爬行类15种、两栖类6种。甘肃省重点保护动物6种，其中，哺乳类1种、鸟类3种、爬行类1种、两栖类1种。

第三节 社会经济概况

一、人口

截至2021年年底，自然保护区内涉及崆峒区2个乡镇12个建制村37个社，其中，崆峒镇7个建制村24个社，麻武乡5个建制村13个社，户籍人口1041户3 507人。自然保护区内目前常住人口涉及11个建制村35个社，其中，崆峒镇6个建制村22个社，麻武乡5个建制村13个社，常住人口404户1 482人，居民人口以汉族为主，少数民族主要为回族。常住人口中崆峒镇151户553人，麻武乡253户929人。常住人口可按自然保护区功能分区划分为，核心区207户747人，缓冲区70户240人，实验区127户495人。

二、经济

自然保护区社区群众因居住偏僻，交通不便，信息闭塞，目前青壮年已基本外出务工或外迁居住，自然保护区内劳动力人口日益减少。社区经济以山区农业为主，没有乡镇企业。群众生产条件落后，生活水平低下，生计主要靠种植小麦、玉米、大豆、苜蓿、土豆和中药材等农作物、经济作物，以圈养牛羊等牲畜为生活辅助经济来源。从农村经济发展来看，自然保护区社区经济结构逐步由以前较为单一的形式向多元化转变，第三产业占比日益增大，已成为带动当地经济发展的动力之一。此外，林副产品加工、食用菌加工等产业也在稳定发展之中。

第四节　自然保护区范围及功能区划

一、四至范围

自然保护区四至范围：东起甘沟大湾梁，西靠甘肃与宁夏省界，南至包家沟梁，北临胭脂河。地理坐标介于东经106°26′18″~106°37′24″，北纬35°25′08″~35°34′50″，南北最长为17.1 km，东西最宽为17.7 km。

二、面积及功能区划

自然保护区批复总面积16 283 hm²，其中，核心区6 680 hm²、缓冲区4 645 hm²、实验区4 958 hm²，分别占自然保护区总面积的41.02%、28.53%、30.45%。

第二章
自然地理环境

第一节 地质概况

一、大地构造背景

自然保护区在大地构造上位于华北地台（或克拉通）偏西部，贺兰－六盘山陆内造山带偏南段。自然保护区的主体部分属六盘山山脉东侧小关山，部分处于六盘山与鄂尔多斯盆地过渡地带。从宏观上看，自然保护区基本上为一系列轴向近于南北的背向斜，主要由店洼—太统山—大台子复背斜、小黄峁山—三关口—沙南复背斜和古城—崆峒山—宋庄复式向斜三个相互平行的复式背向斜组成。

二、地质特征

1. 地层概述

自然保护区出露地层计有震旦系、寒武系、奥陶系、二叠系、三叠系、白垩系、第三系、第四系等不同时代地层，由老至新，简述如下。

（1）震旦系（Z） 出露于大台子和店洼。主要由灰白色、浅灰色厚层状含燧石条带白云质灰岩、白云岩组成，下部夹灰黑色硅质页岩，黄色钙质页岩及泥灰岩等。厚度约1 350 m。

（2）寒武系（∈） 主要出露于大台子，下、中、上寒武统均有发育，化石丰富。下寒武统（$\in_1$）：与下伏震旦系上统呈平行不整合接触。下段主要由紫红色石英砂岩、红色粉砂岩及红色、灰色砾岩组成，砾岩位于底部，上部夹紫红色白云质灰部。上段深灰色、红色、紫红色白云岩、白云质灰岩夹页岩、粉砂岩、砂岩等组成。厚度为56.2 m。

中寒武统（$\in_2$）：与下伏下寒武统呈整合接触，总厚约160 m。下段称为徐庄组（$\in_2 X$），为紫色页岩、粉砂质页岩，底部和中部为泥岩、钙质砂岩夹灰岩、粉砂岩、细砂岩及石英砂岩。上段称为张夏组（$\in_2 Z$），从下到上由紫色页岩夹鲕状灰岩，深灰色鲕状灰岩与紫色页岩互层及深灰色鲕状灰岩夹钙质页岩组成。

上寒武统（$\in_3$）：与下伏中寒武统为整合接触。主要为灰色、灰白色薄层及厚层状白云岩，厚度各地不同，最大厚度可达168 m。

（3）奥陶系（O）　主要分布于大台子、二道沟、三道沟、太统山及银洞官庄等地，出露下、中奥陶统，化石丰富。

下奥陶统（O_1）：与下伏上寒武统为平行不整合接触。从下至上主要由灰色白云质页岩、灰紫色厚层或中厚层状白云质灰岩、白云岩、灰色厚层灰岩夹白云岩组成，总厚约285 m。

中奥陶统（O_2）：与下伏下奥陶统为整合接触，总厚约535 m。下段称三道沟组（$O_2 S$），主要由灰色厚层状灰岩及豹皮状灰岩组成。上段称为平凉组（$O_2 P$），主要由深灰色钙质页岩及黄绿色砂岩、页岩组成，底部为角砾状灰岩。

（4）二叠系（P）　主要分布于红庄子、王店、大台子、二道沟、三道沟、太统山及南窖等地，产华夏系植物化石。

下二叠统（P_1）：与下伏不同时代更老地层为角度不整合接触，总厚约125 m。下段称为山西组（$P_1 S$），以灰色、灰黑色砂质页岩、页岩、石英砂岩为主，底部含煤、铝、铁等沉积矿产。上段称为下石盒子组（$P_1 X$），为黄灰色、灰色砂质泥岩和泥质砂岩互层。

上二叠统（P_2）：与下伏下二叠统为整合接触，最大厚度可达1 286 m。下段称为上石盒子组（$P_2 S$），下部以灰绿色、灰黄色砂岩为主，上部为紫色、灰绿色泥岩、砂质泥岩夹泥灰岩。上段称为石千峰组（$P_2 sh$），下部主要由浅紫红色砂岩、砾岩及泥岩组成，上部主要由灰紫色砾岩、粗中粒砂岩及钙质砂岩组成。

（5）三叠系（T）　分布于崆峒山、泾河峡谷、十万沟、大阴山、大台子等广大地区，以崆峒山一带出露的巨厚陆相粗碎屑岩建造为代表。平行不整合于下伏二叠系之上。总厚可达2 440 m，含丰富的延长植物群化石，总称为延长群。大致分为下、中、上三个亚群。

下亚群（T₃yn₁）：主要见于崆峒山附近山麓、太统山等地。为灰褐色、褐色、紫红色砾岩、沙砾岩、砂岩，夹紫红色粉砂岩。砾石成分主要为石灰岩、砂岩、石英岩、石英及变质岩等。因相变从西向东粒度有变细的趋势。

中亚群（T₃yn₂）：褐色、灰褐色巨厚层状砾岩夹砂岩，向东相变为砂岩、泥岩互层夹薄层煤及油页岩。

上亚群（T₃yn₃）：灰绿色、黄绿色砂岩、粉砂岩、泥岩夹煤线。

（6）白垩系（K）　自然保护区白垩系仅有下统，广泛出露于低山区及丘陵区河谷地带。与下伏老地层呈角度不整合接触，统称六盘山群。总厚度可达4 278 m，产植物及动物化石，分为五组，自下而上简述如下：

三桥组（K₁s）：灰色、紫红色砾岩，顶部为灰黄色石英砂岩及含砾砂岩，局部具铀矿化。

和尚铺组（K₁h）：紫红色砂质泥岩、细砂岩夹蓝灰色泥岩、泥灰岩。

李洼峡组（K₁l）：灰绿色、紫红色互层的砂质泥岩、泥岩、泥质砂岩、泥灰岩组成的韵律层，偶夹砂岩及含铜砂岩透镜体。

马东山组（K₁m）：蓝灰色夹黄绿色泥岩、泥灰岩、局部夹砂质泥岩。

乃家河组（K₁n）：灰绿色与紫红色互层的泥岩夹少量泥灰岩及石膏。

（7）第三系（R）　主要分布于小关山以东丘陵地区河谷地带，自然保护区仅分布渐新统及上新统。与下伏白垩系及其以前老地层呈角度不整合接触，总厚度约647 m。

渐新统（清水营组，E₃q）：下部为红色细砂岩，含钙质结核。上部为紫红色砂质泥岩夹石膏层。

中上新统（甘肃群，Ngn）：本统分为下亚群和上亚群。

下亚群（Ngn₁）：为淡红色含砾泥岩，石英砂岩夹细砂岩。

上亚群（Ngn₂）：为杂色细砂岩及泥岩。含三趾马化石及植物化石。

（8）第四系（Q）　自然保护区为黄土高原的一部分，第四系发育良好，尤以风成黄土出露广泛。角度不整合于第三系及其以前老地层之上，总厚度约339 m，分为更新统和全新统。

更新统（Q₁₋₃）：更新统划分为下、中、上更新统。

下更新统（三门组，Q₁）：下部为灰白色、紫红色砂砾岩，属冲积－洪积物。上部为浅红色、褐红色砂质黄土，一般称为古黄土。

中更新统（离石组，Q₂）：为淡黄色、褐黄色砂质黄土夹古土壤层，一般称为老黄土，构成黄土塬或黄土丘陵基体的中上部。

上更新统（马兰组，Q_3）：为浅黄色粉砂质黄土，一般称为新黄土，构成黄土塬的表面。

全新统（Q_4）：主要由砾石、砂砾石、砂石、亚砂土、黏质砂土、残积黏土等构成。成因类型多，有冲积层、冲积–洪积物、洪积物、残积物、重力堆积、湖沼堆积等。

2. 地质构造

（1）褶皱

从宏观上看，自然保护区基本上为一系列轴向近于南北的背向斜，主要由三个相互平行的复式背向斜组成。

A. 店洼—太统山—大台子复背斜

该复背斜由一系列走向为南北或北偏西的褶皱组成。构成复背斜轴部的地层为震旦系、寒武系及奥陶系，组成太统山、大台子的主体或主峰。褶皱和山脉走向基本一致。

大台子背斜

轴向330°~340°，北起二、三道沟，南东止于小湾子南，长达8 km，轴部为震旦系，翼部由寒武系、奥陶系组成。西翼较平缓，倾角23°~35°，平行褶皱轴冲断层发育，东翼陡，倾角65°左右，局部有倒转现象。东翼压性或压扭性断层发育。

太统山背斜

北端从安国镇南开始，经银洞官庄延至干沟窑一带，长达20多千米，由两个背斜和一个向斜构成复式背斜，轴部由奥陶系组成，二叠系不整合其上，但从构造线总体展布看，与下伏奥陶系褶皱走向吻合。背斜两翼不对称，北东翼陡，倾角达50°，局部有倒转现象，南西翼较缓，倾角在30°以内。两翼压性或压扭性断层发育。

B. 小黄峁山—三关口—沙南复背斜

位于上述复背斜之西，小黄峁山—沙南一带。

三关口背斜

褶皱轴北北西向，为两翼不对称的短轴背斜，轴部由奥陶系组成，轴长约3 km，向北北西倾伏。西翼缓，倾角约17°，东翼陡，倾角约33°。

张家台背斜

轴向北北西，轴部为寒武系、奥陶系，轴长约4 km。两翼不对称，东翼陡，倾角约70°，西翼较缓，倾角30°左右。向北北西倾伏，两翼均被轴向为北西向的中、新生代地层角度不整合覆盖，中、新生代地层构成的褶皱轴与古生代地层褶皱轴交角10°~20°，形成构造层叠置和斜交现象。

在上述两复背斜之间，属于古城—崆峒山—宋庄复式向斜。其中分布着褶皱北北西或北西向三叠系，这些地层构造线展布方向与下伏岩层一致。宋庄向斜主要由三叠系组成，轴向近南北向，向北渐变为北北西向，两翼近于对称，岩层倾向一般为46°~54°。在新店和崆峒山北西一带，白垩系出露广泛，构造线走向北西向，岩层倾角较缓，一般在30°以下。三叠系、白垩系地层褶皱轴呈微斜交。

（2）断层

A. 长城梁 – 四十里铺断层

断层走向近南北向，并呈波状，推测断层面向东倾斜。该断层为物探资料所证实，沿断层出现陡立的重力阶梯，证明为基底断裂的反映。

B. 六盘山东麓断层

该断层是纵贯宁夏南部的青羊山—烟筒山—小关山东弧形断裂带的组成部分，属于该断裂带的南延部分。在自然保护区主要从嵩店西—大西沟东—沙南一带通过。该断裂走向北北西向，时隐时现，向西倾斜，切断中奥陶统、下白垩统地层，上盘向东仰冲，断层破碎带宽约50 m。

C. 和尚铺—响龙潭—红崖山断层

该断层是黑山—香山—六盘山断裂带的南延部分，是大小关山的分界线，在自然保护区西部从开城—泾源县城西—白面河西一线通过，走向北北西向，倾向北西，倾角60°~70°，上盘向东逆冲，切断下白垩统、下第三系。是喜马拉雅造山运动期的产物，至今尚处于强烈活动中，是重要的地震带。

第二节　地貌的形成及特征

自然保护区位于六盘山山脉山地地貌与其东部黄土丘陵地貌单元内。六盘山海拔多在2 000~2 500 m，属中山。它包括两列近于南北走向的平行山脉：西列为六盘山主脉，即狭义的六盘山，又称大关山，海拔多在2 500 m以上，主峰米缸山海拔2 942 m。东列称为小关山，长约70 km，宽10 km余，海拔2 000~2 400 m。在大、小关山之间是一条宽5 km左右，充填着古近纪始新世、渐新世红层和第四纪黄土的新生代断陷盆地。山地被多条近于南北向—北北西向的断裂切割，使之成为典型的阶梯状山地，自东部丘陵地带向西部大关山山地顶面构成三个明显的阶梯，逐级升高。按地貌成因，自然保护区内可划分出下列地貌类型。

1. 侵蚀构造中山地

海拔高度均在2 200 m以上，相对高差在600~800 m，构成六盘山主体。该地貌类型多位于自然保护区西部邻区。

2. 侵蚀构造低山地

海拔高度多在1 800~2 200 m，相对高差多在400 m左右。南北长约40 km，宽处约13 km。其中太统山高度为2 234 m，为平凉境内第一高峰。其他山有大帽山（2 021 m）、崆峒山（2 123 m）、大帽（2 194 m）、大峁（2 126 m）、凤凰山（2 031 m）、黑鹰咀（2 139 m）和虎狼山（2 112 m）等。山体多南北向延伸，主要由古生代和中生代岩层组成。山顶多呈浑圆状，次为尖峰状。峰峦重叠，连绵起伏，山脊线多为波浪状。山体被泾河及其支流强烈切割，河谷纵横，多呈"V"形谷。近分水岭处的沟系似羽毛状，远离则为树枝状。岩性坚硬、垂直节理发育的岩层分布区，往往构成悬崖峭壁，其中崆峒山地区由抗风化的巨厚层状上三叠统砾岩组成，岩层产状平缓，垂直节理发育，形成顶平、身陡、麓缓的地貌特征，有人称之为丹霞地貌。自然保护区主要位于这一地貌单元。

3. 堆积侵蚀黄土丘陵

海拔高度在2 000 m以下，多在1 800~1 500 m，相对高差多在200~400 m，总体上西北高，东南低。基底由白垩系和第三系砾岩、砂岩、泥岩组成，上部则为厚度不等的黄土所覆盖，残留黄土塬、黄土梁十分发育。自然保护区内泾河及其支流流向为北西—南东向，切割较深，主要分布于古城—尚家堡—安国镇—韩家沟—干沟窑一线以东山前地带。

4. 堆积侵蚀河谷阶地

在堆积侵蚀黄土丘陵区，泾河及其支流红河和茹河等皆发育河谷阶地。以泾河为例，可分出一、二、三级阶地。一级阶地分布于泾河滩地，由全新统黏砂、砾石层组成，厚约2 m。二级阶地在河床两侧广泛分布，最宽处可达2.2 km，高出河床数米至十米不等，具有二元结构，上部由全新统砂土组成，厚约2 m，下部由全新统砾石层组成，厚约5 m。三级阶地在二级阶地两侧分布广泛，以陡坎与二级阶地相接，两者高差可达50 m左右。上部为马兰黄土层，下部为砾石层。

第三节　气候

自然保护区地处西北内陆，属温带半湿润大陆性季风气候，冬春寒冷干燥，多西北风；夏秋温热湿润。平凉市年平均降水量511.2 mm，主要集中在7、8、9三个月，时空分布不均。年平均气温为8.6 ℃，1月平均最低温−5.2 ℃，7月平均最高温21.0 ℃。气温日较差11.6 ℃，年较差26.2 ℃。年均风速2.1 m/s。受高耸地势的影响，山区较为阴湿，植被良好，林木尤为茂盛。

一、气温

1. 气温特点

自然保护区范围内气候湿润，凉爽，植被茂密，林木葱郁，特征明显。由于自然保护区内地貌形态及海拔高度差异性较大，区域内气温存在较大差异。冬季受内蒙古高压的控制，寒冷、干燥，气温低而雨雪少；夏季受太平洋副热带高压和河西走廊、四川盆地热低压的影响形成炎热多雨并间有伏旱气候。平凉市区年平均气温为8.6 ℃，夏季较为温热，7月平均气温在21.0 ℃，1月平均最低温为−5.2 ℃，气温日较差为11.6 ℃。年较差为26.2 ℃。年极端最高温达37.3 ℃（1944年8月3日），年极端最低温−25.4 ℃（1975年12月13日）。

表2-1　自然保护区年平均气温、日较差

单位：℃

	1月	4月	7月	10月	年均值
平均气温	−5.2	10.1	21.0	8.8	8.6
气温日较差	12.0	12.9	11.2	10.7	11.6
气温最大日较差	25.8	30.0	21.9	22.3	30.0

全区≥0 ℃的日数为247~274 d，日平均气温稳定通过≥0 ℃的积温为3 500 ℃；≥10 ℃的日数为154~178 d，日平均气温稳定通过10 ℃的积温为2 860 ℃。

表2-2 自然保护区活动积温表

	初日	终日	初终间平均日数/d	平均积温/℃
≥0℃积温	3月6日	11月21日	261.7	3 508.9
≥10℃积温	4月27日	10月5日	162.2	2 862.8

气温的分布及大小因纬度和地形而异,崆峒山风景区内地形复杂,气候多变,通过对该区气温因子的分析。该区气候温和,空气湿润。

二、地温和冻土

自然保护区年平均地温在9.8~12.6℃。地面以下5~20 cm深度年平均温度在10.4℃左右,比年平均气温高约4.0℃。随海拔的增高,地温会有所下降。在冬季地温随深度增加而增高,夏季地温随深度增加而降低。

自然保护区内常有轻微季节性冻土,厚度达10 cm左右。最大冻土深度51~83 mm。

表2-3 自然保护区内土壤温度观测值

土层厚度/cm	0	5	10	15	20	40
平均温度/℃	10.5	10.4	10.5	10.4	10.4	10.5

表2-4 自然保护区内土壤冻结日期与解冻日期

土层厚度/cm	10	30	10	30
冻结日期	12月17日	1月11日	—	—
解冻日期	—	—	2月23日	2月22日

三、降水与蒸发

1.降水量

由于受东南、西南海洋性暖湿气流、西北干冷气团和地形地貌等诸因素的综合影响，本区降水量形成"西北少、东南多，山地多、平地少，塬区多、梁峁少"的特点。降水量少且集中，年降水量479.3~637.6 mm，年平均降水量为511.2 mm，多集中于7、8、9月，其间多连阴雨、暴雨和冰雹，7—9月份降水量占年降水总量的53.6%。降水变率大，冬季降水则极少，仅占全年的2%左右。大气降水是本区地表径流的主要补给来源，受降水年内分配不均的影响，径流年内分配的季节性差异也极为明显。

表2-5 甘肃太统－崆峒山国家级自然保护区各季年降水量与各季降水量的变化

	春季 （3—5月）	夏季 （6—8月）	秋季 （9—11月）	冬季 （12—2月）	全年合计
降水量 /mm	94.4	274.0	134.1	8.9	622
占年降水百分比 /%	18	54	26	2	100

2. 蒸发量

自然保护区所在的平凉市的年蒸发量为1 468.8 mm，是年降水量的2倍多。其中，1月份为51.6 mm，4月份为179.4 mm，7月份为186.2 mm，10月份为86.0 mm。蒸发量在夏季最大，最大值在6、7月份，冬季蒸发量最小，最小值出现在12月至翌年1月。自然保护区因处于林区，且海拔高于平凉市区，因而蒸发量相对较低。

四、太阳辐射及日照

1. 太阳辐射

太阳辐射是一切生命活动所需能量的主要源泉，包括直接辐射和散射。在一定范围内太阳辐射变化不大，但受地表及地表因素的影响，自然保护区太阳辐射值较低。年太阳辐射2 264.26 kJ/cm^2。太阳辐射值随时间变化明显，入春以后，太阳辐射明显增高，7月份达到最高点。在地理分布上，由于受海拔高度及地表特征的影响，山区太阳辐射弱于川区，植被覆盖也减少了太阳辐射。此外，从植被分布区及长势可明显看出，山体的太阳辐射阳坡远大于阴坡。

表2-6　甘肃太统 – 崆峒山国家级自然保护区太阳辐射及日照时数

	1月	4月	7月	10月	全年
太阳总辐射 /（kcal/cm^2）	33.07	35.58	56.51	33.07	540.81
日照时数 /h	199.5	204.2	233.3	176.4	2 424.8

2. 日照

日照通常是以太阳辐射到达地面上的时间和日照百分率来表示。日照时数的多少直接影响到太阳辐射量和生物光合产物的多少，其多少与天气云量、地表形态及植被有关。随着海拔的升高，日照时数是逐渐降低的。该区日照时数的一般规律：市区内的日照时数高于山地，沟谷区因受山体阻挡，日照时数又低于山地。此外，山体本身的日照时数也与坡向和植被盖度有关，通常阳坡的日照时数高于阴坡；另外，日照时数的年、季节变化也较明显，一般春季高于秋季，夏季日照时数最长，7月份出现最高值。全区无霜期为169 d，年日照时数总量在1 370~2 424.8 h，市区年日照时数在2 135.8~2 445.7 h，属于日照较充足地区。在日照中，直接能为作物吸收的光照为生理辐射，全区生理辐射值为251.2~272.1 kJ/cm^2，高于全国大部分地区，属于生理辐射丰富区。

五、自然灾害

自然保护区的独特地形地貌和气候特征，使得其自然灾害总体上呈现出明显的季节性变化和空间差异特征。其中，气候灾害以天气气候灾害为主，主要包括干旱、冰雹、暴雨、霜冻等，并常伴有山体滑坡、泥石流、风暴潮、森林火灾等次生衍生灾害；其他自然灾害主要包括地震和病虫害等。

1. 气候灾害

（1）干旱　自然保护区的主要干旱危害有春旱、伏旱及夏、秋间干旱，以春旱和伏旱发生最为频繁，时间长且成害重。统计显示，自然保护区的春旱年际发生频率约为43%，最有代表性的是1962年、1979年的春旱灾害，降水量较往年偏少50%~80%。自然保护区的伏旱年际发生频率约为47%，降水量较往年偏少40%~50%，严重伏旱灾害的降水量较往年偏少可达80%。

（2）霜冻　自然保护区范围内无霜期短，近165 d，初霜冻在8月底到10月初，晚霜冻在5月中下旬。霜冻多出现在晚秋和早春，对植被危害极大。因受地形地貌影响，霜冻时空分布不均，在山谷盆地中霜冻强度大，而林中空地、丘陵、谷地次之，在山顶和斜坡上部霜冻较弱。

（3）冰雹　自然保护区范围内一般在4月到10月间发生冰雹灾害，年均发生2~3次。每次时间10分钟左右。由于降雹季节多集中在农作物与果实的成熟期前后，因此，冰雹对当地的农林生产及旅游均有不同程度的影响。

（4）暴雨　日降水量大于50 mm成为暴雨，按其降水强度大小又分为3个等级，在50.0~99.9 mm为"暴雨"，在100.0~249.9 mm之间为"大暴雨"，250 mm以上成为"特大暴雨"。据统计，自然保护区范围内每年有2次以上暴雨灾害发生，极端情况下，日最大降水量可达120~180 mm，达到"大暴雨"等级。暴雨常造成短时强降水、雷暴大风等灾害性天气，并伴有洪涝等次生灾害，对当地的农林生产和交通通讯等都会造成不同程度的影响。

2. 其他灾害

（1）地震　据史料记载，平凉市自公元前708年至今共发生大小地震53次。其中1949年以来共发生7次。

（2）病虫害　根据2014—2016年自然保护区病虫害普查结果，自然保护区常发性或突发性有害生物种类有13种，分述如下：

山杨锈病（*Melampsora laricis*）：山杨锈病病原是自然保护区常发性有害生物，主要寄主植物为山杨、其他杨属植物等，主要分布于后河保护站的高岭、中河、祁河。

松苗立枯病（*Rhizoctonia solani* Kuhn）：松苗立枯病病原是自然保护区2015年以来危害程度增重突发性有害生物，主要寄主植物为油松、樟子松、华山松、云杉。

刺槐白粉病（*Microsphaera baumleri*）：刺槐白粉病病原属于本土常发性有害生物，主要寄主植物是刺槐，主要分布在太统保护站太统山北坡，后河、麻武保护站退耕还林地。

杨叶灰斑病（*Mycosphaerella mandshurica* M.Miura）：杨叶灰斑病病原是自然保护区危害面积较大的常发性有害生物，但危害程度相对较轻，主要寄主植物是山杨、其他杨属植物。主要分布在后河、麻武保护站。由于封山育林及中幼林抚育等措施的实施，杨叶灰斑病近几年来发生面积及危害程度呈下降趋势。

杨叶褐斑病（*Septoria populi* Desm.；*S. Populicola* Peck；*S.tianschanica* Kravtz.）：

杨叶灰斑病病原和杨褐斑病病原一样，是自然保护区危害面积较大的常发性有害生物，但危害程度相对较轻，主要寄主植物是山杨、其他杨属植物。主要分布在后河、麻武保护站。由于封山育林及中幼林抚育等措施的实施，林分结构有所改变，生物丰富度增加，杨叶褐斑病近几年来发生面积及危害程度呈下降趋势。

落叶松球蚜（*Adelges laricis* Vallot）：落叶松球蚜属于国家林业局2013年第4号公告公布的《全国林业危险性有害生物名单》有害生物，主要寄主植物为华北落叶松、云杉等。全自然保护区均有分布，主要分布在太统保护站的太统山北坡、麻武保护站的红土梁。

落叶松红腹叶峰（*Pritiphora erichsonii* Hartig）：落叶松红腹叶峰属于本自然保护区常发性有害生物，主要寄主植物是华北落叶松，落叶松红腹叶峰蚕食华北落叶松一年生嫩叶造成枝条无叶，影响林木生长，特别是与落叶松球蚜叠加危害，使林木生长严重受到影响。落叶松红腹叶峰近几年来发生面积及危害程度呈下降趋势。

桃蚜（*Myzus persicae* Sulzer）：桃蚜属于本地常发性有害生物，主要寄主植物是山桃全自然保护区均有分布，主要分布在崆峒、太统、后河自然保护区的阳坡山桃灌木林地内。蚜在自然保护区近几年危害呈下降趋势，但遇特定大旱气候条件，仍有暴发发生及快速扩散蔓延的可能。

白杨叶甲（*Chrysomela tremulae*）：白杨叶甲属本土常发性有害生物，主要寄主植物为山杨、其他杨属植物，主要分布于后河、麻武保护站。白杨叶甲在自然保护区近几年危害呈下降趋势。

黄斑星天牛（*Anoplophora glabripennis* Motschulsky）：黄斑星天牛属于本土常发性有害生物，在自然保护区主要寄主植物是白桦。主要分布在太统山白桦人工林。黄斑星天牛危害几年来在太统山人工白桦林呈下降趋势。黄斑星天牛寄主以白桦、山杨、其他杨属植物为主，保护区在太统山以外区域的后河保护站的西山，麻武保护站的城子有大量杨树人工林和白桦、山杨天然林，但都没有发现黄斑星天牛危害。

中华鼢鼠（*Myosqalax fontanierii* Milne-Edwards）：中华鼢鼠是自然保护区最具威胁的食根性常发性有害生物，寄主以樟子松最为喜好，其次是油松、华北落叶松、华山松、云杉。中华鼢鼠在自然保护区苗圃基地大面积发生，致使苗木枯死，给自然保护区种苗产业造成巨大经济损失。在以油松为主的未成林造林地也有发生，对造林保存率造成一定影响，主要分布太统、麻武、后河三个自然保护站种苗基地及以油松为主的未成林造林地。

金灯藤（*Cuscuta japonica* Choisy）：日本菟丝子属于国家林业局2013年第4号公告公布的《全国林业危险性有害生物名单》有害生物，主要寄主植物中国沙棘、黄蔷薇、黄刺玫、榆树、草木犀、白花草木犀、茵陈蒿、艾蒿、山蒿、藜等，全自然保护区均有分布，主要分布在太统、麻武保护站路边林缘地带。

北桑寄生（*Loranthus tanakae* Franch.et Sav）：北桑寄生属于本自然保护区常发性有害生物，主要寄主植物为白桦。主要分布于后河、麻武保护站。监测发现，北桑寄生危害仅仅发生于成过熟林的白桦林木，其扩散蔓延相对较慢。

第四节　水文

一、地表水

平凉地区河流分属泾河水系和渭河水系，它们是黄河流域五大水系中的两个水系。共有大小河流162条，其中自然保护区内的泾河水系分布于全境，主要有8条河流：泾河、颉河、大陆河、小陆河、潘涧河、大岔河、涧河和四十里铺河。

自然保护区内的八条河流中属泾河最大，发源于宁夏泾源县内六盘山以东，横贯全区，流长75 km。河流平均径流量为56 m^3/s，流域面积1.72 km^2，在崆峒峡的平均流量为3.88 m^3/s，最大达58.5 m^3/s（1962年9月25日），此处现已建成崆峒峡水库。

大气降水是本区地表径流的主要补给来源，地表水年径流量为0.8亿~2.9亿 m^3。受降水年内分配不均的影响，径流年内分配的季节性差异也极为明显，相应地区各河流径流高峰值亦出现在7—9月，丰水期（7—10月）占年径流量的60% 以上；枯水期基本依赖地下水补给，占年径流量的30% 左右。据泾河崆峒峡水文站统计资料，该水文站集水面积579 km^2，年平均径流量2.53亿 m^3；1964年最低，为0.52亿 m^3。平均径流深232.8 mm，汛期（7—10月）平均径流量为0.834亿 m^3。

自然保护区东部为黄土高原区，黄土广布，植被较稀疏，多暴雨山洪，水土流失较严重，河流输沙量较大，仅泾河、渭河两水系的输沙量就占黄河流域的72%。泾河水系年平均流失土壤总量达4 459万 t，侵蚀模数6 051 t/（$km^2 \cdot a$）。渭河水系年平均流失土壤总量为3 013万 t，侵蚀模数为8 073 t/（$km^2 \cdot a$）。自然保护区的水质绝大多数良好，符合人畜饮水标准，可供居民用水，也可用于灌溉农田，有较好的开发价值。只有局部地区含盐量高，水质相对较差，不太适合饮用。

随着工业生产的大力发展，一些工厂对排放的污染物、有毒物质没有引起足够重视，导致泾河的化学耗氧量、挥发酸、氨氮等污染物超标，严重影响了水质的优良性。近年来，为遏制水系水质恶化趋势，崆峒区积极响应国家及省、市河长制工作部署，采取一系列措施，以"河长制"推动"河长治"，使泾河流域平凉段水系水质达到国家地表水Ⅲ类标准及以上，水质达标率达75%。

二、地下水

1. 主要类型

自然保护区内优越的气象条件、山势险峻等独特地貌以及特殊的地质构造，从而形成了该区地下水的多种类型及其较大差异的分布状况，该自然保护区地下水主要由大气降水及河流水入渗转化积累而来，依据地下水的储存特征，本自然保护区地下水主要有以下4种类型。

（1）河流、沟谷潜水　在河流、沟谷的一级阶地及河漫滩上和山间洼地，这种潜水丰富，主要含水层是第四系砂砾石。而远离河流的高阶地冲击层一般得不到有效补给，富水性较差。本区大部分潜水的矿化度并不高，对土壤无影响，仅在葫芦河上游和一些沟谷中，水流的矿化度在1~3 g/L 以上。单井涌水量675~6 445 m³/d，最大可达10 000 m³/d，为当地工农业主要供水来源。

（2）黄土层潜水　分布于广大的黄土丘陵与黄土塬，赋存于黄土孔隙、裂隙中，这主要是层间潜水，由于降水较少，蒸发量较大，故潜水主要在沟谷中赋存，含量较小，但水质良好，是当地居民的饮用水源。此外，还有分布广、埋藏深、储量大的粉砂潜水层带，这种潜水位于第三纪母质之上，单井涌水量574~1 362 m³/d，矿化度较小。

（3）山区基岩潜水　多分布在中部六盘山、陇山一带，以泉水形式流出地表。这种潜水赋存于各类岩石的风化裂隙中，尤以风化裂隙为主。含水层埋深40~600 m，水头高出地表10~50 m，单井出水量8 770~2 500 m³/d，自流量可达1 000 m³/d，矿化度均小于1 g/L。

（4）层间承压水　赋存于中新生界白垩系碎屑岩层中，含水层岩性上部为细砂岩，下部为砾砂岩、砾岩。此潜水水质好，主要是淡水，矿化度0.5左右，少量为微咸水，但矿化度并不高，仅局部地方深埋含水层矿化度可达3 g/L以上。该承压水水量较丰富，年径流量1.82亿 m³，总贮存量40亿 m³，具有开采价值。

2. 地下水的补给、径流及排泄条件

本自然保护区地下水的补给来源主要有大气降水、雨雪水的渗漏、渠道灌溉水的垂直入渗和河水、基岩裂隙水、沟谷潜流的侧向补给等。在河谷及沟谷地区，由于泾河水系的水源较为丰富，自产径流量为14.0亿 m^3/a，入流量为4.50亿 m^3/a，而地下潜水量仅为4.25亿 m^3/a，泾河水是地下河谷潜水的直接补给来源，因此该补给是一条重要途径，占主导地位。当然，同时还有大气降水入渗等的侧向补给。因河谷地形平坦，地下水水流坡度较小，故径流条件相对较差，而且径流也较迟缓。

在黄土区以及基岩裸露的山区，地下水仅靠大气降水、雪渗漏的单一补给，补给来源相对较贫乏。其中在黄土区，由于黄土的垂直和水平透水性都较差，降水不易下渗，故潜水径流速度较为缓慢，这些潜水常沿黄土层下伏基岩接触面以泉流的形式排泄，流入沟谷中，而且流量较小。在基岩裸露山区，由于山势陡峭，地形切割强烈，因此径流速度较快，排泄条件畅通，常以泉水流的形式从基岩裂隙中流出，沿山坡排泄，形成地表径流，也可从高处向低处形成潜流，泄入沟谷成为沟谷潜水。

由此可见，其中以河谷潜水补给来源最丰富，径流最缓慢且排泄功能最差，而以基岩潜水的补给来源最贫乏，径流最快，排泄最畅通。

3. 地下水化学特征及水质评价

本自然保护区地下水主要属重碳酸盐类型，主要金属元素为钙、钠，呈弱碱性，水中所含各类离子及微量元素均适合人体需要，可以继续开发利用。只是在泾河部分支流区，其地下水为苦水区，不符合人畜饮用水标准，水质较差。因此不能用于农田灌溉。除此外，本区域内绝大多数地下水区水质良好。

第五节　土壤

太统山、崆峒山为地壳运动基岩上升褶皱而成，具有典型的山地地貌。海拔1 200~2 234 m，主要地貌类型有山地、丘陵、峡谷及峡谷涧地。山前丘陵与基部无明显界限。崆峒山区地层主要为白垩系和三叠系紫红色砂岩、橘红色砂岩、紫红色砂质泥岩、紫色砾岩地层。这些地层在山系的不同地貌区域均有不同程度的出露。成土母质主要为母岩的残积 – 坡积风化物、第三系红色风化物和黄土两种类型。地形地貌对母质的形成和分布均有影响，在山坡上部、地形陡峭处，由于坡度大，黄土难以沉积，为残积 – 坡积物；而在山坡的中部、坡脚以及缓坡地段则有黄土的沉积，为黄土母质或形成黄土侵入残积－坡积物的现象。

根据土类的划分原则，保护区的土壤主要可以划分为3个土类：山地棕壤类、灰褐土类和红土类。

1. 山地棕壤

山地棕壤分布在海拔2 000 m以上的高山地区。气候比较温暖，1月份平均气温–7.3℃，7月份平均气温18.6℃，年降水量≥600 mm。该土壤类型是山区落叶、阔叶与针叶混交林带下发育成的土壤。木本植物以辽东栎、山杨、刺槐、白桦、油松、毛榛子、华山松等为主。林下的草本植物主要有委陵菜、截叶铁扫帚、茵陈蒿、薹草、臭蒿、虎尾草、野菊花等。成土母质主要是二叠系、三叠系以及六盘山系岩石风化物，间有少部分黄土。

此类下划分一个山地棕壤亚类，亚类下划分一个山地棕壤土属。土属又根据利用方式、垦殖与否划分成坡棕壤、棕壤和生草棕壤3个土种。

（1）坡棕壤　总面积55.94 hm²。主要分布在太统山、香草梁一带。典型剖面（位于崆峒乡高岭村香山梁）性质如下：

耕作层，0~18 cm，淡黄棕10YR5.5/4.5，黏壤，小块状结构。结构体上有腐殖质胶膜，松。pH 7.6，有碳粒侵入，根系密集。

犁底层，18~24 cm，暗黄棕10YR4/3，质地中偏轻，片状，小块状结构，紧。pH 7.9。根系多。

生土层一，24~55 cm，暗黄棕10YR3.5/3.5。质地中壤，小块状、粒状结构，紧。pH 8.0。根系少。

生土层二，55~91 cm，暗棕壤10YR3/3.5，小块状、粒状结构，中偏重壤，紧实。pH 7.8。有料姜石、根孔、动物穴和蚯蚓粪。

生土层三，91~119 cm，淡棕7.5YR4/5.5，块状结构，中偏重壤，中量腐殖质胶膜，紧实，有料姜石侵入，有根孔、动物穴。pH 7.8。

母质层，119~160 cm以下。暗黄棕至淡棕色，有砾石、锈斑。

表2-7 坡棕壤土的化学性质和颗粒组成（剖面位于崆峒乡高岭村香山梁）

理化性质	剖面层次			
	根作层 0~18 cm	犁底层 18~24 cm	生土层一 24~55 cm	生土层二 55~91 cm
有机质/（g·kg^{-1}）	18.00	11.00	8.00	4.00
全N/（g·kg^{-1}）	1.29	0.76	0.63	0.61
全P/（g·kg^{-1}）	1.13	1.06	1.31	1.17
有效N/（mg/kg）	105.00	65.00	53.00	44.00
有效P/（mg·kg^{-1}，P$_2$O$_5$）	4.00	2.00	2.00	3.00
速效K/（mg·kg^{-1}，K$_2$O）	156	147	146	104
pH	7.60	8.00	7.80	7.80
碳酸钙/（g·kg^{-1}）	9.60	5.00	1.30	9.30
代换量/（cmol·kg^{-1}）	19.00	16.00	15.00	14.00
<0.01 mm/%	59.30	45.00	39.50	48.70
<0.001 mm/%	19.70	20.30	17.10	19.80

（2）生草棕壤土 面积1 624.99 hm^2。其性质可以崆峒乡太统山电视转播塔下海拔2 150 m处典型剖面为例。

A$_0$，0~3 cm，棕色，轻壤，团粒结构，松，根系密集，pH 7.1，无石灰反映。

A$_1$，3~24 cm，深灰黄色，质地中壤，团粒及粒状结构，较紧，根系多。pH 7.1，无石灰反应。

A$_2$，24~46 cm，灰黄棕色，质地中壤偏重壤，块状结构，紧，根系中量，有轻度淋溶现象。pH 7.3，无石灰反应。

A$_3$，46~72 cm，深灰黄棕，块状结构，质地中壤偏重壤，紧实，根系少量。pH 7.3，无石灰反应。

B，72~128 cm，棕色，质地重壤，块状结构，紧实，根系极少。pH 6.7，无石灰反应。

表2-8　生草棕壤土的化学性质及颗粒组成（剖面位于崆峒乡太统山电视转播塔下）

理化性质	剖面层次		
	A_0（0~3 cm）	A_1（3~24 cm）	A_2（24~46 cm）
有机质/（$g \cdot kg^{-1}$）	47.00	21.00	6.70
全N/（$g \cdot kg^{-1}$）	2.41	1.28	0.61
全P/（$g \cdot kg^{-1}$）	1.17	0.98	0.91
有效N/（$mg \cdot kg^{-1}$）	151.00	73.00	81.00
有效P/（$mg \cdot kg^{-1}$，P_2O_5）	9.00	9.00	2.00
速效K/（$mg \cdot kg^{-1}$，K_2O）	172.00	136.00	140.00
pH	7.10	7.10	7.30
碳酸钙/（$g \cdot kg^{-1}$）	0.50	0.50	0.60
代换量/（$cmol \cdot kg^{-1}$）	20.00	18.00	14.00
<0.01 mm/%	38.50	44.50	40.70
<0.001 mm/%	17.90	17.70	20.30

（3）棕壤土　面积735.01 hm^2。典型剖面可以崆峒山塔院混交林下剖面为例来说明。

A_{00}　0~3 cm，棕褐色，枯枝落叶层。

A_0　3~8 cm，暗棕褐色腐殖质层，轻壤，团粒结构，细根密集。pH 6.9。

A　8~32 cm，暗棕色，质地中壤，团粒及小块状结构，细根中量，粗根少量，pH 7.1。

B　32~98 cm，黄棕色，质地重壤，块状结构，有铁、锰及腐殖质胶膜，紧实。pH 6.8。

表2-9　棕壤土的化学性质及颗粒组成（剖面位于崆峒山塔院）

理化性质	剖面层次			
	A_{00}（0~3 cm）	A_0（3~8 cm）	A（8~32 cm）	B（32~98 cm）
有机质/（$g \cdot kg^{-1}$）	76.00	31.00	9.70	8.60
全N/（$g \cdot kg^{-1}$）	3.87	1.95	0.82	0.64
全P/（$g \cdot kg^{-1}$）	1.26	1.37	1.12	1.12

续表

理化性质	剖面层次			
	A_{00}（0~3 cm）	A_0（3~8 cm）	A（8~32 cm）	B（32~98 cm）
有效 N/（mg·kg^{-1}g）	249.00	133.00	46.00	45.00
有效 P/（mg·kg^{-1}，P_2O_5）	2.00	2.00	1.00	1.00
速效 K/（mg·kg^{-1}，K_2O）	298.00	183.00	190.00	90.00
pH	7.50	6.90	7.10	6.80
碳酸钙 /（g·kg^{-1}）	4.30	7.10	3.70	4.00
代换量 /（cmol·kg^{-1}）	22.00	21.00	18.00	17.00
<0.01 mm/%	30.00	40.30	41.90	46.30
<0.001 mm/%	9.40	12.40	17.30	20.90

2. 灰褐土

灰褐土是在半湿润落叶林生物气候条件下形成的土壤，在海拔2 000 m 以下区域分布。母质主要是白垩纪、三叠纪的灰绿、灰黄色石灰岩，紫红色砾岩或砖红色砂岩及泥岩风化物，局部地段也可能有黄土的侵入。木本乔木植物有松、栎、桦、椴等。木本灌木植物有榛子、丁香、黄刺玫、枸子、沙棘、胡枝子等。草本植物有狗尾草、臭蒿、委陵菜、野菊花、茵陈蒿、长芒草、灰条等。气候温暖，7月份平均气温17~21 ℃，1月份平均气温 –5.5~–6.5 ℃，≥10℃积温2 200~2 400 ℃。年降水量600~650 mm。

本区灰褐土类分为碳酸盐灰褐土1个亚类。本亚类下分为耕地灰褐土属、粗骨质灰褐土属和灰褐土属3个土属。其中耕地灰褐土属分为梯灰褐土种和坡灰褐土2个土种；粗骨质灰褐土属只有粗骨质灰褐土1个土种；灰褐土属只有灰褐土1个土种。

（1）梯灰褐土　分布于山地平缓处，经过人类改造而成为梯田。剖面（位于麻武大路一侧）特征如下：

耕作层，　0~12 cm，暗黄棕10YR6/3，中壤，粒状，松。有料姜石，动物孔穴，根系多。pH 7.8。

心土层一，12~56 cm，淡棕7.5YR4.5/5，中壤，块状，松。有砾石侵入，根系少。pH 7.9。

心土层二，56~92 cm，暗黄棕10YR6/3，中壤，块状结构，疏松。有料姜石，根系少。pH 7.8。

心土层三，92~183 cm，重壤，粒状结构，有少量的碳酸钙假菌丝体，紧实，根系极少。pH 7.9。

表2-10 梯灰褐土理化性状和颗粒组成（剖面位于麻武大路一侧）

理化性质	剖面层次				
	耕作层 0~12 cm	心土层一 12~56 cm	心土层二 56~92 cm	心土层三 92~128 cm	心土层四 128 cm 以下
有机质 / (g · kg^{-1})	20.80	15.20	12.60	11.90	11.30
全 N/ (g · kg^{-1})	1.42	12.80	10.00	0.82	0.80
全 P/ (g · kg^{-1})	1.75	1.23	1.13	1.36	1.20
有效 N/ (mg · kg^{-1})	111.00	107.00	91.00	70.00	59.00
有效 P/ (mg · kg^{-1}，P$_2$O$_5$)	9.00	3.00	2.00	2.00	3.00
速效 K/ (mg · kg^{-1}，K$_2$O)	132.00	69.00	73.00	59.00	53.00
pH	7.80	7.90	7.80	7.90	8.10
碳酸钙 / (g · kg^{-1})	—	—	—	—	—
代换量 / (cmol · kg^{-1})	19.00	18.00	17.00	15.00	18.00
<0.01 mm/%	48.60	48.70	48.80	48.80	52.80
<0.001 mm/%	19.70	24.00	26.10	26.10	24.00

（2）坡灰褐土　与梯灰褐土相似，其差异在于受人为活动影响的不同。剖面（位于麻武乡三道沟）特征如下：

耕作层，0~8 cm，淡棕黄，粒状结构，重壤，疏松。有石灰反应，根系和孔隙较多。pH 7.7。

犁底层，8~11 cm，褐色，粒状结构，重壤，有石灰反应，疏松，根系和孔隙较多。pH 8.2。

心土层一，11~27 cm，灰黄，小块状结构，紧实，根系和孔隙少。pH 8.7。

心土层二，27~50 cm，暗黄棕，块状结构，轻黏壤。根系和孔隙少。pH 8.7。

心土层三，50~77 cm，褐色，轻黏壤，块状结构，根系和孔隙少。pH 8.7。

心土层四，77~150 cm，紫色，轻黏壤，块状结构，紧实，根系和孔隙少。pH 8.6。

表2-11 坡灰褐土理化性状和颗粒组成（剖面位于麻武乡三道沟）

理化性质	剖面层次					
	耕作层 0~8 cm	犁底层 8~11 cm	心土层一 11~27 cm	心土层二 27~50 cm	心土层三 50~77 cm	心土层四 77~150 cm
有机质 / (g·kg⁻¹)	10.60	9.30	9.80	4.80	4.00	2.60
全 N/ (g·kg⁻¹)	0.84	0.77	0.71	0.45	0.38	0.27
全 P/ (g·kg⁻¹)	1.69	1.54	1.53	1.54	1.51	1.54
有效 P/ (mg·kg⁻¹，P_2O_5)	5.00	4.00	4.00	2.00	3.00	2.00
速效 K/ (mg·kg⁻¹，K_2O)	116.00	99.00	103.00	88.00	95.00	94.00
pH	7.70	8.20	8.70	8.70	8.70	8.60
碳酸钙 / (g·kg⁻¹)	51.00	49.00	48.00	14.00	12.00	14.00
代换量 / (cmol·kg⁻¹)	21.00	20.50	15.90	15.50	15.50	15.60
<0.01 mm/%	46.30	45.00	45.00	50.30	50.30	59.30
<0.001 mm /%	20.90	20.40	20.40	22.50	23.50	19.70

（3）粗骨质灰褐土 是在白垩纪灰色、紫红色砂质泥岩、紫红色页岩等残积－坡积风化碎屑上发育起来的始成土壤。粗骨质灰褐土通体剖面都有大小不等的风化碎屑，强石灰反应，层次分化不明显，灰黄棕色，一般无结构发育，保水保肥性能很差。大部分为次生林地或林地破坏后所形成的草地。其剖面（位于安国乡陡坡河）特征如下：

A 0~21 cm，灰深棕色，质地砂砾质，无结构，紧实，强石灰反应。pH 8.6。

B 21~50 cm，灰黄棕色，质地砂砾质，无结构，根系少，强石灰反应。pH 8.7。

B/C 50~83 cm，深黄棕色，质地砂砾质，无结构，根系少，强石灰反应。pH 8.6。

C 83~140 cm，深棕色，质地砂砾质，无结构，根系少，强石灰反应。pH 8.8。

表2-12　粗骨质灰褐土理化性状和颗粒组成剖面（位于安国乡陡坡河）

理化性质	剖面层次			
	A（0~21 cm）	B（21~50 cm）	B/C（50~83 cm）	C（83~140 cm）
有机质 /（g·kg^{-1}）	15.80	9.00	9.00	15.20
全 N/（g·kg^{-1}）	1.27	0.85	0.73	1.23
全 P/（g·kg^{-1}）	1.70	1.60	1.52	1.45
有效 P/（mg·kg^{-1}，P$_2$O$_5$）	2.00	1.00	1.00	1.00
速效 K/（mg·kg^{-1}，K$_2$O）	160.00	114.00	142.00	85.00
pH	8.60	8.70	8.60	8.80
碳酸钙 /（g·kg^{-1}）	160.00	172.00	118.00	115.00
代换量 /（cmol·kg^{-1}）	18.10	15.50	15.60	15.60
<0.01 mm/%	43.80	45.80	48.10	48.20
<0.001 mm/%	11.70	8.60	12.70	21.10

（4）石灰性灰褐土　是在阔叶林下发育形成的典型灰褐土。剖面通体具有石灰反应和碳酸钙结核或假菌丝体。剖面（大寨乡小弯子林地）特征如下：

A$_0$　0~9 cm，深棕色，中壤，蚯蚓粪多。pH 8.2。

A　9~16 cm，黄棕色，中壤，块状结构，碳酸盐霜粉、假菌丝体很多，石灰反应强。疏松，根系和蚯蚓粪多。pH 8.3。

B　16~31 cm，暗棕色，质地轻黏，块状结构，疏松，根系少，有大量石灰结核。

C$_1$　31~81 cm，暗棕色，紧实，蚯蚓粪多，根系少。pH 8.7。

C$_2$　81~104 cm，暗棕色，紧实，根系少，有大料姜石和石灰假菌丝体。pH 8.6。

C$_3$　104~137 cm，暗棕色，紧实，根系少，有大料姜石和石灰假菌丝体。pH 8.5。

表2-13 石灰性灰褐土理化性状和颗粒组成（剖面位于大寨乡小弯子林地）

理化性质	剖面层次					
	A_0 0~19 cm	A 9~16 cm	B 16~31 cm	C_1 31~81 cm	C_2 81~104 cm	C_3 104~137 cm
有机质 / (g·kg^{-1})	57.20	13.50	19.90	12.20	9.30	4.00
全 N/ (g·kg^{-1})	3.05	1.28	1.73	0.95	0.40	0.36
全 P/ (g·kg^{-1})	2.03	1.90	1.85	0.81	1.55	1.44
有效 P/ (mg·kg^{-1}, P_2O_5)	9.00	3.00	2.00	2.00	2.00	3.00
速效 K/ (mg·kg^{-1}, K_2O)	429.00	435.00	285.00	136.00	122.00	145.00
pH	8.20	8.30	8.70	8.60	8.50	8.50
碳酸钙 / (g·kg^{-1})	54.00	52.00	54.00	62.00	59.00	106.00
代换量 / (cmol·kg^{-1})	20.90	20.70	15.50	15.60	15.50	15.50
<0.01 mm/%	39.40	41.40	43.50	47.50	47.30	47.50
<0.001 mm/%	10.40	12.30	12.30	14.40	10.20	8.20

3. 红土

红土是在第三纪红色风化物上发育形成的一种土壤，属于 A–C 型剖面，分布在冲沟底部或沟脑。红土类可以分为红胶土1个亚类，其下又可根据地形部位和利用方式分为坡红胶土、梯红胶土和荒地红胶土3个土属。这3个土属又分别包括坡红胶土、梯红胶土、荒地红胶土各1个土种。

（1）坡红胶土　分布于山坡地，经过垦殖现在作为农田利用。剖面（位于南麻武乡麻武村店子南坡）特征如下：

耕作层　0~16 cm，红棕5RY6/9，轻黏，粒状结构，较紧。石灰反应较强，有少量的料姜石，根系和孔隙多。pH 8.0。

犁底层　16~35 cm，紫棕 YR6/4，轻黏，小块状、粒状结构。结构体上有少量铁锰胶膜，紧实。有少量料僵石，根系较少，孔隙极少。石灰反应较强。pH 8.1。

心土层一　35~55 cm，紫棕5YR6.5/4，重偏黏，小块状结构，有少量铁锰胶膜。紧实，孔隙极少，根系较少。有少量料姜石，石灰反应较强。pH 7.8。

心土层二　55~97 cm，紫棕5RY5/4.5，有少量碳酸盐假菌丝体，紧实，有少量料姜石，孔隙极少。石灰反应较强。pH 7.0。

表2-14　坡红胶土化学性状和颗粒组成（剖面位于南麻武乡麻武村店子南坡）

理化性质	剖面层次			
	耕作层 0~16 cm	犁底层 16~35 cm	心土层一 35~55 cm	心土层二 55~97 cm
有机质 / (g·kg^{-1})	8.80	4.70	5.30	4.70
全 N/ (g·kg^{-1})	0.70	0.45	0.42	0.40
全 P/ (g·kg^{-1})	1.23	0.94	1.00	0.99
有效 P/ (mg·kg^{-1}，P$_2$O$_5$)	5.00	3.00	2.00	5.00
速效 K/ (mg·kg^{-1}，K$_2$O)	173.00	151.00	152.00	159.00
pH	8.00	8.10	7.80	7.00
碳酸钙 / (g·kg^{-1})	92.00	94.00	90.00	89.00
代换量 / (cmol·kg^{-1})	18.00	14.00	14.00	15.00
<0.01 mm/%	63.30	61.20	54.80	54.00
<0.001 mm/%	9.20	7.20	9.20	8.60

（2）梯红胶土　是坡红胶土经过改造修筑成水平梯田做农用的土壤。剖面（位于崆峒山乡中南村人行沟）特征如下：

耕作层　0~12 cm，暗棕，团块状结构，轻黏，疏松，根系多，有少量孔隙。

犁底层　12~24 cm，暗黄棕，块状结构，轻黏。根系少，紧实。

心土层一　24~47 cm，暗灰棕，块状结构，轻黏。根系少，紧实。

心土层二　47~95 cm，暗红棕，块状结构，有铁锰胶膜，紧实。

心土层三　95~140 cm，棕色，团块状结构，有少量铁锰胶膜，紧实。

表2-15　梯红胶土主要化学性质和颗粒组成（剖面位于崆峒山乡中南村人行沟）

理化性质	剖面层次		
	耕作层 0~12 cm	犁底层 12~24 cm	心土层 24~47 cm
有机质 / (g·kg^{-1})	21.00	8.90	7.40
全 N/ (g·kg^{-1})	1.45	0.60	0.63
全 P/ (g·kg^{-1})	1.36	0.94	0.82

理化性质	剖面层次		
	耕作层 0~12 cm	犁底层 12~24 cm	心土层 24~47 cm
有效 P/（mg·kg^{-1}，P$_2$O$_5$）	13.00	9.00	7.00
速效 K/（mg·kg^{-1}，K$_2$O）	251.00	164.00	163.00
pH	7.00	6.90	7.00
碳酸钙 /（g·kg^{-1}）	6.00	6.00	4.00
代换量 /（cmol·kg^{-1}）	20.00	15.00	14.00
<0.01 mm/%	54.00	52.70	68.00
<0.001 mm/%	8.60	7.20	5.10

第三章
调查研究方法

第一节 植被与植物区系

一、植物调查

根据自然保护区综合科学考察规程（环函〔2010〕139号）推荐的生物多样性调查方法，植物地理区系采用专家咨询和资料检索法，植被类型采用优势种直接观测和资料检索法，植物种类组成、盖度、密度、频度和优势种/建群种的调查采用样地和样方法。

1. 乔木

乔木指具有独立的主干，主干和树冠有明显区分的高大的木本植物，一般成熟个体高度达5 m以上。观测样地的面积以≥1 hm²（100 m×100 m）为宜，面积指"垂直投影面积"。

（1）调查时限　2021年9—10月、2021年11—12月，按生长季和非生长季2次。

（2）调查方法　在选定建立观测样地的位置，用森林罗盘仪确定样地的方向（一般是正南北方向）和基线，将样地划分为10 m×10 m样方，用卷尺、测绳或便携式激光测距仪将每个10 m×10 m样方划分为5 m×5 m小样方。

这些5 m×5 m样方作为乔木的基本观测单元，观测任务完成后将这些临时标记全部移除，并做无害化处理。

乔木的观测内容包括植物个体标记、定位，胸径、冠幅、物候期、个体生长状态观测、单个种盖度、样方总盖度的估计以及物种鉴定等。

2. 灌木

灌木指不具明显独立的主干，或丛生地上的比较矮小的木本植物，一般成熟个体高度小于5 m。观测样地一般是具有典型性和代表性区域，面积应大于10 000 m²。观测样地一般不少于5个10 m×10 m的样方，对大型或稀疏灌丛，样方面积扩大到20 m×20 m或更大。

（1）调查时限　2021年9—10月、2021年11—12月，按生长季和非生长季2次。

（2）调查方法　在选定的位置，用森林罗盘仪、测绳、卷尺或便携式激光测距仪确定10 m×10 m样地的方向（一般是正南北方向）和基线，并将样地划分为5 m×5 m小样方，作为灌木植物观测的基本单元。

内容包括植物个体标记、定位，基径、高度、冠幅测量，生长状态观测，单个种盖度、样方总盖度的估计。

3. 草本

草本指木质部不甚发达，茎为草质或肉质的植物。观测样地一般是具有典型性和代表性区域，面积为10 000 m²。观测样地一般不少于5个1 m×1 m样方，样方之间的间隔不小于250 m，若观测区域草地群落分布呈斑块状、较为稀疏或草本植物高大，应将样方扩大至2 m×2 m。

（1）调查时限　2021年9—10月、2021年11—12月，按生长季和非生长季2次。

（2）调查方法　在选定的位置用卷尺或定制的模具设置2 m×2 m样方，对样方的顶点编号并永久标记，边界用塑料绳或其他材料临时标记。

观测内容包括物种名称、多度、平均高度和冠幅、物候、生活力、种盖度、样方总盖度等。

二、植被调查

根据自然保护区的自然环境及植被特点，布设垂直方向的样线，在样线上进行植被分布调查。调查时往往按照样线由低至高行进，直至植被分布的上限，分别记录不同植被类型及其分布范围。

在样线上布设样方，按照要求逐项调查样方所处地理位置、生境类型、植物群落名称、种类组成、郁闭度或盖度、海拔、坡度、坡向、坡位等，以及人为干扰方式与程度、保护状况等。对样方内的乔木、灌木及草本分别记录信息。

使用设备：GPS、相机、标本夹、采集记录表。

第二节　动物调查方法

一、哺乳动物

大型兽类调查主要采用线路调查法，根据自然保护区地形地貌以及植被特点，在不同的生境内布设一定数量样线，样线基本涵盖整个自然保护区，要求每条样线从低到高，穿越所有的生境类型。调查时2~3人一组，大型兽类主要观察痕迹，设计样线，线上观察记录兽类的实体、痕迹（如食迹、足迹、粪便、抓痕等）和遗迹（如骨骼、皮张、毛发等），并辅以访问的方式补充调查。

1. 调查指标

种类、数量、分布区域及其生活习性（包括食源生物调查）。

2. 调查时限

兽类数量调查分繁殖季和越冬季调查，其他季节作为补充调查。本次调查主要是繁殖季调查，对于越冬季动物的数量情况可以通过查阅以往的资料获得，野外调查作为补充。

3. 调查方法

兽类以种类调查为主，可采用野外踏查、走访和利用近期的野生动物调查资料相结合的方法，记录到种或亚种。

数量状况可采用常见（20只以上）、可见（5~20只）、罕见（5只以下）3个等级进行估测。

依据看到的动物实体或痕迹进行估测，在调查现场换算成个体数量。调查结果填写重点调查兽类野外调查记录表。对于自然保护区内的国家一级、二级重点保护物种查清物种分布和种群数量，野外调查宜采用样带调查法和样方调查法，样带（方）布设依据典型布样，样带（方）情况能够反映该区域兽类分布基本情况，然后通过数量级分析来推算种群数量状况。

样带长度不少于2 000 m，单侧宽度不低于100 m，样方大小为50 m×50 m。分布及小生境是某种野生动物取食、活动、营巢、隐蔽的具体地点，应以一定的地物特征加以说明，如林缘、林下等。

二、鸟类

1. 调查指标

重点关注种类、数量和分布及其生活习性（结合文献检索、现场访谈和相关观测站点历史记录归纳总结）。

2. 调查时限

鸟类数量调查分繁殖季和越冬季2次进行。繁殖季一般为每年的5—7月，越冬季为12月至第二年的2月。迁徙情况调查主要在春、秋鸟类迁徙季节进行。

3. 调查方法

观测仪器和工具：包括8~12倍的双筒望远镜（用于行走时或在树林中观测近距离的鸟类）、25~60倍单筒望远镜（用于观测远距离且较长时间停留在某地的鸟类）、鸟类野外手册或鸟类图鉴等工具书、野外记录表、照相机、全球定位系统（GPS）定位仪、罗盘、温度计、直尺、游标卡尺、地图以及必要的防护用品和应急药品等。

观测样地、样线和样点设置参照《HJ 710.4—2014》中提到的方法进行布置。

鸟类数量调查方法主要采用直接计数法。

记录对象：以记录动物实体为主，在繁殖季节还可记录鸟巢数，再转换成种群数量（一般每一鸟巢应视为一对鸟）。

计数可借助于单筒或双筒望远镜进行。如果群体数量极大，或群体处于飞行、取食、行走等运动状态时，可以5只、10只、20只、50只、100只等为计数单元来估计群体的数量。

采用样方法时，通过随机取样来估计水鸟种群的数量。在群体繁殖密度很高的或难于进行直接计数的地区可采用此方法。样方大小一般不小于50 m×50 m；同一调查区域的样方数量应不低于8只，调查强度不低于1%。计数方法同直接计数法。

春、秋季候鸟迁徙季节的调查以种类调查为主，记录鸟类迁来时间、高峰期、居留型、居留期、停歇时间、迁离时间以及主要停留（歇）地等。

三、两栖类

两栖类主要以白天样线样方法和晚上定点调查相结合进行调查，采用直接捕捉法确定物种种类。

在某个物种分布的不同生境内设计样线，记录此线所遇到的所有动物个体的调查方法。发现动物时捕捉，记录动物名称、数量、距离样线中线的垂直距离、地理位置、影像等信息，同时记录样线调查的行进航迹。样线上行进的速度根据调查工具确定，步行宜为每小时1~2 km。

使用设备：GPS、相机、抄网、采集记录表。

四、爬行类

爬行类主要以白天样线样方法和晚上定点调查相结合进行调查。在爬行动物栖息地随机布设样线，调查人员在样线上行进，发现动物时，记录动物名称、数量、地理位置、距离样线中线的垂直距离等信息。样线上行进的速度根据调查工具确定，步行宜为每小时1~2 km。记录样线调查的行进航迹。在爬行动物栖息地随机布设50 m × 50 m的样方仔细搜索并记录发现的动物名称、数量等信息。

使用设备：GPS、相机、抄网、蛇钩钳、采集记录表。

五、鱼类

鱼类调查主要采取样带法与样方法结合的方式进行，样带法即沿着河沟一边走一边不时利用渔网进行捕捞。样方法则是在样带上选择几处水流较缓、水体较深的点，布成样方，用钓竿、拉网和捞网进行捕捞，利用渔获物确定物种。

统计调查水域中所捕捞的渔获物中的所有种类，并通过访问渔民、水产品收购和批发市场、当业管理部门的工作人员。

将采集到的每一尾鱼样本当场进行种类鉴定，并逐尾进行生物学测量（其中体长测量精确到1 mm，体重测量精确到1 g或0.1 g）。对于不能当场识别、识别尚存疑问或者以前没有采集到的种类，用5%~10%的福尔马林（甲醛）溶液固定后，夹写布质标签，标明采集地点、采集时间和采集地生境，运回实验室参考相关工具书进行种类鉴定和复核。

使用设备：GPS、相机、抄网、标本固定瓶、甲醛、酒精、直尺、标签、自封袋、采集记录表。

六、昆虫

根据调查对象与调查内容，结合调查区域的地形、地貌、海拔、生境等，确定调查方法，设置调查样线。选择合适的时间开展调查，采集标本，做好相应的调查记录，并拍摄生境及物种的照片。

1. 样线法

布设要求：基于全面性、代表性、可达性原则布设调查样线。覆盖区域内所有的生境，并尽可能覆盖区域更多工作网格。

调查样线数量要求：每个网格每次调查样线2~3条，重点网格增加调查样线数量。每条调查样线长度为不小于200 m，扫网次数不少于100网，匀速采集。

调查时间与频次：根据不同类群昆虫的生物学特性，调查时间应选择在昆虫发生盛期，北方4—9月份开展调查。调查次数不少于2次。

2. 灯诱法

适合对象：适用于趋光性强的昆虫调查。

技术要求：诱虫灯采用高压汞灯，功率250~500 W，保障诱虫灯有足够的亮度和射程，并接合悬挂白色幕布。调查次数年度不少于2次。

3. 马来氏网法

适合对象：马来氏网法主要用于采集双翅目、膜翅目、半翅目等类群昆虫。

数量要求：县域内每种主要生境类型中设置不少于3个马来氏网诱捕昆虫。

技术要求：马来氏网收集瓶中，放2/3或者更多酒精。在极端干旱或者湿润的环境下，尽量放满瓶100% 分析纯酒精。换瓶时，直接把收集瓶加满酒精即可。调查次数建议每年不少于2次。

4. 陷阱法

适合对象：陷阱法主要用于地表昆虫调查。

技术要求：将容器放置到土壤中，容器上沿与地面平齐；陷阱一般采用塑料杯，在距离杯口2/3处设置出水口。陷阱内建议使用糖、醋、酒精及水等组成的引诱剂，或者防腐剂。一般1~3 d 内收集一次。

5. 振落法

技术要求：振落法是利用昆虫的假死特点，振击寄主植物，使其自行落下，从而采集昆虫。有些昆虫无假死特性，但猛烈振击也会使其落下。使用振落法时可配合使用采集伞、采集网和白布单等工具，收集振落昆虫。有些具有保护色和拟态昆虫，可能不会被振落，但受振击后会解除拟态从而爬行暴露出来，易于采集。

昆虫采集时要全面采集昆虫标本，采集时翔实记载，包括采集时间、采集地点、采集人、采集环境，所采集昆虫的生态环境、群落或小的生境的记录，在寄主上（植物、菌物或动物）采集部位的记录等，并加注标签。

昆虫标本整理需要确认标本完整性，并进行鉴定、制作和保存。

第三节　社会经济调查

社会经济状况调查采用资料调研和走访调查相结合的方法。通过查阅相关主管部门的有关统计资料，以行政村为基本单位，记录保护区周边地区和本地社区内的乡镇、行政村名称及其社会经济发展状况，包括土地面积、耕地等土地利用类型及范围、土地权属、人口、工业总产值、农业总产值、第三产业产值等。社会经济状况注明统计资料时间。

第四章
植物多样性

第一节　植物区系

　　崆峒山地区地带性植被是落叶阔叶林和草甸草原，与之相应，土壤主要划分为山地棕壤土、灰褐土和红土。该区植被以暖温带半湿润区落叶阔叶林为主，物种资源与遗传多样性丰富，是华北、华中、横断山、蒙新、中国－喜马拉雅等多种植物区系的交会地带；区系成分复杂。由于本地区植物区系位于中国－日本森林植物亚区的西北边缘，北与亚洲荒漠植物亚区接壤，西和西南逐渐过渡到青藏植物亚区和中国－喜马拉雅植物亚区，致使其区系组成有很大的过渡性，多种植物区系成分汇集和相互渗透；同时还具有明显的复杂性和古老性的特点。

一、优势物种统计

　　根据调查资料统计，组成本区植物区系的维管束植物有134科602属1 421种。其中，蕨类植物12科23属47种（含变种）、种子植物（裸子、被子植物）122科579属1 374种（含种下等级）。植物区系组成中以种子植物占绝对优势。现以种子植物来进行植物区系特征的统计分析。

　　按科所含属数统计，含属数较多（10属及以上）的科有13科，占总科数的9.70%；共包含315属，占总属数的52.33%。其中，含30属以上的科有3科（其中，菊科62属、禾本科46属、豆科32属），含属数在20~29属的有4科（其中，百合科25属、蔷薇科26属、唇形科23属、伞形科20属），含属数在10~19属的有6科（其中，十字花科18属、石竹科13属、毛茛科16属、玄参科14属、葫芦科10属、兰科10属），含属数较少（1~9）的科有121科（占总科数的89.34%，共包含287属，占总属数的47.67%，其中含2~9属的科有60科，含226属；而只含1个属的科有61科，占保护区总科数的45.52%）。自然保护区含5属以上的107个科所含的属占本保护区属数的绝大多数，在属的组成中占绝对优势。在13个含属较多的大科中，除蔷薇科、豆科、虎耳草科的少数属为木本植物外，其他各科均为草本植物，是该自然保护区草本植物区系的主要成分，在本地区森林植物区系中所起的作用较大。含属较少的松科、桦木科、壳斗科、忍冬科、杨柳科、榆科、槭树科、胡颓子科、木犀科等，是本区森林植物区系的主要成分，是构成太统－崆峒山自然保护区植被的优势科。

按科所含种数统计，优势科（含种数目超过20）有14科，占总科数的10.60%；分别为禾本科、百合科、蓼科、石竹科、毛茛科、十字花科、蔷薇科、豆科、伞形科、唇形科、茄科、玄参科、忍冬科、菊科。其中含种数超过50的科有6科，占总科数的4.48%，分别是菊科、蔷薇科、豆科、禾本科、毛茛科、百合科（菊科164种、蔷薇科102种、豆科101种、禾本科104种、毛茛科57种、百合科60种）；含种数在50~20的科有蓼科、石竹科、十字花科、伞形科、唇形科、茄科、玄参科、忍冬科（蓼科29种、石竹科33种、十字花科36种、伞形科26种、唇形科41种、茄科24种、玄参科24种、忍冬科30种）；中等科（含种数2~19）有89科，占总科数的66.42%，含257属559种。单种科31科，占总科数的23.13%。由此可见，自然保护区含种数较大的科较多，种所占比例为54.07%，这些大科全部是被子植物，且菊科等类进化较晚的科所含种数占的比例较高，表明自然保护区具有明显的新生特征；同时，被子植物中较为原始的毛茛科含物种数为55种，表明自然保护区植物区也同时具有古老特征。因此，自然保护区植物区系总体表现为一种次生演替区系。另外，自然保护区单种28个，占总科数的22.95%，占总种属数的4.65%，占总种数的1.97%，表明自然保护区种子植物科的分布类型广泛，从科一级水平上表明了该地区植物区系的多样性程度较高。

按属所含种数统计，优势属（含10种以上的属）15属，占总属数的2.49%，分别为蒿属（23种）、忍冬属（16种）、黄芪属（16种）、委陵菜属（16种）、蔷薇属（15种）、芸苔属（11种）、卫矛属（11种）、堇菜属（11种）、蝇子草属（10种）、铁线莲属（10种）、锦鸡儿属（10种）、棘豆属（10种）、茄属（12种）。含种数6~9个的属有31属，占总属数的5.15%。含种数2~5个的属有495属，占总属数的82.23%。单种属有61个，占总属数的10.13%。由此可见，自然保护区大型属（含种数超过10个）有15个，其中蒿属所占比例最高；中性属（2~9个）526个，所占比例最高（占属的87.38%）；而单种属61个，所占比例较高（占总属数的10.13%）。结果表明，该区植物区系复杂，也符合亚洲草原区植物区系的特点。

自然保护区内共有木本植物374种，占总种数的26.49%（其中，乔木69种、灌木305种），草本植物1 038种，占总种数的73.51%。由此可见，自然保护区种子植物区系中木本植物种类所占比例较小，它们都是自然保护区生态系统中的重要组成部分，是组成地带性植被的优势种。而占绝对优势的草本植物，这些草本植物是适应本地区冬季寒冷，夏季湿热的温带气候特点的常见种。

本区含100种以上的科有4科，分别为菊科（Compositae，62属164种）、禾本科（Gramineae，46属104种）豆科（Leguminosae，32属101种）、蔷薇科（Rosaceae，26属102种），分别占自然保护区科数的2.99%、属数的27.57%、种数的33.15%；含50~99种的科有2科，分别为毛茛科（Ranunculaceae，16属57种）、百合科（Liliaceae，25属60种），占自然保护区科数的1.49%、属数的6.81%、种数的8.23%；含20~49种的科有8科，包含107属243种，占自然保护区科数的5.97%、属数的17.77%、种数的17.10%；含5~19种的科有44科，189属435种，占自然保护区科数的32.84%、属数的31.40%、种数的30.61%；含2~4种的科有45科，68属124种，占自然保护区科数的33.59%、属数的5.55%、种数的8.73%，其中，单种科有31科，占自然保护区科数的23.13%、属数的5.15%、种数的2.18%。

表4-1　甘肃太统 – 崆峒山国家级自然保护区种子植物

植物类群	国产科数	国产属数	国产种数	保护区科数	保护区属数	保护区种数
裸子植物	11	42	179	8	13	23
双子叶植物	213	2 398	9 957	96	456	1 110
单子叶植物	52	669	3 681	18	110	241
合计	276	3 109	13 817	122	579	1 374

二、分布特征

按照吴征镒的中国种子植物的分布区类型，划分植物区系的地理成分。该自然保护区按中国植物区系分区，应属于泛北极植物区，中国 – 日本森林植物亚区，华北地区和黄土高原亚地区，其植物区系主要是华北植物区系成分。现将自然保护区种子植物科、属、种的分布特征分述如下。

1. 科的分布类型

组成本地区植被的优势科多为温带或北温带分布的科：有菊科62/164（属/种，以下同）、禾本科（46/104）、蔷薇科（26/102）、豆科（32/101）、唇形科（23/41）、毛茛科（16/57）、百合科（25/60）、十字花科（18/36）、石竹科（13/33）、伞形科（20/26）、蓼科（5/29）、忍冬科（6/30）、虎耳草科（9/17）、杨柳科（2/13）、玄参科（14/24）、桦木科（4/10）。尽管上述优势科所含种数较多，但以草本植物为主，而在自然保护区含属和种较少的松科、杨柳科、壳斗科、槭树科、桦木科、胡颓子科等则是本区森林植物区系的主要成员，是构成地带性植被的优势科。

表4-2　甘肃太统–崆峒山国家级自然保护区种子植物含50种以上的科

科名	世界种数	中国种数	保护区种数	占世界种数比 /%	占中国种数比 /%	占保护区种数比 /%
菊科 Compositae	30 000	2 300	164	0.55	7.13	11.54
禾本科 Gramineae	10 000	1 200	104	1.04	8.67	7.32
蔷薇科 Rosaceae	3 300	845	102	3.09	12.07	7.18
豆科 Leguminosae	17 600	12 155	101	0.57	0.83	7.11
百合科 Liliaceae	3 500	560	60	1.71	10.71	4.22
毛茛科 Ranunculaceae	1 900	736	57	3.00	7.74	4.01
合计	66 300	17 796	588	9.97	47.16	41.38

2. 属的分布类型

在自然保护区植物区系中属的分布区类型复杂多样（共有15个分布型，地理成分复杂，联系广泛）。但在分布区类型中以北温带成分占绝对优势，确定了太统–崆峒山植物区系的温带性质。如本地区科、属、种的地理成分以温带成分占绝对优势，而且优势科、优势属和优势种也多以温带分布型为主，如自然保护区林区的木本植物主要有蔷薇科、豆科、忍冬科、杨柳科、槭树科、鼠李科、桦木科、木犀科、毛茛科、松科、柏科等较大科组成。这些优势科是以温带分布型，特别是北温带分布型的科组成本地区植被的优势属，如松属（*Pinus*）、圆柏属（*Sabina*）、刺柏属（*Juniperus*）、杨属（*Populus*）、桦木属（*Betula*）、栎属（*Quercus*）、蔷薇属

（*Rosa*）、苹果属（*Malus*）、李属（*Prunus*）、槭树属（*Acer*）、榆属（*Ulmus*）、鹅耳枥属（*Carpinus*）、柳属（*Salix*）、椴属（*Tilia*）、胡桃属（*Juglans*）等，都是典型的北温带分布类型。由此可见，该自然保护区植物区系具有明显的温带特征，特别是北温带性质。

表4-3　甘肃太统 – 崆峒山国家级自然保护区种子植物属种分布型

分布型	属数	占本区系总属比例 /%	备注
1. 世界广布	76	13.31	
2. 泛热带广布	47	8.23	
3. 热带亚洲和热带美洲间断分布	3	0.53	
4. 旧世界热带分布	4	0.7	各类热带、亚热带分布共 65 属，占总属的 11.38%
4-1. 热带亚洲、非洲（或东非、马达加斯加）和大洋洲间断分布	1	0.18	
5. 热带亚洲至热带大洋洲分布	2	0.35	
6. 热带亚洲至热带非洲分布	4	0.7	
7. 热带亚洲（印度—马来西亚）分布	4	0.7	
8. 北温带分布	193	33.8	
8-4. 北温带和南温带间断分布 "全温带"	38	6.65	
8-5. 欧亚和南美温带间断分布	3	0.53	
9. 东亚和北美洲间断分布	25	4.38	
9-1. 东亚和墨西哥间断分布	1	0.18	
10. 旧世界温带分布	89	15.59	各类温带分布共 393 属，占总属的 68.83%
10-1. 地中海区、西亚（或中亚）和东亚间断分布	5	0.88	
10-3. 欧亚和南部非洲（有时也在大洋洲）间断分布	3	0.53	
11. 温带亚洲分布	20	3.5	
12. 地中海区、西亚至中亚分布	9	1.58	
12-2. 地中海区至中亚和墨西哥至美国南部间断分布	2	0.35	
12-3. 地中海区至温带 – 热带亚洲、大洋洲和南美洲间断分布	2	0.35	

续表

分布型	属数	占本区系总属比例 /%	备注
13-1. 中亚东部（亚洲中部）分布	1	0.18	各类温带分布共393属，占总属的68.83%
13-2. 中亚至喜马拉雅和我国西南分布	2	0.35	
14. 全东亚分布	22	3.85	
14-1. 中国 – 喜马拉雅分布	5	0.88	
14-2. 中国 – 日本分布	4	0.7	
15. 中国特有分布	6	1.05	
总计	571	100	

3. 特有种的分布型特征

从自然保护区分布的中国特有种类来分析，其植物区系主要是华北植物区系如组成森林植被的优势种、建群种主要有辽东栎、山杨、白桦、油松、侧柏等乔木树种，它们是典型的中国 – 日本森林植物区系的华北成分组成。另外，在本地区分布较广的山杏、杜梨、大果榆（*Ulmus macrocarpa*）、小叶朴（*Celtis bungeana* Bl.）、白蜡树、少脉椴、榆、茶条槭（*Acer tataricum* subsp. *ginnala* (Maximowicz) Wesmael）、栾树（*Koelreuteria paniculata* Laxm.）也是华北植物成分。组成建种的灌木有土庄绣线菊（*Spiraea pubescens*）、虎榛子、白刺花、酸枣、东陵绣球（*Hydrangea bretschneidri* Dippel）、金银忍冬、毛樱桃（*Prunus tomentosa* (Thunb.) Wall.）、萩子梢（*Campylotropis macrocarpa* (Bunge.) Rehd.）、杠柳（*Periploca sepium* Bunge）、互叶醉鱼草（*Buddleja alternifolia* Maxim）、水栒子（*Cotoneaster multiflorus* Bunge）、南蛇藤、河北木蓝（*Indigofera bungeana* Walp.）、沙梾、沙棘等也是华北植物成分，以上分析结果表明，该地区植物区系是以华北植物区系成分为主。

4. 分布型

自然保护区植物区系位于中国 – 日本森林植物亚区的西北边缘，北与亚洲荒漠植物亚区接壤，西和西南逐渐过渡到青藏植物亚区和中国 – 喜马拉雅植物亚区，导致该地区植物区系组成有很大的过渡性，有多种植物区系成分汇集和相互渗透，如华中成分的漆树、臭檀吴萸（*Evodia daniellii* (Benn.) Hemsl.）、青榨槭、华中五味子；东北成分的毛榛（*Corylus mandshurica* Maxim.）、兴安胡枝子

（*Lespedeza davurica*（Laxm.）Schindl.）；蒙新早生成分的有干旱阳坡处生长的百里香（*Thymus mongolicus* Ronn.）、蒙 古 荚 蒾 （*Viburnum mongolicum* (Pall.) Rehd.）；中国－喜马拉雅成分的甘肃山楂（*Crataegus kansuensis* Wils.）、岩生忍冬（西藏忍冬）（*Lonicera rupicola* Hook. f. et Thoms.）等；欧洲－中亚成分的沙棘、北桑寄生（*Loranthus tanakae* Franch. et Sav.）、牛蒡（*Arctium lappa* L.）。上述分析结果说明自然保护区植物区系有显明的过渡性及各种区系成分相互渗透的特征，概述如下。

（1）世界广布　属于这一类型共有76属，占本区总属数的12.62% 代表属有藜属（*Chenopodium*）、黄芪属（*Astragalus*）蓼属（*Polygonum*）老鹳草属（*Geranium*）等，大部分带起源的草本植物是一些成虫或幼虫食叶和山地草甸的重要组成成分。

（2）泛热带分布　属于这一类型共有47属，占本区总属数的7.81%，代表属有大戟属（*Euphorbia*）、鹅绒藤属（*Cynanchum*）、菟丝子属（*Cuscuta*）等。

（3）热带亚洲至热带非洲分布　属于这一类型共有3属，为苦木属（*Picrasma*）、泡花树属（*Meliosma*）和雀梅藤属（*Sageretia*）。

（4）旧世界热带分布　属于这一类型共有5属，代表属为天门冬属（*Asparagus*）和百蕊草属（*Thesium*）等。

（5）热带亚洲至热带大洋洲分布　属于这一类型共有2属，分别为荛花属（*Wikstroemia*）和臭椿属（*Ailanthus*）。

（6）热带亚洲至热带非洲分布　属于这一类型共有4属，分别为大豆属（*Glycine*）、杠柳属（*Periploca*）、赤瓟属（*Thladiantha*）和大丁草属（*Leibnitzia*）。

（7）热带亚洲（印度－马来西亚）分布　属于这一类型共有4属，分别为山胡椒属（*Lindera*）、扁核木属（*Prinsepia*）、苦荬菜属（*Ixeris*）和斑叶兰属（*Goodyera*）。

从以上（5）、（6）、（7）三种热带分布型表明，该地区植物区系与热带、亚热带植物区系有一定联系。但是这些属中绝大部分属仅含1种，说明这些热带、亚热带属至此已是其分布区的北界边缘地带。

（8）北温带分布　属于这一类型植物在本区共有234属，占总属数的38.87%，在本区区系组成中占有重要地。其中，乔木属有云杉属（*Picea*）、松属（*Pinus*）、杨属（*Populus*）、桦木属（*Betula*）、栎属（*Quercus*）、榆属（*Ulmus*）、槭属（*Acer*）、刺柏属（*Juniperus*）等，这些是本区森林的主要组成属。小檗属（*Berbers*）、榛属（*Corylus*）、栒子属（*Cotoneaster*）、山楂属（*Crataegus*）、蔷薇属（*Rosa*）、绣线菊属（*Spiraea*）、忍冬属（*Lonicera*）、委陵菜属（*Potentilla*）、柳属（*Salix*）、茶藨子属（*Ribes*）、梾木属（*Swida*）荚蒾属（*Viburnum*）等，这些属是本区森林的主要灌木属。乔木和灌木构成了该地区主要的植物群落，如针叶林、落叶阔叶林和灌丛为优势种群。草本属有委陵菜属（*Potentilla*）、柴胡属（*Bupleurum*）、唐松草属（*Thalictrum*）、棘豆属（*Oxytropis*）、景天属（*Sedum*）、蒿属（*Artemisia*）、齿缘草属（*Eritrichium*）、马先蒿属（*Pedicularis*）、黄精属（*Polygonatum*）、火绒草属（*Leontopodium*）、白头翁属（*Pulsatilla*）、铁线莲属（*Clematis*）、岩黄芪属（*Hedysarum*）、葱属（*Allium*）等，这些草本植物是草原、灌丛草原、草甸及林下草本层的主要组成种类。以上分析结果显示，北温带成分在该地区森林植物区系中占据核心地位。

（9）东亚和北美间断分布　属于这一类型共有26属，占本区总属数的4.32%。主要有红毛七属（*Caulophyllum*）、五味子属（*Schisandra*）和胡枝子属（*Lespedeza*）等。

（10）旧世界分布属于这一类型共计有97属，占本区总属数的16.11%。木本属的丁香属（*Syringa*）常构成单优灌丛；草本属的百里香属（*Thymus*）、青兰属（*Dracocephalum*）、菊属（*Chrysanthemum*）、糙苏属（*Phlomoides*）、荆芥属（*Nepeta*）、麻花头属（*Serralula*）、天仙子属（*Hyoscyamus*）、鸦葱属（*Takhtajaniantha*）、拟芸香属（*Haplophyllum*）、山莓草属（*Sibbaldia*）等在草本层中起重要作用。

（11）温带亚洲分布属于这一类型共计有20属，占本区总属数的3.32%。木本属代表有锦鸡儿属（*Caragana*），草本属代表大黄属（*Rheum*）、狼毒属（*Stellera*）、粟麻属（*Diarthron*）、蝟菊属（*Olgaea*）、驼绒藜属（*Krascheninnikovia*）、裂叶荆芥属（*Schizonepeta*）等。

（12）地中海区至中亚分布　属于这一类型共计有13属，占本区总属数的2.16%。这些属基本上都是一些草本属，如角茴香属（*Hypecoum*）、糖芥属（*Erysimum*）、顶羽菊属（*Acroptilon*）、骆驼蓬属（*Peganum*）、牻牛儿苗属（*Erodium*）等。

（13）中亚分布属于这一类型仅有3属，分别有脓疮草属（*Panzerina*）、拟楼斗菜属（*Paraquilegia*）和角蒿属（*Incarvillea*），说明本地区系与此分布型有一定关系。

（14）东亚分布属于这一类型共有31属，占本区总属数的5.15%。有侧柏属（*Platycladus*）、莸属（*Caryopteris*）、败酱属（*Patrinia*）、狗娃花属（*Heteropappus*）、射干属（*Belamcanda*）、鸢尾属（*Iris*）、斑种草属（*Bothriospermum*）等。

（15）中国特有分布属于这一分布类型的有6属7种，有虎榛子属（*Ostryopsis*）、银杏属（*Ginkgo*）、木姜子属（*Litsea*）、地构叶属（*Speranskia*）、文冠果属（*Xanthoceras*）和箭竹属（*Fargesia*）。

自然保护区共有种子植物579属，其中属于世界分布的76属，也广布于我国。热带、亚热带的共65属，占总属数的10.80%，这些热带、亚热带的属，含种类很少，在本区植物区系中所占比例不大，但也说明太统 – 崆峒山地区植物区系与热带、亚热带植物区系有一定联系。在该自然保护区占主要地位的是各类温带分布的属，共计393属，占总属数的65.28%，其中北温带分布型占首位，共计34属，占5.65%，是组成该自然保护区植物区系的主要成分；属于北温带分布型的属，在该自然保护区不仅数量最多，而且乔灌木种类丰富，构成自然保护区植物区系所有植物落，即温性针叶林、落叶阔叶林、灌丛和草甸草原。以上从属级分布型分析结果显示，该自然保护区是以温带成分为主。

三、优势科

崆峒山种子植物中含50种以上的科有6科，依次为菊科（62属164种）、禾本科（46属104种）、蔷薇科（26属102种）、豆科（32属101种）、百合科（25属60种）、毛茛科（16属57种），共207属588种，占自然保护区种子植物科数的4.48%，属数的34.39%，种数的41.38%。由此可见，这6科是自然保护区种子植物区系的优势科，植物种类集中在这6大科中，区系的优势现象十分明显。在自然保护区分布的134科种子植物中，每科所含的种数占中国种子植物种数的百分比的平均值为7.86%，占世界种子植物种数的百分比的平均值为1.66%。

植物区系无特定分布中心区的重要原因。世界分布科中，菊科、蔷薇科、豆科、禾本科等一些世界大科虽然不属于表征科，但在自然保护区的显著优势，表明它们能够有效地发挥其优势，适应该区独特的自然地理环境；毛茛科、蔷薇科、百合科等一些大中型科在自然保护区发育良好而形成优势；菊科是自然保护区第一大科，共164种，大部分为自然保护区植被的伴生种，只有蒿属成为蒿类荒漠的建群种和优势种；其次是禾本科、蔷薇科和豆科，种数相近，分别为104、102和101种，在自然保护区分布较为广泛，也是崆峒山草甸草原的主要地被植物；或为自然保护区灌丛植被的主要建群种和优势种，乔木林的建群种和伴生种，除一些旱生植物为荒漠植被的建群种和优势种外，大部分为森林、草原、荒漠植被的伴生种。第三大类为毛茛科和百合科，分别为60和57种，为森林、草原植被的主要伴生种。

这些科所含的种的数量较多，在世界种子植物区系中所占的比重较大，在自然保护区种子植物区系中的优势地位十分明显，反映出自然保护区种子植物区系在中国种子植物区系的重要作用。

四、优势属

通过对有关崆峒山植物研究资料的汇总分析，得知自然保护区共有野生种子植物1 421种（含变种和露天栽培的乔木、灌木植物），隶属134科602属，其中，裸子植物8科13属23种，分别占自然保护区属数的2.16%、种数的1.62%；双子叶植物96科456属1 110种，分别占自然保护区属数的75.75%、种数的78.11%；单子叶植物18科110属241种，分别占自然保护区属数的18.27%、种数的16.96%。含20种以上的属1属23种，为菊科的蒿属，占总属数的0.17%、占总种数的1.62%；含10~19种的属14属176种，占总属数的2.33%、占总种数的12.39%；含6~9种的属有31属220种，占总属数的10.44%、占总种数的22.71%；含2~5种的属495属、941种，占总属数的82.23%，占总种数的66.22%；单种属61种，占总属数的10.13%，占总种数的4.29%。

表4-4　甘肃太统－崆峒山国家级自然保护区种子植物含不同种数的属的统计

含种数	属数	占总属数比 /%	种数	占总种数比 /%
1 种	61	10.13	61	4.29
2~5 种	495	82.23	941	66.22
6~9 种	31	5.15	220	15.48
10 种以上	15	2.49	199	14.00
合计	602		1421	

第二节　植被

一、植被分类系统和命名

根据《中国植被》和《甘肃植被》的分类原则，甘肃太统－崆峒山国家级自然保护区的自然植被分类系统和命名，采取三级基本单位和两个辅助级单位；各级的命名与含义如下：

群丛（Accosiation）：为最基本的分类单位，是植物群落组成特征中，建群种相同及主要层片优势种相同的植物群落的联合。

群系（Formation）：为中级分类单位，是建群种或共建种相同的植物群丛的联合。

植被型（Vegetation type）：为同一植被地带性亚型的联合。

经归纳整理出3个植被型，3个群系组，15个群系。

二、自然保护区的植被系统

1. 针叶林

（1）寒温性针叶林

①云杉林

a. 青扦林（Form. *Picea wilsonii*）

（2）温性针叶林

②松树林

a. 华山松林（Form. *Pinus armandii*）

b. 油松林（Form. *Pinus tabulaeformis*）

c. 华北落叶松林（Form. *Larix principis-rupprechtii*）

2. 阔叶林

（3）山地杨桦林

①杨树林

a. 山杨林（Form. *Populus davidiana*）

②桦木林

白桦林（Form. *Betula platyphylla*）

（4）典型落叶阔叶林

③栎林

a. 辽东栎林（Form. *Quereus wutaishanica*）

④枫树林

a. 色木槭林（Form. *Acer mono*）

3. 灌丛

（5）落叶阔叶灌丛

①蔷薇灌丛

a. 黄刺玫灌丛（Form. *Rosa xanthina*）

②绣线菊灌丛

a. 土庄绣线菊灌丛（Form. *Spiraea pubescens*）

③沙棘灌丛

a. 中国沙棘灌丛（Form. *Hippophae rhamnoides* subsp *sinensis*）

④榛灌丛

a. 毛榛灌丛（Form. *Corylus mandshurica*）

⑤小檗灌丛

a. 甘肃小檗灌丛（Form. *Berberis kansuensis*）

⑥栒子灌丛

a. 水栒子灌丛（Form. *Cotoneaster multiflorus*）

三、主要植被类型

植被是在一定的环境条件下形成与发展的自然复合体，是自然历史长期演化的产物。任何一种植被类型都有其自身的种类组成、结构及分布规律。太统山－崆峒山地处温带草原区的南部森林草原地带，其地带性植被是落叶阔叶林和草甸草原，自然保护区自然条件复杂，地形变化大，沟深谷狭，局部地段悬崖峭壁，岩石裸露，气候高寒湿润，风大多雾，雨量充沛，是植被发育的有利条件，因而该自然保护区林木繁茂，植物种类丰富，植被类型较为复杂。崆峒山历代人为活动频繁，该区现有森林是其原生植被—原始森林经过人类长期干扰破坏后出现的次生林。某些地段植被遭受的破坏比较轻微，仍然保持较稳定的特性，使本自然保护区的植被类型比较复杂。

表4-5　甘肃太统－崆峒山国家级自然保护区主要植被类型

序号	植被型组	植被型	群系	群丛	备注
1	针叶林	寒温性针叶林	云杉林	青扦林	
		温性针叶林	松树林	华山松林	
				油松林	
				华北落叶松林	
2	阔叶林	典型落叶阔叶林	栎林	辽东栎林	
			枫树林	色木槭林	
		山地杨桦林	杨林	山杨林	
			桦林	白桦林	
3	灌丛	落叶阔叶灌丛	蔷薇灌丛	黄刺玫灌丛	
			绣线菊灌丛	土庄绣线菊灌丛	
			沙棘灌丛	中国沙棘灌丛	
			榛灌丛	毛榛灌丛	
			小檗灌丛	甘肃小檗灌丛	
			栒子灌丛	水栒子灌丛	
			杂灌丛		

1. 温性针叶林

温性针叶林主要指分布于暖温带平原、丘陵及低山的针叶林，生境要求夏季温暖湿润，冬季寒冷，四季分明的气候条件。温性针叶林在本区主要是华山松林和油松林。华山松（*Pinus armandii*）为中国－喜马拉雅成分，崆峒山是华山松林分布的北部边缘带。由于本地区自然条件的特点，华山松林多分布在海拔1 800~2 000 m山地阴坡悬崖峭壁上，或者在海拔1 400~1 950 m的山地阴坡与油松（*Pinus tabuliformis*）和蒙古栎（*Quercus mongolica*）、山杨（*Populus davidiana*）、鹅耳枥（*Carpinus turczaninowii*）、少脉椴（*Tilia paucicostata*）等形成针阔混交林。

油松（*Pinus tabuliformis*）是我国特有树种。以油松为建群种的油松林在太统山、崆峒山分布面积比华山松林大得多。本地区油松林主要分布在海拔1 800~2 000 m的阴坡、半阳坡、在崆峒山油松还生长在阳坡、诸台地，甚至在悬崖峭壁上。油松平均高度8~10 m，平均胸径15~20 cm，是崆峒山上最古老、最高大的树种之一；油松林下常见植物有水栒子（*Cotoneaster multiflorus*），甘肃山楂（*Crataegus kansuensis*）、土庄绣线菊（*Spiraea pubescens*）以及一些草本植物。多年来，在太统山林区半阴坡发展和种植了大面积的人工油松林，并且生长情况良好。油松适应性强，是水土保持和水源涵养的优良树种，应加以保护和发展。华北落叶松（*Larix principis-rupprechtii*）是华北地区特有树种，也是喜光树种，能耐低温，对造林立地条件要求不是很严格，是速生针叶树种。在太统山林区有4.3 hm²的人工林，生长良好。按植被类型划分华北落叶松林应属于寒温性落叶针叶林。

2. 落叶阔叶林

自然保护区的落叶阔叶林都属于温带落叶阔叶林，组成落叶阔叶林的主要树种以栎属、桦木属、杨属、椴属的树种为主。林中乔木都是冬季落叶的喜光阔叶树种，群落结构简单，分层明显。本植被型可分为下列群系。

辽东栎林：以辽东栎（*Quercus wutaishanica*）为建群种的辽东栎林，是本自然保护区第一位优势森林类型，主要分布于海拔1 300~2 062 m的阴坡、半阴坡，也生长于生境较恶劣的陡坡上和较为平缓的山脊地带，多形成纯林或混生于杂木林内。崆峒山林区阴坡和半阴坡，由于生境湿润，辽东栎得到充分发育，植株比较高大、健壮，高度10~15 m，最高可达31 m；本区辽东栎林的面积达17 386 hm²，占林分总面积的39%。辽东栎林中伴生乔木树种和灌木主要有华山松、油松、元宝槭（*Acer truncatum*）、白杜（*Euonymus maackii*）、木梨（*Pyrus xerophila*）、胡桃楸（*Juglans mandshurica*）、水榆花楸（*Sorbus alnifolia*）、鹅耳枥、土庄绣线菊、陕西荚蒾（*Viburnum schensianum*）、葱皮忍冬（*Lonicera ferdinandi*）等。辽东栎对于气候和土壤条件适应范围广，既喜阴湿，又较耐旱、耐寒、耐贫瘠，根系发达，萌生能力强，对于保持水土、涵养水源、维持森林环境及生态平衡有重要作用，是发展水源涵养林的主要树种。

山杨林：山杨（*Populus davidiana*）是广生态幅树种。山杨林在甘肃境内分布遍及各林区，在本自然保护区主要分布于海拔1 340~2 123 m的阴坡和半阴坡，也见于半阳坡和阳坡。山杨林也是太统-崆峒山林区占优势的森林植被，分布面积达1 787.9 hm²，占本区林分面积的40.1%。广泛分布于阴坡和半阴坡湿润地段的山杨形成小块状纯林，但多和其他树种混生组成杂木林。林内混生树种有辽东栎、白桦、木梨、榆树（*Ulmus pumila*）、白杜、少脉椴（*Tilia paucicostata*）、鹅耳枥、青榨槭（*Acer davidii*)、苦木(*Picrasma quassioides*)、栾树(*Koelreuteria paniculata*)等乔木树种；林下灌木比较发达，数量较多，主要有水枸子、榛(*Corylus heterophylla*)、土庄绣线菊、高丛珍珠梅(*Sorbaria arborea*)、甘肃山楂(*Crataegus kansuensis*)、华西蔷薇(*Rosa moyesii*)、胡枝子(*Lespedeza bicolor*)、菝子梢(*Campylotropis macrocarpa*)、小叶鼠李(*Rhamnus parvifolia*)、蒙古荚蒾(*Viburnum mongolicum*)、西藏忍冬(*Lonicera tibetica*)等，山杨是典型的次生林树种，具有较强的繁殖能力，其结实频繁而且量大，种子小而轻，萌发和扎根能力强；山杨根蘖萌生能力也很强，适宜温湿生境，也能忍受寒冷，对土壤条件要求也不严格，能耐土壤干燥瘠薄，这就使山杨能够很快在森林破坏后迹地上发育起来，成为森林迹地、林间空隙天然更新的先锋树种。由于山杨的根系较浅且萌蘖性强，往往形成连根生长现象，是山地保水固土、涵养水源的良好树种。

白桦林：白桦(*Betula platyphylla*)林多是各类针叶林或落叶阔叶林植被采伐或破坏后成的次生森林类型。在本区，白桦林分布于山地海拔1 900~2 100 m的阴坡和半阴坡，少见于半阳坡，多呈小块状纯林，更多的是与山杨混生而成的杨桦林或与其他树种构成杂木林。太统山、崆峒山林区白桦林也是占优势的森林植被，占有面积2 453 hm²，占林分面积的5.5%。白桦林伴生树种有山杨、辽东栎、鹅耳枥、白杜、栾树、木梨、山杏(*Prunus sibirica*)、甘肃山楂等。常见的灌木有榛、水枸子、陕西荚蒾、胡枝子、短柄小檗(*Berberis brachypoda*)、西藏忍冬等。白桦是喜光树种，生长快，根系扩展能力强，凋落物有改良土壤的作用，有利于保持水土。白桦适应生境的幅度广，繁殖能力强，是迹地天然更新的先锋树种，在恢复森林植被、扩大森林资源以及保持水土、涵养水源等方面都具有重要意义。

除上述森林植被外，本自然保护区还有人工栽培的刺槐(*Robinia pseudoacacia*)林38.7 hm² 占林分面积的0.9%。此外，还有杜梨林，杜梨(*Pyrus betullifolia*)是本区常见的一种经济树种。多生长于海拔1 300~1 800 m山坡，本区杜梨林面积达73.8 hm²，占林分面积的1.7%。

3. 落叶阔叶灌丛

落叶阔叶灌丛是指由冬季落叶的阔叶灌木种类所组成的植物群落，它广泛分布于本自然保护区山地和沟谷，其群落结构简单，一般仅有灌木层和草本层。

沙棘灌丛：沙棘(*Hippophae rhamnoides*)俗称酸刺或黑刺。本自然保护区沙棘灌丛分布很广，多生长于海拔1 600~2 100 m的山地阳坡或半阴坡，常在沟谷、路边或梁峁密集处生长，形成单优群落。沙棘生长迅速、萌蘖力强，枝叶繁多，常形成郁闭度大而占绝对优势的灌丛；沙棘灌丛外貌呈灰绿色，由灌木层和草本层组成，灌木层平均高度1.5~3.0 m，盖度为70%~80%。灌木种类除沙棘外，伴生有甘肃山楂、虎榛子、水枸子、榛等。草本层有薹草、短柄草、东方草莓、阿尔泰狗娃花、龙芽草、委陵菜和多种蒿属植物。沙棘灌丛有多种用途，经济价值很高；沙棘的叶可作饲料，花可提炼香精，是良好的金源植物；果实营养价值大，富含维生素，供食用及药用，今已广泛用于制作饮料和酸酒；其根系发达，萌蘖力强，是保持水土的优良树种；沙棘根系具有根瘤菌，可固定游离氮使土壤含氮量提高，对改良土壤、提高土壤肥力有一定作用。

虎榛子灌丛：虎榛子（*Ostryopsis davidiana*）的分布很广，是黄土高原习见的灌木种类。在本自然保护区分布于山地海拔1 500~1 700 m的阴坡和半阴坡，少数见于阳坡，多呈小块状分布，常以优势种出现，组成群落。虎榛子灌丛除虎榛子优势种外，常见的还有沙棘、黄蔷薇、水枸子、山毛桃、白刺花等。草本层盖度可达30%~50%，层高20~40 cm，常见伴生植物有牡蒿（*Artemisia japonica*）、白莲蒿（*Artemisia stechmanniana*）、歪头菜、火绒草、东方草莓、薹草、异叶败酱等。虎榛子的生态适应广，其枝叶繁茂，根系发达，固土保水作用强，对于浅山区地带的水土保持有重要意义。

白刺花灌丛：白刺花（*Sophora davidii*）俗称狼牙刺，在本自然保护区主要分布于海拔1 500~1 700 m的阳坡和半阳坡山地，常呈优势植物群落。群落的种类组成主要有山毛桃、黄蔷薇、水枸子、胡颓子、酸枣、疏毛绣线菊等。灌木层高度1~2 m，盖度达50%左右。草本层植物种类主要有白莲蒿、长芒草、薹草等。白刺花根系发达，萌蘖力强，是黄土高原地区优良的水土保持植物。

榛灌丛：榛（*Corylus heterophylla*）灌丛在本自然保护区分布也较广，常分布于海拔1 500~2 000 m山地阳坡及林缘空地。群落的种类组成：灌木层中除榛子为优势种外，常见种类有甘肃山楂、河北木蓝（*Indigofera bungeana*）、胡枝子（*Lespedeza bicolor*）、杭子梢、山毛桃、灰梅子、毛绣线菊、高丛珍珠梅等。灌木层高2 m左右，盖度50%~80%；草本层常见种类有大火草、白莲蒿、短柄草、淫羊藿、委陵菜、野菊等，盖度40%~50%，高度20~50 cm，榛灌丛是辽东栎林。山杨林是被破坏后形成的一种次生类型，具有改良土壤和保持水土的作用，榛的果实还可食用，其果仁含油量高，也是一种木本油料植物。

胡枝子灌丛：胡枝子灌丛在本区海拔1 400~1 800 m的山地南北坡台地、林缘均有分布，常成丛状，盖度40%~50% 群落组成除建群种胡枝子外，伴生植物有榛、虎榛子、悬钩子、蒙古卫矛等。胡枝子耐旱性强，为水土保持的良好树种。

4. 草原

一种地带性植被类型由低生、多年生草本植物（有的以旱生小半灌木）组成的植物群落。本自然保护区与草原区南缘的森林草原地带植被类型应属于草甸草原。在本区的森林草原地带内，最常见的是白羊草草原和长芒草草原。

白羊草（*Bothriochloa ischaemum*）是中旱生多年生禾草。白羊草草原是我国温带森林草原地区的代表类型，在本自然保护区主要分布在海拔为1 400~1 600 m的山地阳坡和半阳坡，生境比较干旱，群落组成除优势种白羊草外，还有伴生植物白莲蒿、长芒草、狼毒、多种委陵菜、宿根亚麻等。有时在群落中还散生有山毛桃、灰栒子等灌木种类。白羊草是优良牧草，也是良好的水土保持植物。

长芒草（*Stipa bungeana*）草原是我国分布最广的一种草原，由于本地区适宜长芒草生长的地带多开垦为农田，天然植被残存无几，已很难找到大面积成片的长芒草群落，只在干旱山坡、田边、路旁及撂荒地段可以看到长芒草片段。长芒草草原中的伴生植物有百里香、茵陈蒿、狼毒、阿尔泰狗娃花、白莲蒿、多种委陵菜等，且长芒草是一种较好的牧草。

崆峒山的沟道具有特殊的生态条件，其特点是湿度大、风小、日照短，土壤为沼泽土及沼泽化草甸土，这种特殊的生态环境生长着特殊的植被类型——沼泽植物群落及沼泽化草甸物群落，山沟底部常有宽窄不等的溪流和池沼，生长着一些绿藻植物，它们沉在水里，在溪流和池沼的岸边生长有水麦冬（*Triglochin palustris*）、藨草（*Schoenoplectus triqueter*）、芦苇（*Phragmites australis*）、巨序剪股颖（*Agrostis gigantea*）等。

四、植被分布规律

1. 阴坡和阳坡分布

自然保护区位于六盘山东侧，在植被区划上属于温带原植被区域的甘肃黄土高原南部森林草原植被区，其地带性植被是落叶阔叶林和草甸草原。在山地上，落叶阔叶林分布在阴坡和半阴坡，主要是以辽东栎林为山地前缘地带的森林顶级落类型，此外还分布有山杨林和白桦林。在阳坡和半阳坡分布有以白羊草为代表的草甸草原和重旱灌丛。

植物分布的山地阴阳坡差异明显是由于坡向的不同，太阳辐射强度与日照时间发生很大差异，同时土壤水分和空气湿度也很不相同，从而使山地阳坡和阴坡的植被类型和分布也发生明显的差异。

本保护区的植物由于受高山峡谷地形和山坡朝向不同的影响，造成阴、阳坡植被分布的明显差异。山坡阴坡环境湿润，背风，加之山高坡陡，人为扰动较少，物种种类丰富且生长茂盛为植物的生长提供了十分优越的环境条件，因此植物种类繁多，生长繁茂，特别是海拔1 400~1 950 m的山坡、沟谷，以辽东栎和鹅耳枥占优势，其中混生有少量的华山松、油松、圆柏、刺柏、膀胱果、元宝槭、白杜、木梨等杂生；在有些地形高耸，陡坡之处，人为影响较小，辽东栎多呈乔木状，还分布有苦木、辽东栎、核桃楸、华山松、水榆花楸、托叶樱桃、白蜡树等；占优势的灌木物种有荚属、栒子属毛樱桃、托叶樱桃、假稠李、稠李、倒卵叶五加、高丛珍珠梅、沙棶、暴马丁香、茶条槭、花椒、山梅花、东陵绣球、华中五味子、绢毛木姜子、泡花树等。占优势的灌木主要是白刺花、虎榛子、胡枝子、榛、胡颓子、沙棘、榆树、山毛桃、少脉雀梅藤等。阴湿林地还有些草本植物和蕨类植物，如麦秆蹄盖蕨、华东蹄盖蕨、太白凤丫蕨、鞭叶耳蕨等。因此在山地阴坡组成了乔、灌、藤、草等植物极为丰富的植被。

阳坡气候干旱，土层较薄、土壤贫瘠，物种种类较少，主要为耐旱抗瘠薄的树种，且生长一般，表现为低矮、枯燥，优势物种以灌木物种和一些草甸草原植被，建群种以中旱生的多年生草本植物为主，主要有白刺花、山毛桃、沙棘、少脉雀梅藤、大果榆、胡枝子、杠柳、虎榛子、甘肃锦鸡儿、胡颓子、栾树等。草本有白羊草、长芒草、无芒隐子草、阿尔泰狗娃花等。

2. 垂直分布

自然保护区的太统山（2 234 m）和崆峒山（2 123 m）山体与周边的山体如贺兰山（3 556 m）太白山（3 767 m）、马衔山（3 671 m）相比相对高度较小，决定植被垂直分布的海拔高度不大，因而植被的垂直分布虽有层次性，但森林植被的垂直分布带谱不明显，其植物分布的情况大致如下：

在海拔1 369~1 796 m分布稀疏的辽东栎、榆树、山毛桃、小叶朴（*Celtis bungeana*）、蒙古荚蒾，还有杠柳、少脉雀梅藤（*Sagertia paucicostata*）、白刺花（*Sophora davidii*）、酸枣等形成杂木林或形成白刺花、陕西荚蒾、小叶朴、酸枣等群落。

海拔1 796~1 946 m处分布有胡枝子（*Lespedeza bicolor*）、猕猴桃属（*Actinidia*）、鼠李属（*Rhamnus*）、接骨木（*Sambucus williamsii*）、东北茶藨子（*Ribes mandshuricum*）、宝兴茶藨子（*Ribes moupinense*）、暴马丁香（*Syringa reticulata* Blume var. *amurensis*（Rupr.）Pringle）、油松、华山松、鹅耳枥（*Carpinus turczaninowii*）、辽东栎、大果榆（*Ulmus macrocarpa*）、山杨、少脉椴（*Tilia paucicostata*）、白杜、栾树等形成了茂密的针阔混交林。

海拔1 946~2 046 m分布有辽东栎、白桦、木梨（*Pyrus xerophila*）、沙棘、牛奶子（*Elaeagnus umbellat*）、岩生忍冬（*Lonicera rupicola*）、李（*Prunus salicina*）、箭竹等。崆峒山灌木垂直分布具有一定的层次性，但不十分明显。

五、小结

甘肃太统－崆峒山国家级自然保护区植物区系位于中国－日本森林植物亚区的西北边缘，北与亚洲荒漠植物亚区接壤，西和西南逐渐过渡到青藏植物亚区和中国－喜马拉雅植物亚区，致使其区系组成有很大的过渡性，区系成分复杂，多种植物区系成分汇集和相互渗透；同时还具有明显的复杂性和古老性的特点。

自然保护区是华北、华中、横断山、蒙新、中国－喜马拉雅等多种植物区系的交会地带，植被以暖温带半湿润区落叶阔叶林为主，物种资源与遗传多样性丰富，蕴藏了丰富的药用、淀粉、纤维、油料、果树和观赏类资源植物，同时还分布了大量的改善生态环境、水土保持和生态环境恢复的资源植物，其共计有519种。挖掘该保护区资源植物的潜能并对其进行深入研究，有利于植物资源的合理开发利用和生物资源的可持续发展。

第三节　植物物种及其分布

植物调查结果显示，自然保护区内分布有被子植物114科566属1351种，裸子植物8科13属23种，蕨类植物12科23属47种，大型真菌40科77属142种。

表4-6　甘肃太统－崆峒山国家级自然保护区野生植物科属种统计

序号	科	属	种
被子植物	114	566	1 351
裸子植物	8	13	23
蕨类植物	12	23	47
大型真菌	40	77	142

一、被子植物

1. 双子叶植物及其分布

自然保护区内分布有双子叶植物96科456属1 110种，是自然保护区植物中最大的类群。受水、热条件的制约，乔木树种多分布于自然保护区的浅山区和中山区，乔木种类较少，以杨属（*Populus*）、桦木属（*Betula*）植物为主，在海拔1 300~2 100 m的山沟地阴坡、堤前河滩分布较广，如新疆杨（*Populus alba* var.*pyramidalis* Bunge.）、加杨（*Populus × canadensis* Moench.）、山杨（*Populus davidiana* Dode）、钻天杨（变种）（*Populas nigra* var. *italica*（Moench）Koehne）；在2 100 m以上的山坡分布有山杨（*Populus davidiana* Dode.）、银白杨（*Populus alba* L.）以及白桦（*Betula platyphylla* Suk.）等。

灌木种类较为丰富，以柳属（*Salix*）、小檗属（*Berberis*）、绣线菊属（*Spiraea*）、栒子属（*Cotoneaster*）、蔷薇属（*Rosa*）、锦鸡儿属（*Caragana*）、白刺属（*Nitraria*）、卫矛属（*Euonymus*）、忍冬属（*Lonicera*）为主，分布海拔可达到1 100~2 100 m的种有乌柳（*Salix cheilophila* Schneid.）、中国黄花柳（*Salix sinica*（Hao）C. Wang et C. F. Fang）、红皮柳（*Salix sinopurpurea* C. Wang et C. Y. Yang）、鲜黄小檗（*Berberis diaphana* maxim.）、甘肃小檗（*Berberis kansuensis* Schneid.）、短柄小檗（*Berberis brachypoda* maxim.）、首阳小檗（*Berberis dielsiana* Fedde）、灰栒子（*Cotoneaster acutifolius* Turcz.）、匍匐栒子（*Cotoneaster adpressus* Bois.）、西北栒子（*Cotoneaster zabelii* Schneid.）、水栒子（*Cotoneaster multiflorus* Bunge.）、黄蔷薇（*Rosa hugonis* Hemsl.）、鬼箭锦鸡儿（*Cotoneaster jubata*（Pall.）Poir.）、柄荚锦鸡儿（*Caragana stipitata* Kom.）、甘蒙锦鸡儿（*Caragana opulens* Kom.）、秦晋锦鸡（*Caragana purdomii* Rehd.）、青甘锦鸡儿（*Caragana tangutica* Maximex Kom.）、红花锦鸡儿

（*Caragana rosea* Turcz ex maxim.）、矮脚锦鸡儿（*Caragana brachypoda* Pojark）、小叶锦鸡儿（*Caragana microphylla* Lam.）、中国沙棘（*Hippophae rhamnoides* subsp. *sinensis* Rousi）、葱皮忍冬（*Lonicera ferdinandi* Franch.）、毛药忍冬（*Lonicera serreana* Hand -Mazz.）、唐古特忍冬（*Lonicera tangutica* maxim.）、金花忍冬（*Lonicera chrysantha* Turcz.）等；大部分灌木分布于海拔1 100~2 100 m的山地、河滩、沟谷，为中生性；在海拔1 400~2 000 m的疏林、灌丛、林缘分布有绣线菊属、栒子属、蔷薇属的大部分种；分布于河道、谷地阴坡处的有忍冬属、柽柳属的多数种。柳属、沙棘属（*Hippophae*）植物多分布于海拔1 600 m以上的山坡、沟谷、滩地，喜潮湿；在相近的海拔高度还分布有小檗属、悬钩子属，但其生境与柳属、沙棘属不同，为林缘灌丛疏林地，阴坡，较喜阴湿环境。在海拔1 800 m以下浅山区的沟谷、河边常分布有中国黄花柳；干旱山麓、冲积扇荒坡多分布耐旱、耐盐碱的灌木或半灌木，如锦鸡儿属的红花锦鸡儿、荒漠锦鸡儿（*Caragana roborovskyi* Kom.）；海拔再低的山麓砾石地则分布有旱生的白刺属植物。

草本植物分布在2 000 m的高海拔植物有酸模属（*Rumex*）、欧银莲属（*Anemone*）、红景天属（*Rhodiola*）、虎耳草属（*Saxifraga*）、报春花属（*Primula*）、风毛菊属（*Saussurea*）等属的多数种和萹蓄属（*Polygonum*）大黄属（*Rheum*）、香青属（*Anaphalis*）等属的部分种；分布于海拔2 500~3 000 m的中山、亚高山带的植物有百蕊草属（*Thesium*）、蝇子草属（*Silene*）、乌头属（*Aconitum*）、翠雀属（*Delphinium*）、毛茛属（*Ranunculus*）、紫堇属（*Corydalis*）、梅花草属（*Parnassia*）、棘豆属（*Oxytropis*）、老鹳草属（*Geranium*）、堇菜属（*Viola*）、扁蕾属（*Gentianopsis*）、喉毛花属（*Comastoma*）、獐牙菜属（*Swertia*）、荆芥属（*Nepeta*）、婆婆纳属（*Veronica*）、岩黄芪属（*Hedysarum*）、紫菀属（*Aster*）、橐吾属（*Ligularia*）等属的多数种；在海拔2 000~2 500 m的浅山带分布有唐松草属（*Thalictrum*）、米口袋属（*Gueldenstaedtia*）、野豌豆属（*Vicia*）等属的多数种；在海拔2000 m以下的浅山带分布有碱蓬属（*Suaeda*）、虫实属（*Corispermum*）、盐生草属（*Halogeton*）等属的多数种。在水平分布方面，自然保护区东部分布有獐牙菜属、山梅花属（*Philadelphus*）、绣球属（*Hydrangea*）、珍珠梅属（*Sorbaria*）、麻花头属（*Serratula*）、樱属（*Cerasus*）、变豆菜属（*Sanicula*）、峨参属（*Anthriscus*）、石竹属（*Dianthus*）、罂粟属（*Papaver*）、双果荠属（*Megadenia*）、桂竹香属（*Cheiranthus*）、当归属（*Angelica*）、防风属（*Saposhnikovia*）、醉鱼草属（*Buddleja*）、黄芩属（*Scutellaria*）、

木糙苏属（*Phlomis*）、鼬瓣花属（*Galeopsis*）、大黄花属（*Cymbaria*）、接骨木属（*Sambucus*）、莛子藨属（*Triosteum*）、败酱属（*Patrinia*）、款冬属（*Tussilago*）、多榔菊属（*Doronicum*）、伪泥胡菜属（*Serratula*）等属；向西分布至冷龙岭的植物有翠雀属、耧斗菜属（*Aquilegia*）、桃儿七属（*Sinopodophyllum*）、白屈菜属（*Chelidonium*）、淫羊藿属（*Epimedium*）、罂粟属（*Papaver*）、梅花草属（*Parnassia*）、五加属（*Eleutherococcus*）等属；越过冷龙岭继续向西分布的植物有银莲花属、唐松草属、绿绒蒿属（*Meconopsis*）、葶苈属（*Draba*）、棱子芹属（*Pleurospermum*）、报春花属、点地梅属（*Androsace*）、喉花草属、马先蒿属（*Pedicularis*）、沙参属（*Adenophora*）、风毛菊属等属；向西分布至走廊南山的有霞草属（*Gypsophila*）、蝇子草属、蒿属（*Artemisia*）、棒果芥属（*Sterigmostemum*）、繁缕属（*Stellaria*）等；分布至保护区西部的有雀儿豆属（*Chesneya*）、糖芥属（*Erysimum*）、新风轮菜属（*Calamintha*）等以及一些广布种。

2. 单子叶植物及其分布

单子叶植物纲在自然保护区共分布18科110属241种。分别为香蒲科（Typhaceae）、黑三棱科（Sparganiaceae）、眼子菜科（Potamogetonaceae）、水麦冬科（Juncaginaceae）、泽泻科（Alismataceae）、禾本科（Gramineae）、莎草科（Cyperaceae）、棕榈科（Arecaceae）、天南星科（Araceae）、浮萍科（Lemnaceae）、鸭跖草科（Commelinaceae）、灯芯草科（Juncaceae）、百合科（Liliaceae）、石蒜科（Amaryllidaceae）、薯蓣科（Dioscoreaceae）、鸢尾科（Iridaceae）、美人蕉科（Cannaceae）、兰科（Orchidaceae），占自然保护区内所有科的13.43%，物种丰富度较高。单子叶植物纲在保护区的优势科有禾本科（Gramineae）有46属104种，百合科（Liliaceae）有25属60种；单科单属单种的科有水麦冬科（Juncaginaceae）。

二、裸子植物

自然保护区内分布有裸子植物8科13属23种（含1个变型），分别占自然保护区科数、属数、种数的5.97%、2.18%和1.66%，其中，苏铁科1属1种、银杏科1属1种、松科4属9种（含落叶松，包括云杉属1属4种、雪松属1属1种、松属1属3种、落叶松属1属1种）；杉科1属1种、南洋杉科1属1种、三尖杉科1属1种、柏科3属7种、麻黄科1属2种。

1. 水平分布

沿自然保护区自东南向西北，随着环境条件的变化，特别是气候条件的变化，乔木种逐渐减少。自然保护区东南缘的太统山顶和崆峒山、太统山阴坡分布有青海云杉（*Picea crassifolia* Kom.）、青扦（*Picea wilsonii* Mast.）、油松（*Pinus tabuliformis* Carr.）、圆柏（*Juniperus chinensis* L.），向西北青扦消失；自然保护区东缘崆峒山、太统山阴坡分布有青海云杉、油松、圆柏，向西北油松消失。自东南向西北，受干旱荒漠气候影响逐渐深刻，降水量减少和干旱加剧，灌木逐渐增加。灌木类裸子植物均为旱生性较强的麻黄属植物。中麻黄（*Ephedra intermedia* Schrenk ex C. A. Mey.）和草麻黄（*Ephedra sinica* Stapf）在自然保护区山上、山下零星分布。

2. 垂直分布

崆峒山圆柏垂直分布上限可达海拔1 800 m，下限为1 300 m；青海云杉和青扦的分布上限为3 200 m，下限为1 800 m；华山松分布上限可达2 000 m，下限为1 800 m，分布在崆峒山、太统山阴坡，较普遍；油松的分布上限为2 000 m，下限为1 800 m左右，分布在崆峒山阳坡，在诸台地、悬崖峭壁上广为生长；麻黄属植物中的中麻黄和草麻黄分布于海拔1 300~2 000 m 的山上、山下地区。

3. 三向分布

由于环境因素在经度、纬度、海拔的分布差异，造成青海云杉分布于阴坡、半阴坡或半阳坡，圆柏则分布于阳坡、半阳坡，青扦和油松则分布于阴坡、半阴坡；麻黄属植物主要分布于山上、山下或阳坡裸岩带。

三、蕨类植物

自然保护区分布有蕨类植物12科23属47种（含3个变种），分别占自然保护区科数、属数、种数的9.02%、3.83% 和3.31%，分别是卷柏科（Selaginellaceae）、木贼科（Equisetaceae）、中国蕨科（Sinopteridaceae）、铁线蕨科（Adiantaceae）、裸子蕨科（Hemionitidaceae）、蹄盖蕨科（Athyriaceae）、肿足蕨科（Hypodematiaceae）、铁角蕨科（Aspleniaceae）、岩蕨科（Woodsiaceae）、鳞毛蕨科（Dryopteridaceae）、水龙骨科（Polypodiaceae），大都分布在崆峒山阴坡的林下岩石上、树干上、潮湿路边、水沟边、林下阴湿岩石缝隙中、林下阴湿岩石上、沟谷林下石缝中等潮湿地方。槲蕨科（Drynariaceae）分布在崆峒山南北坡林缘和山谷岩石、向阳山坡杂木和林下岩石或树干上。蕨类植物在中海拔区种类较多，低海拔和高海拔区种类较少。

四、大型真菌

根据对崆峒山林区大型真菌的分布调查，初步查明自然保护区分布的大型真菌142种，隶属15目40科77属。其中食用真菌38种（兼有药用的4种），如黄地勺菌 *Spathularia flavida* Pers.、双孢蘑菇（*Agaricus bisporus*（J.E.Lange）Imbach）、大秃马勃（*Calvatia gigantea*（Batsch）Lloyd）、深凹杯伞（*Clitocybe gibba*（Pers.）P. Kumm.）、白色小鬼伞（*Coprinellus disseminatus*（Pers.）J.E. Lange）、晶粒小鬼伞（*Coprinellus micaceus*（Bull.）Vilgalys. Hopple & Jacq. Johnson）、辐毛小鬼伞（*Coprinellus radians*（Desm.）Vilgalys，Hopple&Jacq. Johnson）、庭院小鬼伞（*Coprinellus xanthothrix*（Romagn.）Vilgalys，Hopple & Jacq.Johnson）、墨汁拟鬼伞（*Coprinopsis atramentaria*（Bull.）Redhead，Vilgalys & Moncalvo）、毛头鬼伞（*Coprinus comatus*（O.F.Müll.）Pers.）、黏柄丝膜菌（*Cortinarius collinitus*（Sowerby）Gray）、米黄丝膜菌（*Cortinarius multiformis* Fr.）、平盖靴耳（*Crepidotus applanatus*（Pers.）P.Kumm.）等，有毒真菌11种，如大孢滑锈伞（*Hebeloma sacchariolens* Quél.）、污白丝盖伞（*Inocybe geophylla*（Bull.）P. Kumm.）、绒边乳菇（*Lactarius pubescens* Fr.）、肉褐鳞环柄菇（*Lepiota brunneo-incarnata* Chodat & C. Martín）、冠状环柄菇（*Lepiota cristata*（Bolton）P.Kumm.）、臭红菇（*Russula fotens* Pers.）等。

自然保护区地处大型真菌分布区域中的华北地区、西北地区和青藏地区交接地带，自然保护区的一些大型真菌物种显示出比较独特的地理分布特征，例如，紫色囊盾菌（*Ascocoryne cylichnium*）、平田头菇（*Agrocybe pediades*）、脉褶菌（*Campanella junghuhnii*）、白杯伞（*Clitocybe phyllophila*）、黏柄丝膜菌（*Cortinarius collinitus*）、平盖靴耳（*Crepidotus applanatus*）、中国拟迷孔菌（*Daedaleopsis sinensis*）、南方灵芝（*Ganoderma australe*）、密褶裸柄伞（*Gymnopus polyphyllus*）、具囊领滑锈伞（*Hebeloma collariatum*）、碱紫漏斗伞（*Infundibulicybe alkaliviolascens*）、红顶小菇（*Mycena acicula*）、盔盖小菇（*Mycena galericulate*）、红汁小菇（*Mycena haematopus*）、沟柄小菇（*Mycena polygramma*）、本乡光柄菇（*Pluteus hongoi*）、球盖光柄菇（*Pluteus podospileus*）、鹿色光柄菇（*Pluteus shikae*）、黏柄小菇（*Roridomyces roridus*）、天竺葵红菇（*Russula pelargonia*）、北美囊泡伞（*Singerocybe adirondackensis*）等物种，之前发现分布于东北、华北或华中地区，此次是首次在甘肃发现有分布，这种情况一方面可能缘于甘肃的大型真菌缺乏系统性研究，另一方

面，也可能预示着太统－崆峒山及其所属的六盘山系是上述某些物种在我国分布的西界或北界。

五、其他植物资源

研究植物资源是资源植物学的范畴，资源植物学又是植物学的一个分支学科，它是在人类对植物资源不断需求的历史进程中形成的，近年来随着人类返璞归真，对植物资源的需求更为扩大，促使此门学科得以迅速发展，成为商品经济社会中引人注目的一个领域。资源植物包括食用植物、药用植物、观赏植物、材用植物、纤维植物、淀粉植物、油脂植物、芳香油植物、工业原料植物、有毒植物以及资源植物分区概况。研究该自然保护区植物资源的种类、分布及资源量，为该地区植物资源合理利用提供科学依据。

1. 生态环境绿化资源植物

野生观赏植物是指目前还处于野生或半野生状态，没有被引进园林栽培的观赏树木和花草，是创造未来栽培观赏树木和花卉新品种取之不尽、用之不竭的源泉。因此，研究野生观赏植物的保护、开发和利用，具有十分重要的意义。

自然保护区分布有生态环境绿化植物树种60种，分别为云杉（*Picea asperata*）、紫果云杉（*Picea purpurea*）、华山松（*Pinus armandii*）、油松（*Pinus tabuliformis*）、华北落叶松（*Larix gmelinii* var. *principis-rupprechtii*）、青海云杉（*Picea crassifolia* Kom）、青扦（*Picea wilsonii* Mast）、叉子圆柏（*Sabin chinensis*（L.）Ant.）、昆仑多子柏（*Sabin vulgaris* var.*jarkendensis*（Kom）C.Y. Yang）、圆柏（*Juniperus sabina* L.）、刺柏（*Juniperus formosana Hayata*）、山杨（*Populus davidiana*）、旱柳（*Salix matsudana*）、胡桃（*Juglans regia*）、胡桃楸（*Juglans mandshurica*）、白桦（*Betula platyphylla*）、鹅耳枥（*Carpinus turczaninowii*）、榛（*Corylus heterophylla*）、角榛（*Corylus sieboldiana* Bl. var. *mandshurica*）、虎榛子（*Ostryopsis davidiana*）、蒙古栎（*Quercus mongolica*）、大果榆（*Ulmus macrocarpa*）、旱榆（*Ulmus glaucescens*）、毛果旱榆（*Ulmus glaucescens* var. *lasiocarpa*）、榆树（*Ulmus pumila*）、小叶朴（*Celtis bungeana*）、桑（*Morus alba*）、灰栒子（*Cotoneaster acutifolius*）、白刺花（*Sophora davidii*）、矮脚锦鸡儿（*Caragana brachypoda*）、狭叶锦鸡儿（*Caragana stenophylla*）、柠条锦鸡儿（*Caragana korshinskii*）、小叶锦鸡儿（*Caragana microphylla*）、牛枝子（*Lespedeza potaninii*）、红车轴草（*Trifolium pratense*）、白车轴草（*Trifolium repens*）、

百脉根（*Lotus corniculatus*）、苦参属（*Sophora* ）、苦豆子（*Sophora alopecuroides*）、小果白刺（*Nitraria sibirica*）、毛臭椿（*Ailanthus giraldii*）、青榨槭（*Acer davidii*）、栾树（*Koelreuteria paniculata*）、少脉椴（*Tilia paucicostata*）、白蜡树（*Fraxinus chinensis*）、毛泡桐（*Paulownia tomentosa*）、兰考泡桐（*Paulownia elongata*）、银白杨（*Populus alba*）、光皮银白杨（*Populus alba* var. *Bachofenii*）、新疆杨（*Populus alba* var. *Pyramidalis*）、华北驼绒藜（*Krascheninnikovia arborescens*）、蒙古虫实（*Corispermum mongolicum*）、腋花苋（*Amaranthus graecizans*）、甘蒙柽柳（*Tamarix austromongolica*）、红瑞木（*Cornus alba* L.）、秦连翘（*Forsythia giraldiana*）、欧丁香（*Syringa vulgaris* L.）、大花荆芥（*Nepeta sibirica* L.）、枸杞（*Lycium chinense*）。

2. 药用资源植物

药用植物是我国中草药最重要的来源，药用植物多样性基因资源存在于多种多样的物种（品种）及其亲缘植物中，包含了在漫长的时间和广阔的空间里积累下来的多种变异，是创造未来财富的源泉，是人类赖以生存和发展的重要物质基础。崆峒山药用植物资源丰富，多达200多种，主要药用资源植物有问荆（*Equisetum arvense*）、银粉背蕨（*Aleuritopteris argentea*）、网眼瓦韦（*Lepisorus clathratus*）、秦岭槲蕨（*Drynaria baronii*）、掌叶铁线蕨（*Adiantum pedatum*）、侧柏（*Platycladus orientalis*）、麻黄（*Ephedra sinica*）、槲寄生（*Viscum coloratum*）、掌叶大黄（*Rheum palmatum*）、何首乌（*Pleuropterus multiflorus*）、珠芽蓼（*Bistorta vivipara*）、单脉大黄（*Rheum uninerve*）、萹蓄（*Polygonum aviculare*）、西伯利亚乌头（*Aconitum barbatum* var. *hispidum*）、草芍药（*Paeonia obovata*）、铁棒锤（*Aconitum szechenyianum*）、升麻（*Cimicifuga foetida*）、美丽芍药（*Paeonia mairei*）、类叶升麻（*Actaea asiatica*）、牛扁（*Aconitum barbatum* var. *puberulum*）、白头翁（*Pulsatilla chinensis*）、蒙古白头翁（*Pulsatilla ambigua*）、甘青乌头（*Aconitum tanguticum*）、芹叶铁线莲（*Clematis aethusifolia*）、黄花铁线莲（*Clematis intricata*）、驴蹄草（*Caltha palustris*）、小檗（*Berberis amurensis*）、类叶牡丹（*Leontice robusta*）、匙叶小檗（*Berberis vernae*）、秦岭小檗（*Berberis circumserrata*）、直穗小檗（*Berberis dasystachya*）、甘肃小檗（*Berberis kansuensis*）、淫羊藿（*Epimedium brevicornu*）。

3. 有毒资源植物

植物的根、茎、叶、果含有毒物质，一般含有毒的化学成分能引起人或其他动物中毒的植物。有毒植物有些是非食用部位有毒，有些是某个器官有毒，有些在特定的生育期有毒、有些是整株有毒。有毒植物是自然界中一类具有特殊含义的植物，这些植物在人类生活的历史进程和现实生活中起着不小的作用。已知有毒的化学成分大致可分为非蛋白氨基酸、肽、生物碱、萜、酚类及其衍生物。有毒植物和药用植物有时很难区分，许多情况下是药用植物，同时又是有毒植物。在允许的剂量下有治疗作用，而过量即产生中毒效应。崆峒山主要有毒植物有苍耳（*Xanthium strumarium*）、杏（*Prunus armerniaca*）、天仙子（*Hyoscyamus niger*）、乌头（*Aconitum carmichaelii*）、大戟（*Euphorbia pekinensis*）、曼陀罗（*Datura stramonium*）、狼毒（*Stellera chamaejasme*）、山黧豆（*Lathyrus quinquenervius*）、变异黄芪（*Astragalus variabilis*）、急弯棘豆（*Oxytropis deflexa*）、小花棘豆（*Oxytropis glabra*）、黄花棘豆（*Oxytropis ochrocephala*）、甘肃棘豆（*Oxytropis kansuensis*）、盐麸木（*Rhus chinensis*）、醉马草（*Achnatherum inebrians*）等。

4. 油料资源植物

野生油脂植物分布广泛、资源潜力很大，是解决植物油来源的一个方法。石油化学工业的发展，取代了植物油脂的部分用途，但石油是不可再生资源，而植物油脂是一种可再生资源，加之植物油脂本身存在一些优良特性，使得它仍有广泛的用途。工业用的油脂植物可做油漆和涂料以及表面活性剂，广泛用作印染助剂、洗净剂和乳化剂，增塑剂和润滑剂的原料。另外它在医药、皮革、油墨、蜡烛、润发油等方面也有广泛的用途。崆峒山主要的油料植物有油松（*Pinus tabuliformis*）、华山松（*Pinus armandii*）、侧柏（*Platycladus orientalis*）、胡桃（*Juglans regia*）、榆树（*Ulmus pumila*）、宁夏枸杞（*Lycium barbarum*）、卫矛（*Euonymus alatus*）、苍耳（*Xanthium strumarium*）、地榆（*Sanguisorba officinalis*）、玫瑰（*Rosa rugosa*）、芫荽（*Coriandrum sativum*）、啤酒花（*Humulus lupulus* L.）、毛榛（*Corylus mandshurica*）、文冠果（木瓜）（*Xanthoceras sorbifolium*）、碱蓬（*Suaeda glauca*）、华北耧斗菜（*Aquilegia yabeana*）、秦岭木姜子（*Litsea tsinlingensis*）、兵豆（扁豆）（*Vicia lens*）、甘肃大戟（*Euphorbia kansuensis*）、钩腺大戟（*Euphorbia sieboldiana*）、南蛇藤（*Celastrus orbiculatus*）、鼠李（*Rhamnus davurica*）、圆叶鼠李（*Rhamnus globosa*）、红瑞木（*Cornus alba*）、鼬瓣花（野芝麻）（*Galeopsis bifida*）。

5. 淀粉资源植物

崆峒山淀粉资源植物有28种，主要有蕨（*Pteridium aquilinum*）、毛榛（*Corylus sieboldiana*）、虎榛子（*Ostryopsis davidiana*）、蒙古栎（*Quercus mongolica*）、榆树

（*Ulmus pumila*）、苦荞麦（*Fagopyrum tataricum*）、何首乌（*Pleuropterus multiflorus*）、委陵菜（*Potentilla chinensis*）、玫瑰（*Rosa rugosa* Thunb.）、白车轴草（*Trifolium repens*）、百脉根（*Lotus corniculatus*）、穿龙薯蓣（*Dioscorea nipponica*）、马蔺（*Iris lactea*）、野燕麦（*Avena fatua*）、稗（*Echinochloa crusgalli*）、鬼灯檠（*Rodgersia podophylla*）、鞘柄菝葜（*Smilax stans*）、山丹（*Lilium pumilum*）、山黧豆（*Lathyrus quinquenervius*）、千屈菜（*Lythrum salicaria*）、石刁柏（*Asparagus officinalis*）、华北耧斗菜（*Aquilegia yabeana*）、秦岭木姜子（*Litsea tsinlingensis*）、香椿（*Toona sinensis*）、雀瓢（*Cynanchum thesioides*）、君迁子（黑枣）（*Diospyros lotus*）。

6. 饲料资源植物

自然保护区饲用植物类有66种，主要有垂穗披碱草（*Elymus dahuricus*）、粟草（*Milium effusum*）、早熟禾（*Poa annua*）、狗尾草（*Setaria viridis*）、长芒草（*Stipa bungeana*）、大针茅（*Stipa grandis*）、异针茅（*Stipa aliena*）、丝颖针茅（*Stipa capillacea*）、短花针茅（*Stipa breviflora*）、狼针草（*Stipa baicalensis*）、戈壁针茅（*Stipa tianschanica* var. *gobica*）、甘青针茅（*Stipa przewalskyi*）、三芒草（*Aristida adscensionis*）、高株早熟禾（*Poa alta*）、林地早熟禾（*Poa nemoralis*）、垂枝早熟禾（*Poa szechuensis* var. *debilior*）、无芒雀麦（*Bromus inermis*）、毗邻雀麦（*Bromus confinis*）、小画眉草（*Eragrostis minor*）、偃麦草（*Elytrigia repens*）、毛偃麦草（*Elytrigia trichophora*）、长穗偃麦草（*Elytrigia elongata*）、冰草（*Agropyron cristatum*）、狗尾草（*Setaria viridis*）、巨大狗尾草（*Setaria viridis*）、稗（*Echinochloa crus-galli*）、无芒稗（*Echinochloa crus-galli* var. *mitis*）、高粱（*Sorghum bicolor*）、大披针薹草（*Carex lanceolata*）、薹草（*Carex*）、多花胡枝子（*Lespedeza floribunda*）、天蓝苜蓿（*Medicago lupulina*）、紫苜蓿（*Medicago sativa*）、草木犀（*Melilotus officinalis*）、白花草木犀（*Melilotus albus* Medic.ex Desr.）、歪头菜（*Vicia unijuga*）、广布野豌豆（*Vicia cracca*）、牧地山黧豆（*Lathyrus pratensis*）、短脚锦鸡儿（*Caragana brachypoda*）、小叶锦鸡儿（*Caragana microphylla*）、陕甘木蓝（*Indigofera bungeana*）、白莲蒿（*Artemisia stechmanniana*）、冷蒿（*Artemisia frigida*）、紫花冷蒿（*Artemisia frigida*）、毛莲蒿（*Artemisia vestita*）、委陵菜（*Potentilla chinensis*）、苦荞麦（*Fagopyrum tataricum*）、西伯利亚滨藜（*Atriplex sibirica*）、毛榛（*Corylus mandshurica*）、中国繁缕（*Stellaria chinensis*）、东方铁线莲（*Clematis orientalis*）、蔓黄芪（*Phyllolobium chinense* Fisch. ex DC.）、山黧豆

（*Lathyrus quinquenervius*）、美丽胡枝子（*Lespedeza thunbergii* subsp. *formosa*）、牛枝子（*Lespedeza potaninii*）、百脉根（*Lotus corniculatus*）、扁豆（*Vicia lens*）、苦马豆（*Sphaerophysa salsula*）、小果白刺（*Nitraria sibirica*）、千屈菜（*Lythrum salicaria*）、砂蓝刺头（*Echinops gmelinii*）、朝阳隐子草（*Cleistogenes hackelii* var. *hackelii*）、大油芒（*Spodiopogon sibiricus*）、石刁柏（*Asparagus officinalis*）、北芸香（*Haplophyllum dauricum*）。

7. 单宁资源植物

目前在我国植物单宁的应用非常广泛，现已应用于医药、食品、化妆品、造纸、冶金、水处理等多学科领域，崆峒山单宁植物有25种，主要有油松（*Pinus tabuliformis*）、云杉（*Picea asperata*）、白桦（*Betula platyphylla*）、毛榛（*Corylus mandshurica*）、虎榛子（*Ostryopsis davidiana*）、蒙古栎（*Quercus mongolica*）、巴天酸模（*Rumex patientia*）、路边青（*Geum aleppicum*）、龙牙草（*Agrimonia pilosa*）、毛蕊老鹳草（*Geranium platyanthum*）、鼠掌老鹳草（*Geranium sibiricum*）、地锦草（*Euphorbia humifusa*）、中国沙棘（*Hippophae rhamnoides*）、黄海棠（*Hypericum ascyron*）、栓翅卫矛（*Euonymus phellomanus*）、匙叶小檗（*Berberis vernae*）、茅莓（*Rubus parvifolius*）、香椿（*Toona sinensis*）、南蛇藤（*Celastrus orbiculatus*）、欧丁香（*Syringa vulgaris*）、雀瓢（*Cynanchum thesioides*）、君迁子（黑枣）（*Diospyros lotus*）、裂叶荆芥（*Schizonepeta tenuifolia*）、多裂叶荆芥（*Schizonepeta multifida*）、大花荆芥（*Nepeta sibirica*）。

8. 野生花卉资源植物

野生花卉具有野味般的形姿、纯朴的山林情趣、浓郁的自然色彩，是美化居室、绿化庭院的理想材料。目前主要应用于观赏园林中，使久居城市的人们有回归大自然的感觉。多用作花坛、花境栽植或布置岩石园、水景园等的室外绿化以及盆栽观赏、切花、干花等花卉装饰和室内绿化。除了作为观赏资源开发利用外，野生花卉资源应用的范围还有更进一步的拓展。目前，野生花卉的药用、食用、纤维、芳香油、油脂、蜜源、饲料、固沙、杀虫等多种应用价值都不同程度地得到了开发，并与环境结合用于旅游产业的整体开发。森林旅游是旅游业新的热点，具有广阔的发展前景。野生花卉在森林旅游中的作用十分重要，在林缘、草甸、山涧、路旁缀着的色彩斑斓、婀娜多姿的野生花卉，给森林景观增添了无限魅力。因此，在森林旅游业中越来越重视野生花卉的保护和利用。野生观赏植物是指目前还处于野生或半野生状态，没有被引进园林栽培的观赏树木和花草，是创造未来栽培观赏树木和花卉新品种的取之不尽、用之不竭的源泉。因此，研究野生观赏植物的保护、开发和利用，具有十分重要的意义。

据统计崆峒有野生花卉69种，分别是草芍药（*Paeonia obovata*）、耧斗菜（*Aquilegia viridiflora*）、铁筷子（*Helleborus thibetanus*）、黄花铁线莲（*Clematis intricata*）、美丽芍药（*Paeonia mairei*）、山梅花（*Philadelphus incanus*）、圆锥绣球（*Hydrangea paniculata*）、黄水枝（*Tiarella polyphylla*）、水榆花楸（*Sorbus alnifolia*）、黄蔷薇（*Rosa hugonis*）、钝叶蔷薇（*Rosa sertata*）、单瓣刺玫（*Rosa xanthina*）、玫瑰（*Rosa rugosa*）、中华绣线梅（*Neillia sinensis*）、稠李（*Prunus padus* var. *padus*）、水栒子（*Cotoneaster multiflorus*）、花叶丁香（*Syringa persica*）、暴马丁香（*Syringa reticulata* Blume var. *amurensis*（Rupr.）Pringle）、茶条槭（*Acer tataricum* subsp. *ginnala*）、狼毒（*Stellera chamaejasme*）、柳兰（*Chamerion angustifolium*）、多脉报春（*Primula polyneura*）、柳穿鱼（*Linaria vulgaris*）、黄花角蒿（*Incarvillea lutea*）、华北蓝盆花（*Scabiosa comosa*）、野菊（*Chrysanthemum indicum*）、亚菊（*Ajania pallasiana*）、金盏花（*Calendula officinalis*）、丝兰（*Yucca flaccida*）、文竹（*Asparagus setaceus*）、非洲天门冬（万年青）（*Asparagus densiflorus*）、羊齿天门冬（*Asparagus filicinus*）、山丹花（*Lilium pumilum*）、大百合（*Cardiocrinum giganteum*）、小黄花菜（*Hemerocallis minor*）、藜芦（*Veratrum nigrum*）、红花忍冬（*Lonicera rupicola*）、金银忍冬（*Lonicera maackii*）、鸡树条（*Viburnum opulus* subsp. *calvescens* (Rehder) Sugim.）、盘叶忍冬（*Lonicera tragophylla*）、马蔺（*Iris lactea*）、毛杓兰（*Cypripedium franchetti*）、长叶头蕊兰（*Cephalanthera longifolia*）、小花火烧兰（*Epipactis helleborine*）、对耳舌唇兰（*Platanthera finetiana*）、二叶兜被兰（*Ponerorchis cucullata* var. *cucullata*）、射干（*Belamcanda chinensis*）、亚柄薹草（*Carex lanceolata* var. *subpediformis*）、裂叶堇菜（*Viola dissecta*）、早开堇菜（*Viola prionantha*）、毛果堇菜（*Viola trichocarpa*）、斑叶堇菜（*Viola variegata*）、双花堇菜（*Viola biflora*）、东北堇菜（*Viola mandshurica*）、华北珍珠梅（*Sorbaria kirilowii*）、美丽胡枝子（*Lespedeza thunbergii* subsp. *formosa*）、黄瑞香（*Daphne giraldii*）、千屈菜（*Lythrum salicaria*）、毛建草（*Dracocephalum rupestre*）、石刁柏（*Asparagus officinalis*）、野鸢尾（*Iris dichotoma*）、蝇子草（*Silene gallica*）、八宝（*Hylotelephium erythrostictum*）、陕甘木蓝（*Indigofera bungeana*）、欧丁香（*Syringa vulgaris*）、牵牛（牵牛花）（*Ipomoea nil*）、蒙古莸（*Caryopteris mongholica*）、珊瑚樱（*Solanum pseudocapsicum*）、泽泻（*Alisma plantago-aquatica*）。

9. 野菜类资源植物

野生蔬菜是茎、叶、花、果实、种子、块茎、鳞茎等能作蔬菜食用的野生植物。野生蔬菜生命力强，野味浓郁，风味独特，矿物质含量高，富含多种维生素、蛋白质，是一项极具开发潜力的食品资源。根据野生蔬菜的食用部位和器官不同，可将野菜分为根菜、茎菜、叶菜、花菜、果菜及根、茎、叶、花、果兼食型菜等多种类型。崆峒山野菜资源植物共有39种，分别是蕨（*Pteridium aquilium*）、胡桃（*Juglans regia*）、藜（*Chenopodium album*）、地肤（*Bassia scoparia*）、反枝苋（*Amaranthus retroflexus*）、马齿苋（*Portulaca oleracea*）、荠菜（*Capsella bursa-pastoris*）、播娘蒿（*Descurainia sophia*）、涩芥（*Strigosella africana*）、紫苜蓿（*Medicago sativa*）、刺槐（*Robinia pseudoacacia*）、花椒（*Zanthoxylum bungeanum*）、蜀五加（*Eleutherococcus leucorrhizus*）、黄毛楤木（*Aralia elata*）、甘露子（*Stachys sieboldii*）、宁夏枸杞（*Lycium barbarum*）、党参（*Codonopsis pilosula*）、中华苦荬菜（*Ixeris chinensis*）、苦苣菜（*Sonchus oleraceus*）、蒲公英（*Taraxacum mongolicum*）、小蒜（*Allium sativum*）、多叶韭（*Allium plurifoliatum*）、甘青野韭（*Allium przewalskianum*）、紫花韭菜（*Acorus gramineus*）、川百合（*Lilium brownii*）、细叶百合（*Lilium pumilum*）、甘肃天门冬（*Asparagus kansuensis*）、野韭（*Allium ramosum*）、穿龙薯蓣（*Dioscorea nipponica*）、千屈菜（*Lythrum salicaria*）、石刁柏（*Asparagus officinalis*）、柳叶菜（*Epilobium hirsutum*）、小花柳叶菜（*Epilobium parviflorum*）、玫瑰（*Rosa rugosa*）、地榆（*Sanguisorba officinalis*）、茅莓（*Rubus parvifolius*）、盐麸木（*Rhus chinensis*）、北水苦荬（*Veronica anagallis-aquatica*）。

第四节 珍稀濒危及特有植物

一、统计结果

根据自然保护区的调查结果，统计得到国家二级重点保护植物仅1种，为毛杓兰（*Cypripedium franchetii* E. H. Wilson）。自然保护区内记录到特有种4种，分别是崆峒山槲蕨 [*Drynaria baronii*（Chrast.）Dieis var. *kongtongshanensis* W.H.G]、崆峒山蒙桑（*Morus mongolica* Schneid var. *kongtongshanensis* W.H.Gao）和崆峒山沙参（*Adenophora kongtongshanensis* W.H.Gao）。自然保护区内记录到珍贵古树4种，分别是紫果云杉（*Picea purpurea* Mast.）、油松（*Pinus tabuliformis* Carr.）、圆柏（*Juniperus chinensis* L.）和白杜（*Euonymus maackii* Rupr.）。

表4-7　甘肃太统－崆峒山国家级自然保护区国家重点保护植物物种详表

中文名	拉丁学名	国家重点保护植物级别
毛杓兰	*Cypripedium franchetii* E. H. Wilson	二级

表4-8　甘肃太统－崆峒山国家级自然保护区特有种植物详表

中文名	拉丁学名	特有种
崆峒山槲蕨	*Drynaria baronii*（Chrast.）Dieis var. *kongtongshanensis* W.H.G	特有种
崆峒山蒙桑	*Morus mongolica* Schneid var. *kongtongshanensis* W.H.Gao	特有种
崆峒山沙参	*Adenophora kongtongshanensis* W.H.Gao	特有种

表4-9　甘肃太统－崆峒山国家级自然保护区珍贵古树详表

中文名	拉丁学名	珍贵古树
紫果云杉	*Picea purpurea* Mast.	珍贵古树
油松	*Pinus tabuliformis* Carr.	珍贵古树
圆柏	*Juniperus chinensis* L.	珍贵古树
白杜	*Euonymus maackii* Rupr.	珍贵古树

二、详述

1. 国家重点保护植物物种

（1）毛杓兰（*Cypripedium franchetii*）。国家重点保护植物二级物种。

植株高20~35 cm，具粗壮、较短的根状茎。茎直立，密被长柔毛，尤其上部为甚，基部具数枚鞘，鞘上方有3~5枚叶。叶片椭圆形或卵状椭圆形，长10~16 cm，宽4.0~6.5 cm，先端急尖或短渐尖，两面脉上疏被短柔毛，边缘具细缘毛。花序顶生，具1花；花序柄密被长柔毛；花苞片叶状，椭圆形或椭圆状披针形，长6~8（12）cm，宽2.0~3.5 cm，先端渐尖或短渐尖，两面脉上具疏毛，边缘具细缘毛；花梗和子房长4.0~4.5 cm，密被长柔毛；花淡紫红色至粉红色，有深色脉纹；中萼片椭圆状卵形或卵形，长4.0~5.5 cm，宽2.5~3.0 cm，先端渐尖或短渐尖，背面脉上疏被短柔毛，边缘具细缘毛；合萼片椭圆状披针形，长3.5~4.0 cm，宽1.5~2.5 cm，先端2浅裂，背面脉上亦被短柔毛，边缘具细缘毛；花瓣披针形，长5.0~6 cm，宽1.0~1.5 cm，先端渐尖，内表面基部被长柔毛；唇瓣深囊状，椭圆形或近球形，长4.0~5.5 cm，宽3~4 cm；退化雄蕊卵状箭头形至卵形，长1.0~1.5 cm，宽7~9 mm，基部具短耳和很短的柄，背面略有龙骨状突起。花期5—7月。

产甘肃南部、山西南部（介休、沁源、垣曲）、陕西南部、河南西部（西峡）、湖北西部（兴山）和四川东北部至西北部（城口、巫溪、汶川、理县、松潘、若尔盖、黑水）。生于海拔1 500~3 700 m的疏林下或灌木林中湿润、腐殖质丰富和排水良好的地方，也见于湿润草坡上。模式标本采自湖北。

2. 特有物种

（1）崆峒山槲蕨

在自然保护区分布于崆峒山前峡和十万沟。生于山坡林下岩石上，海拔1 400~2 000 m。

注：崆峒山槲蕨在《中国植物志》种未记载。

（2）崆峒山蒙桑

注：崆峒山蒙桑在《中国植物志》种未记载。

（3）崆峒山沙参

常见于阴坡，生于海拔1 600~1 700 m的山坡、草地。

3. 珍贵古树

（1）紫果云杉（*Picea purpurea*）

乔木，高达50 m，胸径达1 m；树皮深灰色，裂成不规则较薄的鳞状块片；大枝平展，树冠尖塔形；小枝有密生柔毛，一年生枝黄色或淡褐黄色，二、三年生枝黄灰色或灰色；冬芽圆锥形，有树脂，芽鳞排列紧密，小枝基部宿存芽鳞的先端不反曲或微开展。叶辐射伸展或枝条上面之叶向前伸展，下面之叶向两侧伸展，扁四棱状条形，横切面扁菱形，两面中脉隆起，直或微弯，长0.7~1.2 cm，宽1.5~1.8 mm，先端微尖或微钝，下（背）面先端呈明显的斜方形，通常无气孔线，或个别的叶有1~2条不完整的气孔线，上（腹）面每边有4~6条白粉气孔线。球果圆柱状卵圆形或椭圆形，成熟前后同色，呈紫黑色或淡红紫色，长2.5~4（6）cm，径1.7~3.0 cm；种鳞排列疏松，中部种鳞斜方状卵形，长1.3~1.6 cm，宽约1.3 cm，中上部渐窄成三角形，边缘波状、有细缺齿；苞鳞矩圆状卵形，长约3 mm；种子连翅长约9 mm，种翅褐色，有紫色小斑点。子叶5~7枚，条状钻形，长1.0~1.3 cm，全缘；初生叶扁四棱状条形，先端锐尖，上面每边有3~5条气孔线，下面无气孔线或每边有1~2条气孔线。花期4月，球果10月成熟。

为我国特有树种，产于四川北部（阿坝藏族自治州地区）、甘肃榆中及洮河流域、青海西倾山北坡。常在海拔2 600~3 800 m、气候温凉、山地棕壤土地带组成纯林或与岷山冷杉、云杉、红杉等针叶树混生成林。模式标本采自四川松潘。

木材淡红褐色，材质坚韧，微轻软，纹理直，结构细，比重0.49，有弹性，耐久用，为云杉类木材中最优良的木材之一。可供飞机、机器、乐器、器具、家具、建筑、细木加工及木纤维工业原料等用材。材质优良，生长快，可作甘肃南部洮河流域、白龙江流域和四川北部岷江流域海拔2 600~3 600 m地带的森林更新及荒山造林树种。

紫果云杉与生于四川西部康定以西、以北海拔3 800 m以上地带的川西云杉（*P. likiangensis* var. *rubescens* Rehd. & E.H. Wils.）（扁短叶小果型类）相近似，常误定为同种。其主要区别在紫果云杉之叶的下（背）面常无气孔线，或个别的叶具1~2条不完整的气孔线，先端呈明显的斜方形，球果较窄短，种鳞中上部渐窄成三角形，边缘波状。

（2）油松（*Pinus tabuliformis*）

乔木，高达25 m，胸径可达1 m以上；树皮灰褐色或褐灰色，裂成不规则较厚的鳞状块片，裂缝及上部树皮红褐色；枝平展或向下斜展，老树树冠平顶，小枝较粗，褐黄色，无毛，幼时微被白粉；冬芽矩圆形，顶端尖，微具树脂，芽鳞红褐色，边缘有丝状缺裂。针叶2针一束，深绿色，粗硬，长10~15 cm，径约1.5 mm，边缘有细锯齿，两面具气孔线；横切面半圆形，二型层皮下层，在第一层细胞下常有少数细胞形成第二层皮下层，树脂道5~8个或更多，边生，多数生于背面，腹面有1~2个，稀角部有1~2个中生树脂道，叶鞘初呈淡褐色，后呈淡黑褐色。雄球花圆柱形，长1.2~1.8 cm，在新枝下部聚生成穗状。球果卵形或圆卵形，长4~9 cm，有短梗，向下弯垂，成熟前绿色，熟时淡黄色或淡褐黄色，常宿存树上近数年之久；中部种鳞近矩圆状倒卵形，长1.6~2.0 cm，宽约1.4 cm，鳞盾肥厚、隆起或微隆起，扁菱形或菱状多角形，横脊显著，鳞脐凸起有尖刺；种子卵圆形或长卵圆形，淡褐色有斑纹，长6~8 mm，径4~5 mm，连翅长1.5~1.8 cm；子叶8~12枚，长3.5~5.5 cm；初生叶窄条形，长约4.5 cm，先端尖，边缘有细锯齿。花期4—5月，球果第二年10月成熟。

为我国特有树种，产吉林南部、辽宁、河北、河南、山东、山西、内蒙古、陕西、甘肃、宁夏、青海及四川等省（区），生于海拔100~2 600 m地带，多组成单纯林。

其垂直分布由东到西、由北到南逐渐增高。辽宁、山东、河北、山西、陕西等省有人工林。为喜光、深根性树种，喜干冷气候，在土层深厚、排水良好的酸性、中性或钙质黄土上均能生长良好。模式标本采自北京。

心材淡黄红褐色，边材淡黄白色，纹理直，结构较细密，材质较硬，比重0.40~0.54，富树脂，耐久用。可做建筑、电杆、矿柱、造船、器具、家具及木纤维工业等用材。树干可割取树脂，提取松节油；树皮可提取栲胶。松节、松针（即针叶）、花粉均供药用。

（3）圆柏 [*Sabina chinensis* (L.) Ant.]

乔木，高达20 m，胸径达3.5 m；树皮深灰色，纵裂，成条片开裂；幼树的枝条通常斜上伸展，形成尖塔形树冠，老则下部大枝平展，形成广圆形的树冠；树皮灰褐色，纵裂，裂成不规则的薄片脱落；小枝通常直或稍呈弧状弯曲，生鳞叶的小枝近圆柱形或近四棱形，径1.0~1.2 mm。叶二型，即刺叶及鳞叶；刺叶生于幼树之上，老龄树则全为鳞叶，壮龄树兼有刺叶与鳞叶；生于一年生小枝的一回分枝的鳞叶三叶轮生，直伸而紧密，近披针形，先端微渐尖，长2.5~5.0 mm，背面近中部有椭圆形微凹的腺体；刺叶三叶交互轮生，斜展，疏松，披针形，先端渐尖，长6~12 mm，上面微凹，有两条白粉带。雌雄异株，稀同株，雄球花黄色，椭圆形，长2.5~3.5 mm，雄蕊5~7对，常有3~4花药。球果近圆球形，径6~8 mm，两年成熟，熟时暗褐色，被白粉或白粉脱落，有1~4粒种子；种子卵圆形，扁，顶端钝，有棱脊及少数树脂槽；子叶2枚，出土，条形，长1.3~1.5 cm，宽约1 mm，先端锐尖，下面有两条白色气孔带，上面则不明显。

产于内蒙古乌拉山、河北、山西、山东、江苏、浙江、福建、安徽、江西、河南、陕西南部、甘肃南部、四川、湖北西部、湖南、贵州、广东、广西北部及云南等地。生于中性土、钙质土及微酸性土上，各地亦多栽培，西藏也有栽培。朝鲜、日本也有分布。

心材淡褐红色，边材淡黄褐色，有香气，坚韧致密，耐腐力强。可作房屋建筑、家具、文具及工艺品等用材；树根、树干及枝叶可提取柏木脑的原料及柏木油；枝叶入药，能祛风散寒、活血消肿、利尿；种子可提润滑油；为普遍栽培的庭院树种。

喜光树种，喜温凉、温暖气候及湿润土壤。在华北及长江下游海拔500 m以下，中上游海拔1 000 m以下排水良好之山地可选用造林。

（4）白杜（*Euonymus maackii*）

小乔木，高达6 m。叶卵状椭圆形、卵圆形或窄椭圆形，长4~8 cm，宽2~5 cm，先端长渐尖，基部阔楔形或近圆形，边缘具细锯齿，有时极深而锐利；叶柄通常细长，常为叶片的1/4~1/3，但有时较短。聚伞花序3至多花，花序梗略扁，长1~2 cm；花4数，淡白绿色或黄绿色，直径约8 mm；小花梗长2.5~4 mm；雄蕊花药紫红色，花丝细长，长1~2 mm。蒴果倒圆心状，4浅裂，长6~8 mm，直径9~10 mm，成熟后果皮粉红色；种子长椭圆状，长5~6 mm，直径约4 mm，种皮棕黄色，假种皮橙红色，全包种子，成熟后顶端常有小口。花期5—6月，果期9月。

产地广阔，北起黑龙江包括华北、内蒙古各省（区），南到长江南岸各省（区），西至甘肃，除陕西、西南和两广未见野生外，其他各省（区）均有，但长江以南常以栽培为主。分布达乌苏里地区、西伯利亚南部和朝鲜半岛。

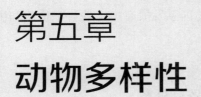

第五章
动物多样性

第一节　动物区系

自然保护区内分布的脊椎动物共324种，哺乳类55种，占总数的16.98%；鸟类215种，占总数的66.36%；爬行类19种，占总数的5.86%；两栖类8种，占总数的2.47%；鱼类27种，占总数的8.33%。类群组成上鸟类居第一，哺乳类次之。

本地区分布的具东洋界亲缘关系的种类有双斑锦蛇、秦岭滑蜥、红腹锦鸡、珠颈斑鸠、苍鹭、勺鸡、黑枕绿啄木鸟、长尾山椒鸟、紫啸鸫、橙翅噪鹛、鼩鼱、社鼠、豹鼠等。

关于我国境内古北界和东洋界的划界，国内多数学者认为，从喜马拉雅山以东经横断山脉—秦岭山脉向东延伸。崆峒山是六盘山的支脉，六盘山是南北向山系，在南端与秦岭山脉相接。这里分布的与东洋界动物种类有亲缘关系的种类与秦岭地区共有。这是由于六盘山地区在第三纪晚期与秦岭地区同为三趾马动物群，动物区系上曾有过相同的历史渊源。

本地区分布的动物中与华北区、蒙新区的种类有亲缘关系的种类占有相当的比例，这是由于本区北部、东部都没形成大的屏障所致。

具有青藏高原亲缘关系的种类有秃鹫、灰伯劳、黑喉石鸭、红嘴山鸦、普通朱雀等。

六盘山西段与青藏高原北部边缘的祁连山余脉相望，中间被黄河分隔，处同一纬度。其气候、植被都有相似之处，因而与青藏高原有亲缘关系的种类从这里扩展，栖息在这一地区。

自然保护区动物种类中，属于我国特有种的有六盘山齿突蟾、岷山蟾蜍、秦岭滑蜥、丽斑麻蜥、双斑锦蛇、山噪鹛、中华鼢鼠、社鼠、大仓鼠、岩松鼠等10种。这些稀有种类的存在，对进一步研究这里的动物区系发展有一定的科学价值和生物学意义。

第二节　动物物种及其分布

自然保护区内脊椎动物共有33目87科324种，其中，哺乳类6目19科55种、鸟类20目51科215种、爬行类2目5科8种、两栖类2目7科19种、鱼类3目5科27种。

表5-1　甘肃太统－崆峒山国家级自然保护区脊椎动物统计

类别	目	科	种
哺乳类	6	19	55
鸟类	20	51	215
两栖类	2	5	8
爬行类	2	7	19
鱼类	3	5	27

一、哺乳类

（一）食虫目 Insectivora

1. 猬科 Erinaceidae

（1）普通刺猬 *Erinaceus europaeus* Linnaeus

分布：崆峒山、太统山。甘肃省内还见于漳县。国内分布于东北、华北及长江中下游。

2. 鼩鼱科 Soricidae

（2）大水鼩鼱 *Chimmarogale platycephala* Temminek

分布：崆峒山。甘肃省内还见于岷县、甘南。国内分布于广东、广西、江苏、云南、西藏、青海、宁夏。

（3）纹背鼩鼱 *Sorex cylindricauda* Milne-Edwards

分布：崆峒山。甘肃省内还见于陇南。国内分布于云南、四川、陕西、宁夏。

3. 三鼹科　Talpidae

（4）麝鼹 *Seaptochirus moschatus* Milne-Edwards

分布：崆峒山。甘肃省内还见于天水、玛曲。国分布于山西、河北、山东、陕西、内蒙古、宁夏、辽宁。

（二）翼手目 Chiroptera

4. 四 蝙蝠科　Vespertilionidae

（5）兔耳蝠 *Plecotus auritus* Linnaeus

分布：崆峒山、太统山及平凉。甘肃省内还见于兰州、靖远、会宁、肃南等地。

（6）大棕蝠 *Eptesicus serotinus* Schreber

分布：崆峒山。甘肃省内见还于武山、天水、河西、陇南。国内分布于黑龙江、吉林、辽宁、河北、内蒙古、宁夏、陕西、江苏、新疆、云南等地。

（三）兔形目 Lagomorpha

5. 鼠兔科　Ochotonidae

（7）达乌尔鼠兔 *Ochotona daurica* Pallas

分布：保护区全境。甘肃省内还见于陇东、天水、中部定西、兰州、甘南、河西。国内分布于内蒙古、河北、山西、陕西、青海、宁夏、西藏。

（8）高山鼠兔 *Ochotona alpina* Pallas

分布：崆峒山。甘肃省内见还于平凉、泾川、崇信、灵台、环县及兰州。国内分布于黑龙江、吉林、新疆、宁夏。

6. 兔科　Leporidae

（9）蒙古兔 *Lepus tolai* Pallas

分布：崆峒山。甘肃省内还见于平凉、庆阳、兰州、定西、天水、天祝。国内见于内蒙古、吉林、辽宁、河北、山西、陕西、宁夏、江苏、河南、四川等地。

（四）啮齿目 Rodentia

7. 松鼠科　Sciuridae

（10）隐纹花松鼠 *Tamiops swinhoei* Milne–Edwards

分布：崆峒山。甘肃省内还见于平凉、崇信、灵台、华亭、庄浪、康县、文县等地。

国内分布于云南、四川、陕西、宁夏等省（区）。

（11）花鼠 *Tamias sibiricus* Laxmann

分布：甘肃省内广布种。国内还见于河北、山西、陕西、宁夏、四川、东北。

（12）岩松鼠 *Sciurotamias davidianus* Milne–Edwards

分布：崆峒山、大阴山、太统山。甘肃省内还见于文县、康县、成县、武山、天水及关山地区。国内分布于河北、山东、陕西、四川、湖北等省。

（13）达乌尔黄鼠 *Spermophilus dauricus* Brandt

分布：崆峒山。甘肃省内还见于平凉、庆阳、环县、兰州、张家川、清水、甘谷、通渭、天祝等地。国内分布于东北及山西、河北、陕西、宁夏等省（区）。

8. 仓鼠科 Cricetidae

（14）大仓鼠 *Cricetulus triton* Winton

分布：崆峒山。甘肃省内还见于平凉地区诸县、兰州、榆中、正宁、庆阳、武都、临夏等地，国内分布于东北、华北及陕西、宁夏等省（区）。

（15）黑线仓鼠 *Cricetulus barabensis* Pallas

分布：崆峒山。甘肃省内为广布种。国内分布于东北、华北。

（16）灰仓鼠 *Cricetulus migratorius* Pallas

分布：省内广布种。国内分布于青海、宁夏、新疆。

（17）长尾仓鼠 *Cricetulus longicaudatus* Milne–Edwards

分布：省内广布种。国内还见于河北、山西、陕西、宁夏、青海、内蒙古、新疆。

（18）中华鼢鼠 Myospalax fontanieri Milne–Edwards

分布：省内广布种。国内还分布于河北、山西、陕西、宁夏、四川、青海。

9. 跳鼠科 Dipodidae

（19）五趾跳鼠 Allactaga sibirica *Forster*

分布：崆峒山。甘肃省内还见于平凉地区各县，环县、靖远、会宁、定西、天祝、河西。国内分布于东北三省、内蒙古、河北、陕西、宁夏、青海、新疆。

10. 竹鼠科 Rhizomyidae

（20）中华竹鼠 *Rhizomys sinensis* Gray

分布：崆峒山、关山。甘肃省内还见于天水、武都一带。国内分布于四川、云南、湖北、广东、福建、陕西。

11. 鼠科　Muridae

（21）小家鼠　*Mus musculus* Linnaeus

分布：甘肃省内、国内广布种。

（22）褐家鼠　*Rattus norvegicus* Berkenkout

分布：甘肃省内广布种，国内除西藏外都有分布。

（23）针毛鼠　*Niviventer fulvescens* Gray

分布：甘肃省内平凉、庆阳、天水、武都、甘南有分布。国内分布于云南、广东、广西、西藏、宁夏六盘山。

（24）社鼠　*Niviventer niviventer* Hodgson

分布：崆峒山。甘肃省内还见于平凉各县、定西、天水、武都。国内分布于云南、广东、广西、西藏、宁夏。

（25）黑线姬鼠　*Apodemus agrarius* Pallas

分布：甘肃省内还见于平凉、天水、庆阳、卓尼。国内分布于新疆、东北三省、陕西、山西、宁夏等省（区）。

（26）中华林姬鼠　*Apodemus draco* Barrett–Hamilton

分布：平凉、静宁、华亭。国内分布于四川、云南、陕西、宁夏。

（27）大林姬鼠　*Apodemus peninsulae* Thomas

分布：崆峒山。甘肃省内还见于平凉、子午岭、甘南、岷县。国内分布于内蒙古、东北、陕西、宁夏、河北、四川、云南等省（区）。

（28）小林姬鼠　*Apodemus sylvaticus* Linnaeus

分布：崆峒山。甘肃省内还见于平凉及庆阳子午岭、文县、成县、天水等地。国内分布于新疆、宁夏、陕西、四川、云南等省（区）。

12. 豪猪科　Hystricidae

（29）豪猪　*Hystrix hodgsoni* Gray

分布：崆峒山。甘肃省内还见于华亭、文县。国内见于陕西及长江流域。

（五）食肉目　Carnivora

13. 鼬科　Mustelidae

（30）青鼬　*Martes flavigula* Boddaert

分布：崆峒山。甘肃省内还见于华亭、庄浪、环县、天水、张家川、临夏、卓尼、文县、成县、舟曲等地。国内分布于长江以南大部及西南山地。

（31）石貂 *Martes foina* Erxleben

分布：崆峒山、太统山及邻近地区。甘肃省内其他地区为广布种。国内分布于新疆、青海、宁夏、山西、四川。国家二级保护动物。

（32）虎鼬 *Vormela peregusna* Guldenstaedt

分布：崆峒山。甘肃省内还见于平凉、环县、会宁。国内分布于内蒙古、宁夏、山西、陕西、新疆、四川。

（33）黄鼬 *Mustela sibirica* Pallas

分布：崆峒山。甘肃省内还见于平凉、华亭、庄浪、泾川、环县、天水、陇南、甘南等地。国内为广布种。

（34）艾鼬 *Mustela eversmanni* Lesson

分布：崆峒山。甘肃省内还见于平凉、静宁、庄浪、环县、兰州、天水、张家川、和政、临夏、河西走廊、天祝等地。国内分布于东北及内蒙古、宁夏、新疆、山西、河北、四川、陕西等省（区）。

（35）水獭 *Lutra lutra* Linnaeus

分布：泾河、崆峒水库。甘肃省内还见于兰州、天水、陇南各县、夏河、舟曲。国内为广布种。国家二级保护动物。

（36）狗獾 *Meles meles* Linnaeus

分布：崆峒山。甘肃省内还见于平凉地区各县、环县、和政、夏河、会宁。国内分布于内蒙古、宁夏及东北、华北、西南。为广布种。

（37）猪獾 *Arctonyx collaris* F.G.Cuvier

分布：崆峒山。甘肃省内还见于平凉、兰州、天水、陇南。国内分布于长江流域各省、河北、陕西、宁夏泾源。

14. 猫科 Telidae

（38）豹 *Panthera pardus* Linnaeus

分布：崆峒山、太统山、大阴山及关山。甘肃省内还见于陇南及临夏等县。国内分布于东北、华北及陕西、宁夏、四川、贵州等省（区）。国家一级保护动物。

（39）金猫 *Catopuma temminckii* Vigors & Horsfield

分布：崆峒山、关山及六盘山。甘肃省内还见于宁县、天水、武都等地。国内分布于四川、云南、广东、广西、福建等省。国家一级保护动物。

15. 犬科 Canidae

（40）狼 *Canis lupus* Linnaeus

分布：为国内为广布种，遍及全国。国家二级保护动物。

（41）赤狐 *Vulpes vulpes* Linnaeus

分布：为国内广布种。国家二级保护动物。

（六）偶蹄目 Artiodatyla

16. 猪科 Suidae

（42）野猪 *Sus scrofa* Linnaeus

分布：崆峒山、太统山、大阴山及关山相邻六盘山。甘肃省内还见于华亭、庄浪、环县、临夏、文县、康县、武都、天水等地。国内还分布于四川、陕西、河北、湖北等省。

17. 鹿科 Cervidae

（43）林麝 *Moschus berezovskii* Flerov

分布：崆峒山、太统山、大阴山、关山、六盘山。甘肃省内还见于天水、陇南。国内分布于四川、云南、贵州、陕西等省。国家一级保护动物。

（44）狍 *Capreolus pygargus* Pallas

分布：崆峒山、太统山、关山、六盘山、陇东等县。国内分布于东北、华北及陕西、新疆、青海、四川等省（区）。

二、鸟类

（一）䴙䴘目 Podicipedtormes

1. 䴙䴘科 Podicipedidae

（1）小䴙䴘 *Tachybaptus ruficollis* Reichenow

分布：自然保护区崆峒山水库，甘肃各地均有分布。国内为广布种，自东北至广东，西抵新疆，西南到云南，均有分布。

（二）鹳形目 Ciconiiformes

2. 鹭科 Ardeidae

（2）苍鹭 *Ardea cinerea* Linnaeus

分布：自然保护区内沿河流、水库春天常能见到。甘肃省内自天水、庆阳到河西走廊、南到文县均有分布。国内分布于东北、长江、淮河、黄河流域、青海、宁夏、云南等省（区）。

（3）草鹭 *Ardea purpurea* Linnaeus

分布：崆峒山水库、泾河。甘肃省内还见于兰州、民勤。国内分布东北、华北、长江中下游等地。

（4）大白鹭 *Ardea alba* Linnaeus

分布：泾河、崆峒水库春季常见。甘肃省内还见于天水、庆阳、河西走廊。国内分布于黑龙江流域，西部到青海、宁夏、新疆，南到长江以南。俗称白鹤。

（5）白鹭 *Egretta garzetta* Linnaeus

分布：崆峒水库、泾河。甘肃省内还见于陇东、天水、兰州。国内分布于长江以南诸省。

3. 鹳科 Ciconiidae

（6）黑鹳 *Ciconia nigra* Linnaeus

分布：本地为旅鸟，春季偶见。甘肃省内还见于陇东、天水、武都、河西走廊、甘南等地。国内分布于东北至福建、广东、云南等省。国家一级保护动物。

（三）雁形目 AnseriFormes

4. 鸭科 Anatidae

（7）灰雁 *Anser anser* Linnaeus

分布：每年9—10月南迁时，在自然保护区内泾河常见，甘肃省内还见于甘南、卓尼、碌曲、玛曲、河西的张掖、酒泉。国内分布于新疆、青海、黑龙江，南迁到长江流域、福建、广东等省。

（8）豆雁 *Anser fabalis* Latham

分布：与灰雁相似。南迁时甘肃省内多数地区都能见到。

（9）大天鹅 *Cygnus cygnus* Linnaeus

分布：春秋迁徙时，在自然保护区泾河干流、崆峒水库常能见到。甘肃省内还见于天水、庆阳、甘南、兰州、靖远、河西地区。国内繁殖在新疆，冬季南迁到长江流域。国家二级保护动物。

（10）赤麻鸭 *Tadorna ferruginea* Palla

分布：每年9—10月崆峒水库、泾河常见。甘肃省内常见于甘南、河西、兰州等地。国内分布于东北、华北及青海、新疆等地。

（11）绿翅鸭 *Anas crecca* Linnaeus

分布：9月至翌年3月在崆峒水库、泾河常见。甘肃省内常见于陇东、陇南、兰州、甘南、河西走廊。国内分布于东北、西部青海、新疆、宁夏，在我国南方越冬。

（12）绿头鸭 *Anas platyrhynchos* Linnaeus

分布：冬季在泾河及水库越冬。甘肃省内还见于文县、天水、庆阳、兰州、甘南。国内分布于东北、青海、新疆、华北，越冬遍于黄河流域中下游及以南地区。

（13）斑嘴鸭 *Anas zonorhyncha* Swinhoe

分布：春秋在泾河及水库常见。甘肃省内为广布种。国内分布东北、华北及华南，西抵青海、云南、四川。

（14）赤颈鸭 *Mareca penelope* Linnaeus

分布：3月开始活动于崆峒水库。甘肃省内还见于文县、天水、兰州。国内分布于东北、内蒙古、新疆、南到海南岛。

（15）白眉鸭 *Spatula querquedula* Linnaeus

分布：春秋在崆峒水库常见。甘肃省内还见于兰州、甘南卓尼。国内分布于东北北部、内蒙古、青海、江苏、江西等地。

（16）白眼潜鸭 *Aythya nyroca* Güldenstädt

分布：崆峒水库。甘肃省内常见于文县、兰州。国内分布于新疆、内蒙古、陕西、四川、云南等省（区）。

（17）红头潜鸭 *Aythya ferina* Linnaeus

分布：崆峒水库、泾河。甘肃省内还见于文县、兰州、河西。国内分布于新疆、东北、华北、长江流域。

（18）青头潜鸭 *Aythya baeri* Radde

分布：崆峒水库。甘肃省内还见于兰州。国内分布于东北、河北、长江中下游。国家一级保护动物。

（19）鸳鸯 *Aix galericulata* Linnaeus

分布：4月迁来，在崆峒水库、泾河活动，平凉市柳湖曾有过记载。国内分布于黑龙江、松花江、长江中下游及广东、福建等省（区）。国家二级保护动物。

（20）普通秋沙鸭 *Mergus merganser* Linnaeus

分布：崆峒水库、泾河。甘肃省内还见于陇东、兰州、河西走廊。国内分布于黑龙江至新疆、青海、西藏。

（四）隼形目 Falconformes

5. 鹰科 Accipitridae

（21）黑鸢 *Milvus migrans* Boddaert

分布：太统山、大阴山、崆峒山。甘肃省内各县均有分布。国内为广泛分布的留鸟。在自然保护区为繁殖鸟。国家二级保护动物。

（22）雀鹰 *Accipiter nisus* Linnaeus

分布：自然保护区内随处可见。甘肃省内及国内为广布种，遍及全国。国家二级保护动物。

（23）苍鹰 *Accipiter gentilis* Linnaeus

分布：为国内均为广布种。如同雀鹰，国家二级保护动物。

（24）大鵟 *Buteo hemilasius* Temminck & Schlegel

分布：在自然保护区内为留鸟。常袭击家鸡。甘肃省内还见于文县、兰州、甘南、河西。国内分布于东北、华北及青海、四川等省。俗称"花豹"，国家二级保护动物。

（25）金雕 *Aquila chrysaetos* Linnaeus

分布：自然保护区有分布，巢营造在悬崖绝壁上，其上部岩崖有凹陷，能遮雨。在六盘山山区为繁殖鸟。甘肃省内还见于甘南、河西祁连山。国内分布于东北、新疆、青海、宁夏、河北、陕西、四川、云南等省（区）。国家一级保护动物。

（26）草原雕 *Aquila nipalensis* Hodgson

分布：太统山、大阴山、崆峒山。甘肃省内还见于文县、天水、兰州、甘南、河西祁连山区。国内分布新疆、青海、内蒙古、河北、东北西部、江苏、四川、云南等省（区）。国家一级保护动物。

（27）秃鹫 *Aegypius monachus* Linnaeus

分布：自然保护区内高山地带常见。甘肃省内还见于甘南、兰州、河西地区。国内分布东北、内蒙古、四川、西藏。国家一级保护动物。

6. 隼科 Falconidae

（28）燕隼 *Falco subbuteo* Linnaeus

分布：自然保护区林区均有分布。甘肃省内还见于兰州、榆中、天水、庆阳、武威、天祝。国内分布于东北至青海、西藏、新疆。国家二级保护动物。

（29）红脚隼 *Falco amurensis* Radde

分布：自然保护区林区及村庄均有分布。甘肃省内还见于陇南、甘南、天水、庆阳、兰州。国内分布于东北、华北及陕西、广东、福建等省。国家二级保护动物。

（30）游隼 *Falco peregrinus* Tunstall

分布：自然保护区内常见。甘肃省内还见于陇东、天水、舟曲。国内分布于东北、华北、长江以南至广东。俗称"鸭虎"，国家二级保护动物。

（31）红隼 *Falco tinnunculus* Linnaeus

分布：自然保护区林区、村庄均有分布。甘肃省内还见于文县、康县、天水、兰州、武威。国内分布为广布种。俗称"红鹞子"，国家二级保护动物。

（五）鸡形目 Galliformes

7. 雉科 Phasianidae

（32）斑翅山鹑 *Perdix dauurica* Pallas

分布：自然保护区灌丛、农田均有分布，有一定数量，冬季集群。省内为广布种。国内分布于新疆、东北、内蒙古、山西、陕西。俗名"斑翅"，

（33）鹌鹑 *Coturnix japonica* Temminck & Schlegel

分布：自然保护区全境可见，其数量较少，多为迁徙过路鸟。国内分布较广，在东北、新疆繁殖。

（34）石鸡 *Alectoris chukar* J.E.Gray

分布：自然保护区境内。甘肃省内还见于平凉、庆阳。国内分布于东北、华北、陕西、宁夏等省（区）。

（35）雉鸡 *Phasianus colchicus torquatus* Gmelin

分布：崆峒山、太统山、大阴山均有分布，有一定的数量，狩猎鸟，羽毛华丽，也是观赏鸟。俗名"野鸡""山鸡"，国内为广布种。

（36）勺鸡 *Pucrasia macrolopha* Lesson

分布：崆峒山、太统山、大阴山。甘肃省内还见天水、武都地区。国内分布于西藏、云南、辽宁、浙江、福建。国家二级保护动物。

（37）红腹锦鸡 *Chrysolophus pictus* Linnaeus

分布：自然保护区全境内林缘。甘肃省内还见于陇南、天水、子午岭。我国特产。国家二级保护动物。

（六）鹤形目 Gruiformes

8. 秧鸡科 Rallidae

（38）白骨顶 *Fulica atra* Linnaeus

分布：春、秋在崆峒山水库，泾河、胭脂河河滩可见。甘肃省内还见于陇南、

陇东、天水、兰州、河西走廊。国内分布于东北、西北及长江以南各省（区）。

（39）黑水鸡 *Gallinula chloropus* Linnaeus

分布：俗名"红骨顶"栖于水库及泾河边草丛。甘肃省内还见于庆阳、陇南、兰州、河西走廊。国内分布于新疆、陕西、宁夏及华北一带，南到云南。

（40）普通秧鸡 *Rallus indicus* Blyth

分布：春、秋两季崆峒水库、泾河、胭脂河边常可见到。甘肃省内还见于陇东、陇南、天水。国内分布于东北、新疆、青海、四川，越冬到福建、广东。

9. 鹤科 Gruidae

（41）灰鹤 *Grus grus* Linnaeus

分布：崆峒山水库，泾河河滩。甘肃省内还见于陇东、陇南、天水。国内分布于新疆、东北，多在四川、华南越冬。国家二级保护动物。

10. 鸨科 Otidae

（42）大鸨 *Otis tarda* Linnaeus

分布：春秋迁徙时，在泾河、崆峒常有分布。甘肃省内还见于兰州、河西走廊。国内见于新疆、内蒙古、河北、陕西、四川等省（区）。国家一级保护动物。

（七）鸻形目 Charadriiformes

11. 鸻科 Charadriidae

（43）凤头麦鸡 *Vanellus vanellus* Linnaeus

分布：春、秋迁徙在泾河河滩常遇到。甘肃省内还见于河西走廊，迁徙时遍及全省。国内分布于东北、内蒙古、新疆、青海。

（44）剑鸻 *Charadrius hiaticula* Linnaeus

分布：崆峒山、太统山河谷。甘肃省内还见于武山、天水。国内分布于东北、山东、四川、青海、长江以北地区。

（45）金眶鸻 *Charadrius dubius* Scopoli

分布：泾河河滩地带，常年能见到。甘肃省内还见于兰州、河西、武都。

（46）环颈鸻 *Charadrius alexandrinus* Linnaeus

分布：自然保护区河滩地带。甘肃省内还见于河西、兰州、文县。国内分布长江流域以北各省（夏候鸟），长江以南各省（冬候鸟）。

12. 鹬科　Scolopacidae

（47）林鹬　*Tringa glareola* Linnaeus

分布：自然保护区林区。甘肃省内还见于兰州、陇南、天水、河西。国内分布于东北、内蒙古、青海、新疆天山、四川、云南。

（48）矶鹬　*Actitis hypoleucos* Linnaeus

分布：泾河、胭脂河河滩。甘肃省内还见于河西走廊、兰州、文县。国内分布于东北、内蒙古、河北、青海、新疆、四川、云南。

（49）丘鹬　*Scolopax rusticola* Linnaeus

分布：林区常见，甘肃省内还见于武都、兰州、榆中。国内分布于东北、新疆，越冬在长江以南。

13. 反嘴鹬科　Recurvirostridae

（50）鹮嘴鹬　*Ibidorhyncha struthersii* Vigors

分布：泾河、胭脂河。甘肃省内见还于武威、敦煌、武都。国内分布于新疆、河北、四川、云南、西藏。

（八）鸥形目　Lariformes

14. 鸥科　Laridae

（51）普通燕鸥　*Sterna hirundo* Linnaeus

分布：崆峒水库。甘肃省内还见于兰州、河西走廊。国内分布于长江以北诸省，迁徙经长江以南。

对水库投放的鱼苗有一定的危害。

（九）鸽形目　ColumbifoRmes

15. 鸠鸽科　Columbidae

（52）岩鸽　*Columba rupestris* Pallas

分布：崆峒山、太统山、大阴山。甘肃省内为广布种。国内分布于长江以北各省。

（53）原鸽　*Columba livia* Gmelin

分布：崆峒山、太统山、大阴山。甘肃省内为广布种。国内分布于新疆、东北、内蒙古、河北。

（54）斑林鸽　*Columba hodgsonii* Vigors

分布：崆峒山林区。甘肃省内还见于关山及宕昌、文县、舟曲。国内分布于陕西、四川、云南。

（55）山斑鸠 *Streptopelia orientalis* latham

分布：崆峒山、太统山及大阴山林区、村庄。甘肃省内还见于陇南、陇东、中部定西、兰州及河西走廊。国内分布于新疆、青海、四川及东北。

（56）灰斑鸠 *Streptopelia decaocto* Frivaldszky

分布：自然保护区内分布于村庄、林缘。甘肃省内还见于河西走廊。国内分布于东北、华北及陕西、宁夏、青海一带。

（57）珠颈斑鸠 *Streptopelia chinensis* Scopoli

分布：自然保护区全境。甘肃省内广布种。国内分布长江以北诸省及四川、云南。

（58）火斑鸠 *Streptopelia tranquebarica* Hermann

分布：同珠颈斑鸠。甘肃省内还见于陇东。国内分布于东北及河北、青海、四川、云南。

（十）鹃形目 Strgiformes

16. 杜鹃科 Cuculidae

（59）四声杜鹃 *Cuculus micropterus* Gould

分布：自然保护区全境。甘肃省内、国内为广布种。

（60）大杜鹃 *Cuculus canorus* Linnaeus

分布：甘肃省内、国内广布种。

（61）中杜鹃 *Cuculus saturatus* Blyth

分布：太统山、崆峒山及周围地区。甘肃省内关山、子午岭。国内分布于四川、云南。

（62）噪鹃 *Eudynamys scolopaceus* Linnaeus

分布：太统山林区。甘肃省内还见于文县、康县、兴隆山。国内分布于四川、云南及长江以南各省。

（十一）鸮形目 Strigiformes

17. 鸱鸮科 Strgidae

（63）红角鸮 *Otus sunia* Hodgson

分布：崆峒山、太统山及平凉。甘肃省内还见于陇南、陇东。国内分布于东北、华北及四川、云南、广东、广西，西到新疆。国家二级保护动物。

（64）雕鸮 *Bubo bubo* Linnaeus

分布：崆峒山、太统山、大阴山。甘肃省内还见于天水、兰州、甘南、祁连山。

国内为广布种。国家二级保护动物。

（65）纵纹腹小鸮 *Athene noctua* Scopoli

分布：自然保护区全境。甘肃省内分布于河西走廊东段、甘南、兰州、庆阳。国内分布于青海、宁夏、四川、东北。国家二级保护动物。

（66）长耳鸮 *Asio otus* Linnaeus

分布：崆峒山、太统山及邻近地区。甘肃省内还见于陇东、兰州。国内为广布种。国家二级保护动物。

（十二）雨燕目 Apodiformes

18. 雨燕科 Apodidae

（67）白腰雨燕 *Apus pacificus* Latham

分布：崆峒峡、十万沟、大阴山，甘肃省内还见于兰州、陇东、陇南、河西祁连山。国内分布于东北、华北及陕西、青海、新疆等省（区），南到江苏、福建。

（68）普通雨燕 *Apus apus* Linnaeus

分布：崆峒山。甘肃省内还见于陇东、天水、兰州、河西。国内分布于东北、华北及青海、新疆、宁夏、四川、江苏等省（区）。

（十三）佛法僧目 Coraciiformes

19. 翠鸟科 Alcedinidae

（69）普通翠鸟 *Alcedo atthis* Linnaeus

分布：泾河及水库。甘肃省内还见于陇东、天水、陇南、兰州。国内为广布种。

（70）蓝翡翠 *Halcyon pileate* Boddaert

分布：泾河、胭脂河。甘肃省内见陇东及文县、武都。国内分布于东北及宁夏、四川，南至云南、福建。

20. 戴胜科 Upupidae

（71）戴胜 *Upupa epops* Linnaeus

分布：自然保护区农田、村庄。甘肃省内、国内为广布种。

（十四）䴕形目 Picifomes

21. 啄木鸟科 Picidae

（72）蚁䴕 *Jynx torquilla* Linnaeus

分布：崆峒山林区及邻近林区。甘肃省内还见于陇东、兰州、陇南、祁连山。国内分布于东北、内蒙古、宁夏、青海、四川、云南。

（73）灰头绿啄木鸟 *Picus canus* Gmelin

分布：甘肃省内、国内为广布种。

（74）大斑啄木鸟 *Dendrocopos major* Linnaeus

分布：崆峒林区。甘肃省内还见于陇东、陇南、甘南、河西走廊。国内遍及全国。

（75）赤胸啄木鸟 *Dendrocopos cathpharius* Blyth

分布：崆峒山、太统山林区。甘肃省内还见于文县、康县。国内分布四川、云南、西藏、湖北。

（76）星头啄木鸟 *Dendrocopos canicapillus* Blyth

分布：崆峒林区。甘肃省内还见于陇东、天水、文县。国内为广布种。

（十五）雀形目 Passeriformes

22. 百灵科 Alaudidae

（77）凤头百灵 *Galerida cristata* Linnaeus

分布：自然保护区农田、荒坡。甘肃省内还见于中部定西、陇东、河西走廊。国内分布于东北、华北及陕西、宁夏、青海、新疆、四川、江苏（冬候鸟）。

（78）云雀 *Alauda arvensis* Linnaeus

分布：同凤头百灵。国家二级保护动物。

23. 燕科 Hirundinidae

（79）家燕 *Hirundo rustica* Linnaeus

分布：自然保护区全境。甘肃省内、国内为广布种。

（80）金腰燕 *Cecropis daurica* Laxmann

分布：国内广布种。

（81）毛脚燕 *Delichon urbicum* Linnaeus

分布：崆峒山。甘肃省内还见于天水、天祝、兰州、文县、舟曲、国内分布于东北至西北青海、新疆、四川、云南、陕西、宁夏泾源。

24. 鹡鸰科 Motacillidae

（82）灰鹡鸰 *Motacilla cinerea* Tunstall

分布：泾河流域。甘肃省内遍及各地。国内分布于东北、内蒙古、华北、西北、四川及长江以南诸省。

（83）白鹡鸰 *Motacilla alba* Linnaeus

分布：国内广布种。

（84）田鹨 *Anthus richardi* Vieillot

分布：自然保护区内农田、草坡。甘肃省内还见于中部、南部。国内广泛分布。

（85）粉红胸鹨 *Anthus roseatus* Blyth

分布：自然保护区内农田、草地。甘肃省内还见于兰州、天祝、文县。国内分布于新疆、宁夏、青海、西藏、四川、湖北、陕西、河北。

25. 山椒鸟科 Campephagidae

（86）暗灰鹃鵙 *Lalage melaschistos* Hodgson

分布：崆峒山。甘肃省内还见于宁县、泾川、陇南、卓尼。国内分布于华北及陕西、四川、广西、云南。

（87）长尾山椒鸟 *Pericrocotus ethologus* Bangs & Phillps

分布：大阴山、太统山、崆峒山。甘肃省内还见于子午岭、关山、陇南、天水。国内分布于河北、河南、山西、陕西、宁夏、六盘山、四川、云南。

26. 伯劳科 Laniidae

（88）牛头伯劳 *Lanius bucephalus* Temminck & Schlegl

分布：太统山。甘肃省内还见于天水、文县。国内自东北、华北到长江流域。

（89）楔尾伯劳 *Lanius sphenocercus* Cabanis

分布：崆峒山。甘肃省内还见于陇东、兰州、天祝、碌曲。国内分布于陕西、宁夏、四川、西藏、云南。

（90）灰伯劳 *Lanius excubitor* Linnaeus

分布：崆峒山及周边。甘肃省内还见于河西走廊。国内分布于东北、内蒙古、宁夏等省（区）。

（91）红尾伯劳 *Lanius cristatus* Linnaeus

分布：遍及全省，国内为广布种。

27. 黄鹂科 Oriolidae

（92）黑枕黄鹂 *Oriolus chinensis* Linnaeus

分布：自然保护区内村庄。甘肃省内还见于陇东泾川、天水、兰州、陇南。国内分布于东北、内蒙古、华北、陕西、宁夏六盘山、四川、广东、云南。

28. 卷尾科 Dicruridae

（93）黑卷尾 *Dicrurus macrocercus* Vieillot

分布：崆峒山。甘肃省内还见于庆阳、泾川、天水、陇南。国内分布于东北南部、华北、陕西、四川、云南、宁夏六盘山。

29. 椋鸟科 Sturnidae

（94）灰椋鸟 *Spodiopsar cineraceus* Temminck

分布：旅鸟，春秋迁移时，集群可见。甘肃省内还见于陇东、陇南、兰州、河西走廊。国内还见于东北、华北及陕西、四川、宁夏、云南等省（区）。

（95）紫翅椋鸟 *Sturnus vulgaris* Linnaeus

分布：与灰椋鸟同。

30. 鸦科 Corvidae

（96）灰喜鹊 *Cyanopica cyanus* Pallas

分布：崆峒、太统林区。甘肃省内还见于陇东、陇南、中部榆中。国内分布于东北、华北、黄淮下游、长江下游及青海、宁夏。

（97）喜鹊 *Pica pica* Linnaeus

分布：国内广布种。

（98）红嘴山鸦 *Pyrrhocorax pyrrhocorax* Linnaeus

分布：甘肃省内广布种。国内分布于新疆、青海、宁夏、云南、四川。

（99）秃鼻乌鸦 *Corvus frugilegus* Linnaeus

分布：甘肃省内广布种。国内分布于东北、华北及陕西、青海、宁夏、新疆、四川、长江中下游。

（100）寒鸦 *Corvus monedula* Linnaeus

分布：太统山、崆峒山。甘肃省内还见于陇东、天水、临洮、兰州、张掖、卓尼、文县。国内分布于东北、华北、西北各省及四川、云南。

（101）大嘴乌鸦 *Corvus macrorhynchos* Wagler

分布：甘肃省内广布种。国内分布于东北、华北、西北各省、四川、云南。

（102）松鸦 *Garrulus glandarius* Linnaeus

分布：太统山、崆峒山，甘肃省内还见于陇东子午岭、关山、天水小陇山、河西祁连山。国内为广布种。

（103）红嘴蓝鹊 *Urocissa erythroryncha* Boddaert

分布：甘肃省内还见于陇东和陇南山区。国内分布于长江以南及西南地区各省（区）。

（104）地山雀 *Pseudopodoces humilis* Hume

分布：崆峒山草地及农田边。甘肃省内还见于甘南、天祝、会宁、定西。国内分布于新疆、青海、宁夏、西藏、四川。

31. 鹟科 Muscicapidae

（105）北红尾鸲 *Phoenicurus auroreus* Pallas

分布：自然保护区全境。甘肃省内还见于陇东及泾川、兰州、天祝、甘南、文县。国内分布于东北、华北、陕西、青海及长江流域。

（106）赭红尾鸲 *Phoenicurus ochruros* Gmelin

分布：自然保护区内村庄。甘肃省内还见于兰州、天祝、武山、文县、会宁。国内分布于青海、宁夏、内蒙古、陕西、四川、云南。

（107）黑喉石鹏 *Saxicola maurus* Pallas

分布：自然保护区全境。甘肃省内还见于兰州、定西、河西。国内分布于青海、四川、陕西、宁夏、云南、西藏。

（108）白顶溪鸲 *Chaimarrornis leucocephalus* Vigors

分布：泾河、胭脂河。甘肃省内还见于天水、兰州、陇南、河西。国内分布于华北西部、宁夏、广东、广西、四川。

（109）白背矶鸫 *Monticola saxatilis* Linnaeus

分布：自然保护区内石质山地。甘肃省内还见于环县、兰州、靖远。国内分布于新疆、青海、宁夏、河北、西藏。

（110）蓝矶鸫 *Monticola solitarius* Linnaeus

分布：崆峒山，太统山。甘肃省内还见于陇南、天水。国内分布于新疆天山、陕西、四川、云南、湖北、江西、广东、广西等省（区）。

（111）白腹短翅鸲 *Luscinia phoenicuroides* Gray and Gray

分布：崆峒山。甘肃省内还见于武山、兰州、文县。国内分布于河北、陕西、宁夏、四川、湖北、青海、云南。

（112）紫啸鸫 *Myophonus caeruleus* Scopoli

分布：泾河河谷及林区。甘肃省内还见于华池、天水、兰州、文县、舟曲。国内分布于河北、河南、山西、陕西、宁夏、四川、湖南、广东。

32. 鸫科 Turdidae

（113）斑鸫 *Turdus eunomus* Temminck

分布：太统林区。甘肃省内还见于宁县、天水、兰州。国内分布华北、东北、内蒙古、长江流域及云南。

（114）灰头鸫 *Turdus rubrocanus* G.R.Gray

分布：崆峒山林区。甘肃省内还见于兰州、榆中、武威、天祝、张掖、文县。国内分布于陕西、宁夏、四川、湖北、青海、云南。

33. 噪鹛科 Leiothrichidae

（115）橙翅噪鹛 *Trochalopteron elliotii* J. P.Verreaus

分布：崆峒山。甘肃省内还见于文县、兰州、武都、天水。国内分布于青海南部、四川、宁夏六盘山、陕西。

（116）山噪鹛 *Garrulax davidi* Swinhoe

分布：崆峒山、太统山。甘肃省内还见于陇东、中部黄土高原、河西、甘南。国内分布于四川、青海、宁夏（六盘山）、华北、陕西等省（区）。

34. 莺鹛科 Sylviidae

（117）山鹛 *Rhopophilus pekinensis* Swinhoe

分布：崆峒山。甘肃省内还见于陇东及兰州、天祝。国内分布于新疆、青海、宁夏、陕西、河北、内蒙古、东北。

35. 苇莺科 Acrocephalidae

（118）大苇莺 *Acrocephalus arundinaceus* Linnaeus

分布：泾河河谷草丛。甘肃省内还见于兰州、河西走廊。国内分布于东北、华北、江苏、广东、广西、新疆、青海、宁夏、四川、云南、陕西。

36. 鹎科 Pycnonotidae

（119）褐柳莺 *Phylloscopus fuscatus* Blyth

分布：崆峒山，甘肃省内还见于陇东、天水、兰州、文县。国内为广布种。

37. 柳莺科 Phylloscopidae

（120）黄腹柳莺 *Phylloscopus affinis* Tickell

分布：崆峒山林区及村庄。甘肃省内还见于兰州、武山、陇东子午岭。国内分布于青海、四川、宁夏、云南。

（121）黄腰柳莺 *Phylloscopus proregulus* Pallas

分布：崆峒山。甘肃省内为广布种。国内除新疆外，广布全国。

38. 王鹟科 Monarchidae

（122）寿带 *Terpsiphone incei* Gould

分布：自然保护区林区。甘肃省内还见于陇东子午岭、陇南、天水。国内分布于东北、华北及江苏、四川、云南。

39. 山雀科　Paridae

（123）大山雀 *Parus cinereus* Vieillot

分布：国内为广布种。

（124）黄腹山雀 *Pardaliparus venustulus* Swinhoe

分布：崆峒山林区、村庄。甘肃省内还见于陇东、天水、兰州、陇南。国内分布于四川、宁夏、陕西、湖北、江苏等省（区）。

40. 䴓科 Sittidae

（125）红翅旋壁雀 *Tichodroma muraria* Linnaeus

分布：泾河河谷岩壁。甘肃省内还见于陇东（庆阳、华池、合水）、天水、兰州、天祝、武都。国内分布于青海、宁夏、新疆、河北、陕西、四川、云南、江苏等省（区）。

（126）普通䴓 *Sitta europaea* Linnaeus

分布：崆峒林区。甘肃省内还见于肃北、天水、子午岭、文县、舟曲。国内分布于东北、华北、西北、西南。

41. 文鸟科　Ploceidae

（127）麻雀 *Passer montanus* Linnaeus

分布：国内为广布种。

42. 雀科 Fringillidae

（128）金翅雀 *Chloris sinica* Linnaeus

分布：保护区内均有。甘肃省内还见于陇东、陇南、兰州、河西。国内分布于河北、山西、内蒙古、陕西、宁夏、青海、四川、云南、两广及江苏等省（区）。

（129）酒红朱雀 *Carpodacus vinaceus* Verreaux

分布：崆峒林区及农田。甘肃省内还见于甘南、天水、祁连山。国内分布于陕南、湖北、四川、宁夏、云南。

（130）普通朱雀 *Carpodacus erythrinus* Pallas

分布：崆峒山。甘肃省内还见于陇东、天水、兰州、武都、祁连山。国内分布于新疆、青海、宁夏、内蒙古、陕西、四川、云南。

（131）锡嘴雀 *Coccothraustes coccothraustes* Linnaeus

分布：崆峒林区。甘肃省内还见于兰州、榆中、天水、天祝。国内分布于东北、华北及陕西、青海、宁夏、四川、江苏等省（区）。

（132）灰眉岩鹀 *Emberiza godlewskii* Taczanowski

分布：崆峒山全境。甘肃省内还见于兰州、天祝、肃南。国内分布于东北、华北、西北、西南等地。

（133）三道眉草鹀 *Emberiza cioides* Brandt

分布：同灰眉岩鹀。

三、爬行类

（一）龟鳖目 Testudoformes

1. 龟科 Emydidae

（1）乌龟 *Chinemys reevesii* Gray

分布：崆峒水库，泾河、胭脂河。甘肃省内还见于徽县、天水。国内为广布种。国家二级保护动物。

2. 鳖科 Trionychidae

（2）鳖 *Pelodiscus sinensis* Wiegmann

分布：泾河及崆峒水库。甘肃省内还见于文县、康县、两当县、徽县、天水、庆阳、宁县。国内为广布种。

（二）有鳞目 Squamata

1. 石龙子科 Scincidae

（3）秦岭滑蜥 *Scincella tsinlingensis* Hu & zhao

分布：甘肃省内分布于兰州、天水、岷县。国内见陕西、宁夏泾源，四川。

2. 蜥蜴科 Iacertidae

（4）丽斑麻蜥 *Eremias argus* Peters

分布：太统山、大阴山、崆峒山。甘肃省内还见于兰州、天水、武都、庆阳。

垂直分布在650~2 000 m。国内分布于黑龙江、吉林、辽宁、河北、河南、山西、陕西、宁夏、青海等省（区）。

（5）北草蜥 *Takydromus septentrionalis* Günther

分布：太统山及自然保护区全境。甘肃省内还见于文县、徽县等地。国内分布于吉林、河南、陕西、四川及长江流域、广东等省。

3. 壁虎科 Gekkonidae

（6）无蹼壁虎 *Gekko swinhonis* Günther

分布：俗称"守宫"，保护区常见，有一定数量，全体可入药。甘肃省内见陇东、陇南、天水。国内分布于河北、山西、陕西、江浙一带。

4. 游蛇科 Colubridae

（7）双斑锦蛇 *Elaphe bimaculata* Schmidt

分布：崆峒山、太统山。省内还见于陇东子午岭、西峰。甘肃国内分布于河北、江苏、安徽、浙江、湖北、四川、宁夏等地。

（8）虎斑颈槽蛇 *Rhabdophis tigrinus* Boie

分布：崆峒山、太统山及邻近地区。甘肃省内还见于庆阳、兰州、天水、文县等地。国内分布于东北、华北及四川、江苏、江西、浙江等省。

（9）白条锦蛇 *Elaphe dione* Pallas

分布：自然保护区内常见种。俗称"麻长虫"。甘肃省内还见于陇东、天水、兰州、河西走廊。国内分布于东北、华北及四川、安徽等省。

（10）黄脊游蛇 *Coluber spinalis* Peters

分布：自然保护区常见种，为无毒蛇。甘肃省内还见于天水、兰州、武威。国内分布于东北、华北、陕西等地。

四、两栖类

（一）有尾目 Urodela

1. 隐鳃鲵科 Cryptobranchidae

（1）大鲵 *Andrias davidianus* Blanchard

分布：俗称"娃娃鱼"，分布于泾河及保护区各山溪。甘肃省内还见于陇南及天水南部山区，国内还见于河北、山西、河南、青海、云南、湖北、四川等省。

栖息在水质清新，水流湍急的河溪流域河岸、水库岸边的岩洞、石隙下，昼伏夜出觅食，成体以鱼、虾、蛙及昆虫为食。

卵生，卵产于透明、富有弹性的卵带内，呈念珠状排列，粘于草丛或石头上，雌雄均有护卵的习性，繁殖期在6月下旬到7月上旬。

全体可入药治疗多种疾病。属国家二级保护动物。

（二）无尾目 Anura

2. 蟾蜍科 Bufonidae

（2）岷山蟾蜍 *Bufo gargarizans minshanicus* Stejneger

分布：自然保护区内均有分布。甘肃省内还见于岷县、卓尼、岷山山系地区。国内分布于四川西部，岷山等地。为我国特产。

（3）花背蟾蜍 *Bufo raddei* Strauch

分布：甘肃省内广布。国内还见于西北、华北、东北及新疆东北、江苏北部。

3. 锄足蟾科 Pelobatidae

（4）六盘齿突蟾 *Scutiger liupanensis* Huang

分布：分布于自然保护区内及相邻的宁夏泾源县。

4. 蛙科 Ranidae

（5）中国林蛙 *Rana chensinensis* David

分布：自然保护区内均有分布。甘肃省内为广布种，国内分布东北、华北及宁夏、青海、西藏、湖北、江苏。

我国特产。肉可食用，油可入药，有一定的经济价值。

（6）黑斑蛙 *Pelophylax nigromaculata* Hallowell

分布：俗名青蛙、田鸡。甘肃省内还见于兰州、天水、陇南各县，舟曲。国内除新疆、海南岛外各地均有分布。

五、鱼类

（一）鲤形目 Cypriniformes

1. 鲤科 Cyprinidae

（1）鲤鱼 *Cyprinus carpio* Linnaeus

分布：泾河干流，崆峒水库。国内广布于各大水系。

（2）鲫鱼 *Carassius auratus* Linnaeus

分布：泾河，崆峒水库。国内为广布种。

（3）麦穗鱼 *Pseudorasbora parva* Temminck et Schlegel

分布：泾河及崆峒水库。为引种鱼苗时，混入引进的野杂鱼。

（4）鳙鱼 *Aristichthys nobilis*（Richardson）

分布：崆峒水库，为引进种。国内长江、黄河及大型水库均可见。

（5）鲢鱼 *Hypophthalmichthys molitrix* Cuvier et Valenciennes

分布：崆峒水库。为引进种。国内各大水系及水库均有分布和养殖。

（6）青鱼 *Mylopharyngodon piceus* Richardson

分布：崆峒水库。为引进种。国内长江、黄河水系均有分布和放养。

（7）鱥鱼 *Phoxinus lagowskii* Dybowsky

分布：泾河干流及支流，崆峒水库。国内见黑龙江、河北等地。

2. 鳅科　Cobitidae

（8）后鳍高原鳅 *Triplophysa postventralis* Nichols

分布：泾河及支流。国内还见于河套、辽河及江淮一带水域。

（9）背斑高原鳅 *Triplophysa dorsonotatus* Kessler

分布：泾河水系。甘肃省内还见于岷县。国内见于陕西。

六、昆虫

根据该自然保护区昆虫资源的实际调查结果，结合文献记载进行初步整理，在该地区分布的昆虫资源中已确切定名、记载的种类有13目84科377属559种。现列录如下。

（一）蜻蜓目 Odonata

1. 螅科 Gaenagridae

（1）豆娘 *Enallagirion hieroglyphicum* Brauer

食性：以体型微小的蚊、蝇、木虱等昆虫为主食。

2. 蜓科 Aeshnidae

（2）蜻蜓 *Aeschma melanictera* Selys

食性：捕食蚊、蝇外，还能捕食蝶、蛾、蜂等。

（二）蜚蠊目 Blattaria

3. 鳖蠊科 Cydiidae

（3）中华地鳖 *Eupolyphaga sinenesis* Walker

食性：多种植物根、茎、叶及食物残渣、动物尸体、粪便等。

（三）脉翅目 Neuroptera

4. 草蛉科 Chrysopidae

（4）大草蛉 Chrysopa septemppuntta Wesmael

食性：成虫以花粉、花蜜为食；幼虫以蚜虫为食。

（5）叶色草蛉 *Chrysopa phyllochrom* Wesmael

食性：成虫以花粉、花蜜为食；幼虫以蚜虫为食。

（6）丽草蛉 *Chrysopa formosa* Brauer

食性：成虫以花粉、花蜜为食；幼虫以蚜虫为食。

（7）中华草蛉 *Chrysopa sinica* Tjeder

食性：成虫以花粉、花蜜为食；幼虫以蚜虫为食。

5. 蝶角蛉科 Ascalaphidae

（8）黄花蝶角蛉 *Ascalapus sibiricus* Evermann

食性：成虫以花粉、花蜜为食；幼虫以蚜虫为食。

6. 蚁蛉科 Myrmeleontidae

（9）褐纹树蚁蛉 *Dendroleon pantherius* Fabricius

食性：以蚂蚁、苍蝇、蚊子为食。

（10）中华东蚁蛉 *Euroleon sinicus*（Navas）

食性：以蚂蚁、苍蝇、蚊子为食。

（四）螳螂目 Mantodae

7. 螳螂科 Mantidae

（11）中华大刀螳 *Tonderaca Sinensis* Saussuer

食性：以蝗虫、苍蝇、蛾类、蝴蝶等为食。

（五）直翅目 Orthoptera

8. 蝗科 Locustidae

（12）中华蚱蜢 *Acrida cinerea* Thunberg

食性：成虫或幼虫食叶。

（13）红翅皱膝蝗 *Angaracris rhodopa*（Fishe-waldheim）

食性：成虫或幼虫食叶。

（14）短额负蝗 *Atractomorpha sinensis* Bolivar

食性：成虫或幼虫食叶。

（15）青海痂蝗 *Bryodema miramae miramae* B.-Bienko

食性：成虫或幼虫食叶。

（16）黄胫异痂蝗 *Bryodemella holdereri holdereri*（Krauss）

食性：成虫或幼虫食叶。

（17）赤翅蝗 *Celes skalozubovi* Adel

食性：成虫或幼虫食叶。

（18）青脊竹蝗 *Ceracris nigriconis nigriconis* Walker

食性：成虫或幼虫食叶。

（19）华北雏蝗 *Chorthippus brunneus huabeiensis* Xia et Jin

食性：成虫或幼虫食叶。

（20）白纹雏蝗 *Chorthippus albonemus* Cheng et Tu

食性：成虫或幼虫食叶。

（21）黑翅雏蝗 *Chorthippus aehalinus*（Zub.）

食性：成虫或幼虫食叶。

（22）小翅雏蝗 *Chorthippus fallax*（Zub.）

食性：成虫或幼虫食叶

（23）中华雏蝗 *Chorthippus chinensis* Tarbinsky

食性：成虫或幼虫食叶。

（24）东方雏蝗 *Chorthippus intermedius*（B.-Bienko）

食性：成虫或幼虫食叶。

（25）夏氏雏蝗 *Chorthippus hsiai* Cheng et Tu

食性：成虫或幼虫食叶。

（26）大垫尖翅蝗 *Epacromius coerulipes*（Lvan）

食性：成虫或幼虫食叶。

（27）素色异爪蝗 *Euchorthippus unicolor*（Ikonn）

食性：成虫或幼虫食叶。

（28）邱氏异爪蝗 *Euchorthippus cheui* Hsia

食性：成虫或幼虫食叶。

（29）裴氏短鼻蝗 *Filchnerella beicki* Ramme

食性：成虫或幼虫食叶。

（30）李氏大足蝗 *Gomphocerus licenti*（Chang）

食性：成虫或幼虫食叶。

（31）方异距蝗 *Heteropternis respondens*（Walker）

食性：成虫或幼虫食叶。

（32）东亚飞蝗 *Locusta migratoria manilensis*（Meyen）

食性：成虫或幼虫食叶。

（33）日本鸣蝗 *Mongolotettix japonicus*（I.Bol.）

食性：成虫或幼虫食叶。

（34）黄胫小车蝗 *Oedaleus infernalis* Saussure

食性：成虫或幼虫食叶。

（35）红腰牧草蝗 *Omocestus haemorrhoidalis*（Sharp）

食性：成虫或幼虫食叶。

（36）宽翅曲背蝗 *Pararcyptera microptera meridionalis*（Lkonn）

食性：成虫或幼虫食叶。

（37）长翅草绿蝗 *Parapleurus alliaceus turanicus* Tarbinsky

食性：成虫或幼虫食叶。

（38）黄翅踵蝗 *Pternoscirta calligiginosa*（De Haan）

食性：成虫或幼虫食叶。

（39）蒙古束颈蝗 *Sphingonotus mongolicus* Saussure

食性：成虫或幼虫食叶。

（40）疣蝗 *Trilophidia annulata*（Thunherg）

食性：成虫或幼虫食叶。

9. 菱蝗科 Tetrigidae

（41）突眼蚱 *Ergatettix dorsiferus*（Walker）

食性：成虫或幼虫食叶。

（42）日本蚱 *Tetrix japonica*（Bol.）

食性：成虫或幼虫食叶。

（43）隆背蚱 *Tetrix tartara*（Bol.）

食性：成虫或幼虫食叶。

10. 蝼蛄科 Gryllotalpidae

（44）非洲蝼蛄 *Gryllotalpa afiricana* Pal.de Beauvois

食性：地下害虫，以农作物根部为食。

（45）华北蝼蛄 *Gryllotolpa unispina* Sauss

食性：地下害虫，以农作物根部为食。

11. 螽斯科 Tettigoniidae

（46）绿螽斯 *Holochlora nawae* Mats et Shiruki

食性：以山野中矮灌木叶片为食。

12. 蟋蟀科 Gryllidae

（47）油葫芦 *Grylluls testaceus* Walker

食性：以杨属植物、槐、泡桐等各类植物的根茎叶为食。

（六）半翅目 Hemiptera

13. 龟蝽科 Plataspidae

（48）亚铜平龟蝽 *Brachyplatys subaeneu*（Westwood）

食性：以豆类等植物为食。

14. 蝽科 Pentatomidae

（49）尖头麦蝽 *Aelia acuminata*（Linnaeus）

食性：以小麦、水稻为食。

（50）红云蝽 *Agronoscelis femoralis* Walker

食性：不详。

（51）红角辉蝽 *Carbula obtusangule* Reuter

食性：以豆类等植物为食。

（52）斑须蝽 *Dolycoris baccarum*（Linnaeus）

食性：成虫和若虫吸食嫩叶、嫩茎汁液。

（53）宽肩直同蝽 *Elasmostethus humeralis* Jakovlev

食性：以榆树、松属植物等为食。

（54）扁盾蝽 *Eurygaster testudinarius*（Geoffroy）

食性：以杨属植物、柳属植物、松属植物等为食。

（55）横纹菜蝽 *Eurydema gebleri* Kolenati

食性：以白菜、萝卜等十字花科植物为食。

（56）赤条蝽 *Graphosoma rubrolineata* Westwood

食性：以杨属、柳属、桦木属、栎属、松属植物，刺槐及伞形花科植物为食。

（57）黑真蝽 *Pentatoma nigra* Hsiao et Cheng

食性：以杨属、柳属植物，榆树、臭椿等为食。

（58）日本真蝽 *Pentatoma japonica* Distant

食性：以榆属、杨属、柳属、梨属植物，泡桐、刺槐等为食。

（59）褐真蝽 *Pentatoma armandi* Fallou

食性：以桦属、梨属、杨属，泡桐等为食。

（60）红足真蝽 *Pentafoma rufipes*（Linnaeus）

食性：以小叶杨，桦属、梨属植物等为食。

（61）腹缘点碧蝽 *Palomena limbata* Jakovlev

食性：以柳属、杨属、梨属植物等为食。

（62）绒盾蝽 *Irochrotus mongolicus* Jakovlev

食性：以灌林植物为食。

（63）舌蝽 *Neotiiglossa* Sp.

食性：以艾蒿为食。

（64）益蝽 *Picromerus lewisi* Scott

食性：以捕食鳞翅目幼虫为食。

（65）金绿宽盾蝽 *Poecilocori lewisi*（Distant）

食性：以侧柏嫩叶为食。

（66）沟盾蝽 *Solenostethium rubropunctatum*（Guerin）

食性：以苦楝嫩叶为食。

（67）梨蝽 *Urochela falloui* Beuter

食性：以梨、苹果、杏、桃等果树 为食。

15. 姬猎蝽科 Nabidae

（68）小姬猎蝽 *Nabis mimoferus* Hsiao

食性：以蚜虫、介壳虫为食。

16. 猎蝽科 Reduviidae

（69）短斑普猎蝽 *Oncoephalus confusus* Hsiao

食性：以鳞翅目幼虫为食。

（70）双环真猎蝽 *Harpactor dauricus* Kiritckeke

食性：以山荆子为食。

（71）黑腹猎蝽 *Reduvius fasciatus* Reuter

食性：以蚜虫、蚧壳虫等小型昆虫为食。

17. 缘蝽科 Coridae

（72）棕长缘蝽 *Megalotomus castaneus* Reuter

食性：以杨属植物等树叶为食。

18. 长蝽科 Lygaeidae

（73）横带红长蝽 *Lygaeus equestris*（Linnaeus）

食性：以榆树等树叶为食。

（74）角红长蝽 *Lygaeus hanseni* Jakovlev

食性：以合欢树等树叶为食。

19. 盲蝽科 Miridae

（75）苜蓿盲蝽 *Adelphocoris lineolatus*（Goeze）

食性：以苜蓿、禾本科植物为食。

（76）三点盲蝽 *Adelphocoris fasiatiollis* Ketter

食性：以苜蓿、杨属、榆属植物为食。

（77）牧草盲蝽 *Lygus pratensis*（Linnaeus）

食性：以苜蓿、豆类、苹果属、梨属植物为食。

（78）绿草盲蝽 *Lygus lucorum* Meyer-Dur

食性：以豆科植物为食。

（79）枸杞黑盲蝽 *Lygus* sp.

食性：以枸杞为食。

20. 异蝽科 Urostylidae

（80）短壮异蝽 *Urochela falloui* Rutter

食性：以梨属植物为食。

21. 黾蝽科 Gerridae

（81）水黾 *Aquariam paludum* Fabricius

食性：以蝇、飞虱为食。

22. 尺蝽科 Hydrometridae

（82）尺蝽 *Hydrometra albolineata* Scott

食性：以叶蝉、蚜虫为食。

（七）同翅目 Homoptera

23. 蝉科 Cicadidae

（83）蚱蝉 *Cryptotympana pustulata*（Fahr.）

食性：以杨属植物、桐树、榆树和各种果树为食。

（84）鸣鸣蝉 *Oncotympana maculicollis* Motsch

食性：以杨属植物、桐树、榆树和各种果树为食。

24. 蜡蝉科 Fulgoroidae

（85）斑衣蜡蝉 *Lycorma delicatula* White

食性：以臭椿、苹果等为食。

25. 沫蝉科 Cercopidae

（86）尖胸柳沫蝉 *Aphrophora costalis* Matsumura

食性：以小叶杨、榆树等为食。

26. 叶蝉科 Cicadellidae

（87）大青叶蝉 *Tettigoniella virids*（Linne）

食性：以小麦、豆类等为食。

27. 象蝉科 Dictyophoridae

（88）中华象蜡蝉 *Dictyophara sinica* Walker

食性：以草本植物汁液为食。

（八）毛翅目 Trichoptera

28. 石蛾科 Phrygaeidae

（89）花翅大石蛾 *Neuronia* sp.

食性：以藻类、植物或小型昆虫为食。

（九）鳞翅目 Lepidoptera

29. 凤蝶科 Papilionidae

（90）柑橘凤蝶 *Papilio xuthus* Linnaeus

食性：成虫吸食花蜜，幼虫以花椒、柑橘树叶为食。

（91）黄凤蝶 *Papilio machaon* Linnaeus

食性：成虫吸食花蜜，幼虫以花椒、茴香树叶为食。

（92）碧凤蝶 *Papilio bianor* Cramer

食性：成虫吸食花蜜，幼虫以芸香科植物树叶为食。

（93）黑凤蝶 *Papilio bianor* Cramer

食性：成虫吸食花蜜，幼虫以蜜柑、枸橘叶片为食。

（94）丝带凤蝶 *Sericenus teamon* Donoven

食性：成虫吸食花蜜，幼虫以青木香、马兜铃为食。

30. 眼蝶科 Satyridae

（95）白眼蝶 *Melanergia halimede* Ménétriés

食性：以水稻、甘蔗、竹类等禾本科植物为食。

（96）黑化白眼蝶 *Arge halimede lagens* Honr

食性：以竹类、杨属植物、华山松为食。

（97）珍眼蝶 *Coenonympha amaryllis* Cramer

食性：以香附子、莎草为食。

（98）红眴眼蝶 *Erebia alcmene* Gr-Grsh

食性：以羊胡子草为食。

（99）多眼蝶 *Kirinia epaminondes* Staudinger

食性：以竹类、杨属植物、华山松为食。

（100）星斗眼蝶 *Lasiommata cetana* Leech

食性：以鹅观草为食。

（101）斗眼蝶 *Lasiommata deidamia* Fversmam

食性：不详

（102）蛇眼蝶 *Minois dryas* Linnaeus

食性：水稻、芸、早熟禾、结缕草等禾本科植物。

（103）链眼蝶 *Neope goschkevitschii* Menetries

食性：以竹类为食。

（104）黑链眼蝶 *Neope agrestis* Oberthur

食性：以杉类为食。

（105）赭带眼蝶 *Satyras hyppolyte* Esper

食性：不详。

（106）矍眼蝶 *Ypthima baldus* Fabricisu

食性：以禾本科刚莠竹等植物为食。

（107）幽矍眼蝶 *Ypthima conjuhcta* Leech

食性：以竹类、松属、栎属等植物为食。

（108）云眼蝶 *Zophoessa hella* Leech

食性：不详。

（109）白点艳眼蝶 *Callerebia albipuncta* Leeth

食性：以竹类、稻为食。

31. 粉蝶科 Pieridae

（110）绢粉蝶 *Aporia crategi* Linnaeus

食性：以苹果、桃、杏、李等果树为食。

（111）暗色绢粉蝶 *Aporia hippa* Bremer

食性：以苹果、桃、杏、李等果树为食。

（112）带纹绢粉蝶 *Aporia venata* Leech

食性：以苹果、梨等果树为食。

（113）豆粉蝶 *Colias hyale* Linnaeus

食性：以野豌豆、苜蓿、百脉根等为食。

（114）橙黄豆粉蝶 *Colias electo* Linnaeus

食性：以苜蓿等豆科植物为食。

（115）丫纹苹粉蝶 *Davidia alticola* Leech

食性：不详。

（116）宽边小黄粉蝶 *Eurema hecabe* Linnaeus

食性：以皂荚、扁豆等植物为食。

（117）角翅粉蝶 *Gonepteryx rhamni* Linnaeus

食性：以酸枣为食。

（118）尖钩粉蝶 *Gonepteryx mahaguru*（Gistel）

食性：以野豌豆、苜蓿、百脉根等为食。

（119）条纹小粉蝶 *Leptidea sinapsis* Linnaeus

食性：以碎末芥为食。

（120）云斑粉蝶 *Pontia daplidice* Linnaeus

食性：以十字花科植物为食。

（121）黑脉粉蝶 *Pieris melete* Menetries

食性：以十字花科植物为食。

（122）菜粉蝶 *Pieris rapae* Linnaeus

食性：以十字花科植物为食。

（123）鼠李粉蝶 *Gonepteryx rhamini* Linnaeus

食性：以酸枣为食。

32. 灰蝶科 lycaenidae

（124）琉璃灰蝶 *Celastrina argiolus* Linnaeus

食性：以蚕豆、莴为食。

（125）橙灰蝶 *Chrysopharnus dispar* Haworth

食性：以杨属植物为食。

（126）艳灰蝶 *Favnius jesoehsis* Matsumua

食性：以榛子为食。

（127）黄灰蝶 *Japonica lutea* Hewitson

食性：以栎为食。

（128）银线黄灰蝶 *Japonica thespis* Leech

食性：以栎类植物为食。

（129）珠灰蝶 *Lycaeides argyrognomon* Bergstrasser

食性：以豆类植物为食。

（130）红灰蝶 *Lycaena phlaeas* Linnaeus

食性：以何首乌、酸枣为食。

（131）豆灰蝶 *Plebejus argus* Linnaeus

食性：以大豆、苜蓿为食。

（132）燕灰蝶 *Rapala nissa* Kollar

食性：以葛属植物为食。

（133）珞灰蝶 *Scolitantides orion* Pallas

食性：以酸模、何首乌为食。

（134）乌灰蝶 *Strymonidia walbum* Knock

食性：以榆树、苹果、槭属植物为食。

（135）线灰蝶 *Thechla eximia* Fixsen

食性：以景天科植物为食。

（136）红斑线灰蝶 *Thechla valbum* Oberthur

食性：以苹果为食。

33. 蛱蝶科 Nymphalidae

（137）荨麻蛱蝶 *Aglais urticae* Linnaeus

食性：以荨麻为食。

（138）大闪蛱蝶 *Apatura schrenckii* Menetries

食性：以杨属植物为食。

（139）柳紫闪蛱蝶 *Apatura ilia* Schiff-Denis

食性：以柳属植物为食。

（140）绿豹蛱蝶 *Argynnis paphia* Linnaeus

食性：以紫花地丁为食。

（141）斐豹蛱蝶 *Argynnis hyperbius* Linnaeus

食性：以堇科植物、紫花地丁为食。

（142）红豹蛱蝶 *Argyronome ruslana* Motschulsky

食性：以堇科植物、紫花地丁为食。

（143）老豹蛱蝶 *Argyronome laodice* Pall

食性：以堇科植物为食。

（144）小豹蛱蝶 *Brenthis daphne ochroleuca* Fruhostorfer

食性：以榆树为食。

（145）灰珠蛱蝶 *Clossiana pales polina* Fruhstorfer

食性：以杜鹃为食。

（146）绿蛱蝶 *Diagora viridis* Leech

食性：以朴树为食。

（147）捷豹蛱蝶 *Fabriana adippe vorax* Butler

食性：以堇科植物为食。

（148）蟾豹蛱蝶 *Fabriana nerippe* Felder

食性：以堇科植物为食。

（149）灿豹蛱蝶 *Fabriana adippe* Linnaeus

食性：以堇科植物为食。

（150）大豹蛱蝶 *Fabriana childreni* Gray

食性：以堇科植物为食。

（151）褐脉蛱蝶 *Hestina nama melanina* Oberthur

食性：以栎类植物为食。

（152）孔雀蛱蝶 *Lnaehus io* Linnaeus

食性：以荨麻、葎草、蛇麻为食。

（153）琉璃蛱蝶 *Kaniska canacae* Linnaeus

食性：以百合为食。

（154）红线蛱蝶 *Limenitis populi* Linnaeus

食性：以白杨派树种为食。

（155）折线蛱蝶 *Limenitis sydyi* Led.

食性：以绣线菊属为食。

（156）缘线蛱蝶 *Limenitis latefasciafa* Menetris

食性：以柳树叶片为食。

（157）线蛱蝶 *Limenitis helmanni duplieata* Staudinger

食性：以忍冬为食。

（158）大网蛱蝶 *Melitaea scotosia* Butler

食性：以菊科植物为食。

（159）网蛱蝶 *Melitaea proromedia* Menetiries

食性：以败酱科植物为食。

（160）东北网蛱蝶 *Melitaea mandschurica* Seitz

食性：以紫草为食。

（161）罗网蛱蝶 *Melitaea romanovi* Bremer et Gray

食性：以榆树为食。

（162）斑网蛱蝶 *Melitaea didyma* Staudinger

食性：以紫草为食。

（163）重环蛱蝶 *Neptis alwina dejeani* Oberthur

食性：以梅、李为食。

（164）黄环蛱蝶 *Neptis themis* Leech

食性：以杨为食。

（165）单环蛱蝶 *Neptis coenobita insularum* Fruhstorfor

食性：以绣线菊为食。

（166）链环蛱蝶 *Neptis pryeri* Butler

食性：以绣线菊属植物为食。

（167）朱蛱蝶 *Nymphalis xanthomelas* Linnaeus

食性：以朴、柳为食。

（168）长眉蛱蝶 *Pantoporia* sp.

食性：不详。

（169）眉蛱蝶 *Pantoporia disjucta* Leech

食性：以杨属植物为食。

（170）白钩蛱蝶 *Polygonia calbum bemigera* Butler

食性：以莓为食。

（171）猫蛱蝶 *Timelaea maculata* Bremer et Gray

食性：以木槿为食。

（172）大红蛱蝶 *Vanessa indica* Linnaeus

食性：以麻、榆树为食。

（173）小红蛱蝶 *Vanessa cardui* Linnaeus

食性：以忍冬科、麻类为食。

34. 弄蝶科 Hesperiidae

（174）星点弄蝶 *Muschampia tessellum*（Habne）

食性：以竹为食。

（175）小赭弄蝶 *Ochlodes sylvanus* Esper

食性：以莎草为食。

（176）赭弄蝶 *Ochlodes subhyalina* Bremer

食性：以莎草、田蓟为食。

（177）直纹稻弄蝶 *Parnara guttata* Bremer

食性：以狗尾草、芦苇、竹类植物为食。

（178）曲纹黄弄蝶 *Patanthus flavus* Marray

食性：不详。

（179）花弄蝶 *Pyrgus maculata* Bremer

食性：以绣线菊为食。

（180）黑豹弄蝶 *Thymericus sylvaticus* Bremer

食性：以禾本科植物为食。

35. 喙蝶科 Libytheidae

（181）朴喙蝶 *Libythea celtis chinensis* Fruhstorfer

食性：以朴树为食。

（182）绿灰蝶 *Tavonius cognatus* Staudinger

食性：以榛子为食。

（183）鸟灰蝶 *Steymonidia walbum* Knoch

食性：以榆树、苹果为食。

（184）线灰蝶 *Thecla eximia* Fixsen

食性：以蓼科植物为食。

36. 绢蝶科 Parnassiidae

（185）小红珠绢蝶 *Parnassius bremeri graeseri* Horn

食性：以景天科植物为食。

37. 天蛾科 Sphingidae

（186）鬼脸天蛾 *Acherontia lachesis* Fabricius

食性：以茄科植物为食。

（187）芝麻鬼脸天蛾 *Acherontia styx* Westwood

食性：以芝麻、豆科、茄科植物为食。

（188）葡萄天蛾 *Amepelophaga rubiginosa rubiginosa* Bremer et Grey

食性：以葡萄为食。

（189）黄脉天蛾 *Amorpha amurensis* Staudinger

食性：以杨属植物为食。

（190）榆绿天蛾 *Callambulyx tatarinovi* Bremer

食性：以杨属植物、榆树为食。

（191）洋槐天蛾 *Clanis deucalion* Walker

食性：以豆科为食。

（192）南方豆天蛾 *Clanis bilineata bilineata* Walker

食性：以豆科为食。

（193）豆天蛾 *Clanis bilineata tsingtauica* Mell

食性：以大豆、洋槐为食。

（194）绒星天蛾 *Dolbina tancrei* Staudinger

食性：以木犀科植物为食。

（195）川海黑边天蛾 *Haemorrhagia fuciformis ganssuensis* Gr. Grsch

食性：不详。

（196）大黑边天蛾 *Haemorrhagia alternata* Butler

食性：不详。

（197）后黄黑边天蛾 *Haemorrhagia radians* Walker

食性：不详。

（198）白薯天蛾 *Herse convolvuli* Linnaeus

食性：以旋花科植物为食。

（199）松黑天蛾 *Hyloricus caligineus sinicus* Rothschild et Jordan

食性：以松属植物为食。

（200）白须天蛾 *Kentrochysalis sieversi* Alpheraky

食性：以木犀科植物为食。

（201）小豆长喙天蛾 *Macroglossum stellatarum* （Linnaeus）

食性：以蓬子菜为食。

（202）黑长喙天蛾 *Macroglossum pyrrhosticta*（Butler）

食性：以茜草科植物为食。

（203）菩提六点天蛾 *Marumba jankowskii*（Oberthur）

食性：以菩提、枣、椴树为食。

（204）梨六点天蛾 *Marumba gaschkewitschi complacens* Walker

食性：以桃、苹果、梨、葡萄等果树为食。

（205）桃六点天蛾 *Marumba gaschkewitschii* Bremer et Grey

食性：以桃、苹果等果树为食。

（206）栗六点天蛾 *Marumba sperchius* Menentries

食性：以栗、栎、苹果等果树为食。

（207）桃天蛾 *Marumba gaschkewitschii echephro* Boisduval

食性：以桃、苹果等果树为食。

（208）大背天蛾 *Meganoton analis* Felder

食性：以梣树为食。

（209）鹰翅天蛾 *Oxyambulyx ochracea* Butler

食性：以核桃、槭树为食。

（210）构月天蛾 *Parum colligata saturata* Clark

食性：以构树为食。

（211）红天蛾 *Pergesa elpenor lewisi* Butler

食性：以屈菜为食。

（212）紫光盾天蛾 *Phyllospingia dissimilis sinensis* Jordan

食性：以胡桃、山核桃为食。

（213）霜天蛾 *Psilogramma menephron* Cramer

食性：以丁香、女贞为食。

（214）绒天蛾 *Rhagastis mongoliana* Butler

食性：以葡萄为食。

（215）蓝目天蛾 *Smerithus planus planus* Walker

食性：以柳属、杨属植物为食。

（216）红节天蛾 *Sphinx ligustri constricta* Butler

食性：以丁香、山梅为食。

（217）雀纹天蛾 *Theretra japonica* Orza

食性：以野葡萄为食。

38. 舟蛾科 Notodontidae

（218）杨二尾舟蛾 *Cerura menciana* Moore

食性：以杨属植物、柳属植物为食。

（219）黑带尾舟蛾 *Cerura vinula felina*（Butler）

食性：以杨属植物、柳属植物为食。

（220）杨扇舟蛾 *Clostera anachoireta*（Fabricius）

食性：以杨属植物、柳属植物为食。

（221）迴舟蛾 *Disparia variegata*（Witeman）

食性：以栓木为食。

（222）污灰上舟蛾 *Epinotodonta griseotincta* Kiriakoff

食性：不详。

（223）角翅舟蛾 *Gonoclostera timonides*（Bremer）

食性：以柳属植物为食。

（224）怪舟蛾 *Hagapteryx admirabilis*（Stauginger）

食性：以胡桃为食。

（225）榆白边舟蛾 *Nericoides davidi*（Oberthur）

食性：以榆树为食。

（226）小白边舟蛾 *Nericoides minor* Cai

食性：不详。

（227）仿齿舟蛾 *Odontosiana schistacea* Kiriakff

食性：不详。

（228）糙内斑舟蛾 *Peridea trachitso* Oberthiur

食性：不详。

（229）扇内斑舟蛾 *Peridea graham* Schaus

食性：以杨、山毛榉。

（230）著内斑舟蛾 *Peridea aliena* Staudinger

食性：不详。

（231）黄掌舟蛾 *Phalera fuslescens* Butler

食性：以榆树为食。

（232）栎掌舟蛾 *Phalera assimilis* Bremer

食性：以麻栎为食。

（233）刺槐掌舟蛾 *Phalera birmicola* Bryk

食性：以刺槐为食。

（234）苹掌舟蛾 *Phalera flavescens* Bremer Grey

食性：以槲、榆树、栗、苹果、梨等为食。

（235）杨白剑舟蛾 *Pheossia fusiformis* Matsumura

食性：以杨、梨属植物为食。

（236）槐羽舟蛾 *Pterotoma sinicum* Moore

食性：以槐、刺槐为食。

（237）苹蚁舟蛾 *Stauropus persimilis* Butler

食性：以苹果、梨属植物为食。

39. 尺蛾科 Geometridae

（238）琴纹尺蛾 *Abraxaphantes perampla* Suinhoe

食性：以箭竹为食。

（239）醋栗尺蛾 *Abraxas grossudariata* Linnaeus

食性：以醋栗、乌荆子、榛为食。

（240）萝摩艳青尺蛾 *Agathia carissima* Butler

食性：以萝摩、隔山消为食。

（241）针叶霜尺蛾 *Alcis secundaria* Esper

食性：以松属植物为食。

（242）锯翅尺蛾 *Angerona glandinaria* Motschulsky

食性：以李属、莓、桦木属、柳属植物为食。

（243）黄星尺蛾 *Arichanna melanaria fraterna* Butler

食性：以油松为食。

（245）大造桥虫 *Ascotis selenaria schiffer* Muller Denis

食性：以豆类、小蓟、艾、漆树为食。

（246）二白点尺蛾 *Aspilates smirnovi* Bom

食性：不详。

（247）华北双齿尺蛾 *Biston* sp.

食性：以杨属、榆树、柳属植物为食。

（248）桦尺蛾 *Biston betularia* Linnaeus

食性：以桦木属植物为食。

（249）皱霜尺蛾 *Boarmia displiscens* Butler

食性：以桷子、栎为食。

（250）油桐尺蛾 *Buzura suppressaria* Guene

食性：以油桐、茶、漆树、柏类植物为食。

（251）白杜尺蛾 *Calospilos suspecta* Warren

食性：以杨属植物为食。

（252）榛金星尺蛾 *Calospilos sylvata* Scopoli

食性：以榛、榆树、桦木属植物为食。

（253）肾纹绿尺蛾 *Comibaena procumbaria* Pryer

食性：不详。

（254）双线针尺蛾 *Conchia mundataria* Cramer

食性：以桑树为食。

（255）网目尺蛾 *Chiasmia clathrata*（Linnaeus）

食性：以三叶草、苜蓿为食。

（256）蜻蜓尺蛾 *Cystidia stratonice* Stoli

食性：以苹果属、桦木属、杨属植物为食。

（257）枞灰尺蛾 *Deileptenia ribeata* Derck

食性：以冷杉（枞）、杉木、桦木、栎属植物为食。

（258）胡桃尺蛾 *Ephoria arenosa* Butler

食性：以胡桃为食。

（259）北京尺蛾 *Epipristis transiens* Sterneck

食性：不详。

（260）贡尺蛾 *Gondontis aurata* Prout

食性：不详。

（261）白脉青尺蛾 *Hipparchus albovenaria* Bremer

食性：以阔叶树叶为食。

（262）直脉青尺蛾 *Hipparchus valida* Felder

食性：以栎属植物为食。

（263）蝶青尺蛾 *Hipparchus papilionaria* Linnaeus

食性：以桦木属、杨属植物为食。

（264）茶用克尺蛾 *Junkowskia athleta* Oberthur

食性：以茶为食。

（265）橄璃尺蛾 *Krananda oliveomarginata* Swinhoe

食性：不详。

（266）中国巨青尺蛾 *Limbatochlamys rothorni* Kothschild

食性：以朴、冬青为食。

（267）葡萄回纹尺蛾 *Lygris ludovicaria* Oberthur

食性：以葡萄为食。

（268）女贞尺蛾 *Naxa seriaria* Motschulsky

食性：以丁香属植物为食。

（269）雪尾尺蛾 *Ourapteryx nivea* Butler

食性：以朴树、冬青，栎属植物为食。

（270）接骨木尾尺蛾 *Ourapteryx sambucaria* Linnaeus

食性：以忍冬、椴属、柳属、栎属植物为食。

（271）驼波尺蛾 *Pelurga comitata*（Linnaeus）

食性：以藜为食。

（272）黄基粉尺蛾 *Pingasa ruginaria* Guenee

食性：不详。

（273）桑尺蛾 *Phthonandria atrilineata* Butler

食性：以桑树为食。

（274）苹烟尺蛾 *Phthonosema tendinosaria* Bremer

食性：以苹果属、桑属植物，青冈为食。

（275）槭烟尺蛾 *Phthonosema invenustdria* Leech

食性：以槭属、柳属植物为食。

（276）塞尺蛾 *Sebastosema bubonaria* Warren

食性：不详。

（277）槐尺蛾 *Semiothisa cinerearia* Bremer et Grey

食性：以槐为食。

（278）忍冬尺蛾 *Somatina indicataria* Walker

食性：以忍冬属植物为食。

（279）枣步曲尺蛾 *Sucra jujuba* Chu

食性：以枣属植物为食。

（280）黄双线尺蛾 *Syrrhodia perlutea* Wehrli

食性：以栎属植物为食。

（281）屏边垂耳尺蛾 *Terpna pingbiana* Chu

食性：不详。

（282）绿叶碧尺蛾 *Thetidia chlorophyllaria*（Hedemann）

食性：不详。

（283）玉臂黑尺蛾 *Xandrames dholaria* Moore

食性：不详。

40. 枯叶蛾科 Lasiocampidae

（284）白杨枯叶蛾 *Bhima idiota* Graeser

食性：以杨属植物为食。

（285）波纹杂毛虫 *Cyclophragma undans*（Wallker）

食性：以栎、苹果属植物为食。

（286）黄斑波纹杂毛虫 *Cyclophragma undans fasciatella* Menetries

食性：以山楂、苹果属植物、油松为食。

（287）天幕毛虫 *Malacosoma neustris testacea* Mots.

食性：以松为食。

（288）杨枯叶蛾 *Gastropacha populifolia* Esper

食性：以苹果属、梨属植物为食。

（289）李枯叶蛾 *Gastropacha quercifolia* Linnaeus

食性：以苹果属、李属、梨属植物为食。

（290）高山天幕枯叶蛾 *Malacosoma insignis* Lajonquiere

食性：不详。

（291）苹果枯叶蛾 *Odonestis pruni* Linnaeus

食性：以苹果属、李属、杏属植物为食。

（292）栎毛虫 *Parabeda plagifera* Walker

食性：以梨属植物为食。

（293）黄绿枯叶蛾 *Trabla vishnou gintina* Kang

食性：以榛和柳属植物为食。

（294）银紫枯叶蛾 *Somadasys berviensis* Butler

食性：不详。

41. 卷蛾科 Tertricidae

（295）环铅卷蛾 *Ptycholoma lecheana* Linnaeus

食性：以梨属、栎属、桦木属植物为食。

42. 细卷蛾科 Cochylidae

（296）鼠李镰翅细卷蛾 *Ancylis unciana* Hawarth

食性：以李属、杨属、柳属植物、悬钩子为食。

43. 蟆蛾科 Alucitidae

（297）四斑黑蟆 *Algedonia luctualis diversa* Butle

食性：不详。

（298）八斑黑蟆 *Anania assimilis* Butle

食性：不详。

44. 钩蛾科 Drepanidae

（299）洋麻钩蛾 *Cyclidia substigmaria* Hubner

食性：以麻、洋麻为食。

（300）哑铃带钩蛾 *Macrocilix mysticata* Walker

食性：以栎属植物为食。

（301）网线钩蛾 *Oreta obtusa* Walker

食性：以荞麦为食。

（302）荞麦钩蛾 *Spica parallelangula* Alperaky

食性：以荞麦为食。

（303）接骨木钩蛾 *Psiloreta lochoana* Swinker

食性：以接骨木为食。

（304）赤杨镰钩蛾 *Drepana curvatula* Borkhausen

食性：以杨属植物为食。

45. 夜蛾科 Noctuidae

（305）戟剑纹夜蛾 *Acronita euphorbiae* Schiffermuller

食性：以梅花、美人蕉、桃、木槿等花卉为食。

（306）桃剑纹夜蛾 *Acronita incretata* Hampson

食性：以桃属、杏属、李属、柳属植物为食。

（307）晃剑纹夜蛾 *Acronita Leucocuspis* Butler

食性：不详。

（308）赛剑纹夜蛾 *Acronita psi* Linnaeus

食性：以桦木属、蔷薇属植物为食。

（309）炫夜蛾 *Actinotia polyodon* Clerck

食性：以连翘为食。

（310）枯叶夜蛾 *Adris tyrannus* Guenee

食性：以苹果、桃、梨等果树为食。

（311）小地老虎 *Agrotis ypsilon* Rottemberg

食性：以玉米、高粱、烟草为食。

（312）大地老虎 *Agrotis tokionis* Buthler

食性：以玉米、高粱、烟草为食。

（313）黄地老虎 *Agrotis segetum* Schiffermuller

食性：以玉米、小麦为食。

（314）皱地夜蛾 *Agrotis corticea* Schiffermuller

食性：以藜、酸模为食。

（315）棕肾鲁夜蛾 *Xestia renalis* Moore

食性：不详。

（316）蔷薇扁身夜蛾 *Amphipyta perflua* Fabricius

食性：以柳属、杨属植物，山毛榉为食。

（317）大红裙扁身夜蛾 *Amphipyta monolitha* Cuenee

食性：以桦木属、栎属、榆属、杨属、柳属植物为食。

（318）前黄鲁夜蛾 *Amathes stupenda* Butler

食性：以杨属、柳属植物为食。

（319）八字地老虎 *Amathes cnigrum* Linnaeus

食性：以食性杂为食。

（320）三角地老虎 *Agrotis triangulum* Hufnagel

食性：以杨属、柳属、李属植物为食。

（321）枭秀夜蛾 *Apama strigidisca* Moore

食性：不详。

（322）仿爱夜蛾 *Apopestes spectrum* Esper

食性：以杂灌为食。

（323）满丫纹夜蛾 *Autographa mandarina* Freyer

食性：以胡萝卜为食。

（324）黑点丫纹夜蛾 *Autographa nigrisigna* Walker

食性：以豌豆、甘蓝、苜蓿为食。

（325）绿藓夜蛾 *Bryophila prasina* Draudt

食性：不详。

（326）果兜夜蛾 *Calymnia pyralina* Schiffermuller

食性：不详。

（327）疖角壶夜蛾 *Calymnia minuticornis* Guenee

食性：以柿为食。

（328）白斑兜夜蛾 *Calymnia restituta* Walker

食性：以苹果为食。

（329）椴裳夜蛾 *Catocala lara* Bremer

食性：以杨属、柳属植物为食。

（330）宁裳夜蛾 *Catocala nymphaeoides* Herrich-schaffer

食性：以杨属、柳属植物为食。

（331）显裳夜蛾 *Catocata deuteronympha* Staudinger

食性：以杨属、柳属植物为食。

（332）柳裳夜蛾 *Catocata electa* Borkhausen

食性：以杨属、柳属植物为食。

（333）茂裳夜蛾 *Cataoata doerriesi* Stauinger

食性：以杨属、柳属植物为食。

（334）缟裳夜蛾 *Catocata fraxini* Linnaeus

食性：以杨属、柳属植物为食。

（335）鹿裳夜蛾 *Catocata praxencta* Alpheraky

食性：以杨属植物为食。

（336）鸥裳夜蛾 *Catocata patata* Felder

食性：以梨属、苹果属、葛藤为食。

（337）丹日明夜蛾 *Sphragifera sigillata* Menetres

食性：以核桃为食。

（338）客来夜蛾 *Chrysorithrum amata* Bremer

食性：以胡枝子为食。

（339）筱客来夜蛾 *Chrysorithrum flavomaculata* Bremer

食性：以刺槐、胡枝子为食。

（340）萱麻夜蛾 *Cocytodes caerulea* Guenee

食性：以萱麻、黄麻、亚麻为食。

（341）富冬夜蛾 *Cucullia fuchsiana* Eversmann

食性：以艾为食。

（342）三斑蕊夜蛾 *Cymatophoropsis trimaculata* Bremer

食性：以鼠李为食。

（343）中金狐夜蛾 *Diachrysia intermixta* Warren

食性：以胡萝卜为食。

（344）斜尺夜蛾 *Dierna strigata* Moore

食性：以胡萝卜为食。

（345）巨黑颈夜蛾 *Eccrita maxima* Bremer

食性：以杂灌为食。

（346）旋皮夜蛾 *Eligma narcissus* Cramer

食性：以臭椿、桃为食。

（347）谐夜蛾 *Emmelia trabealis* Scopoli

食性：以杂灌为食。

（348）变色夜蛾 *Enmonodia vespertilio* Fabricius

食性：以楹树为食。

（349）裳夜蛾 *Ephesia fulminea* Scopoli

食性：以梅、山楂为食。

（350）达光裳夜蛾 *Ephesia davidi* Oberthur

食性：以杨属、柳属植物为食。

（351）鸽光裳夜蛾 *Ephesia columbina* Leech

食性：以杂灌为食。

（352）意光裳夜蛾 *Ephesia ella* Butler

食性：以稠李为食。

（353）栎光裳夜蛾 *Ephesis dissimilis* Bremer

食性：以蒙古栎为食。

（354）冬麦异夜蛾 *Protexarnis squalida* Guen

食性：以小麦等禾本科植物为食。

（355）白肾文夜蛾 *Eustrotia marjanovi* Tschetverikow

食性：不详。

（356）厉切夜蛾 *Euxoa lidia* Cramer

食性：不详。

（357）寒切夜蛾 *Euxoa sibirica* Boisduval

食性：以牛蒡为食。

（358）庸切夜蛾 *Euxoa centralis* Staudinger

食性：不详。

（359）白边切根虫 *Euxoa oberthuri* Leech

食性：以杂灌为食。

（360）织网夜蛾 *Heliophobus texturata* Alpheraky

食性：不详。

（361）花实夜蛾 *Heliothis ononis* Schiffermuller

食性：以茄科为食。

（362）点实夜蛾 *Heliothis peltigera* Schiffermuller

食性：以芝柄花属、蚤缀为食。

（363）苜蓿夜蛾 *Helithis viriplaca* Hufnagel

食性：以苜蓿、柳属、苹果属植物为食。

（364）茶色狭翅夜蛾 *Hermonassa cecilia* Butler

食性：不详。

（365）萍梢鹰夜蛾 *Hypocala subsafura* Guenee

食性：以苹果、栎属植物为食。

（366）肖毛翅夜蛾 *Lagoptera juno* Dalman

食性：以桦木属、李属植物、木槿为食。

（367）黏虫 *Leucania separata* Walker

食性：以禾本科植物、果树为食。

（368）比夜蛾 *Leucania juvenilia* Bremer

食性：不详。

（369）白杖黏夜蛾 *Leucania lalbum* Linnaeus

食性：不详。

（370）白钩黏夜蛾 *Leucania proxima* Leech

食性：以杂灌为食。

（371）瘦银锭夜蛾 *Macdunnoughia confusa* Stephens

食性：以菊科为食。

（372）甘蓝夜蛾 *Mamestra brassicae* Linnaeus

食性：以甘蓝、蚕豆、豌豆为食。

（373）宽胫夜蛾 *Melicleptria scutosa* Schiffermuller

食性：以艾属植物、藜为食。

（374）苹刺裳夜蛾 *Mormonia bella* Butler

食性：以苹果为食。

（375）栎刺裳夜蛾 *Mormonia dula* Bremer

食性：以蒙古栎为食。

（376）晦刺裳夜蛾 *Mormonia abamita* Bremer

食性：油松、栎属、合欢属植物为食。

（377）褐宽翅夜蛾 *Naenia contaminata* Walker

食性：不详。

（378）焰色狼夜蛾 *Ochropleura flammatra* Schiffermuller

食性：以蒲公英、草莓为食。

（379）缪狼夜蛾 *Ochropleura musiva* Hubner

食性：不详。

（380）红棕狼夜蛾 *Ochropleura ellapsa* Cortc

食性：以杂灌为食。

（381）黑齿狼夜蛾 *Ochropleura praecurrens* Staudinger

食性：以杨属、柳属植物为食。

（382）窄直禾夜蛾 *Oligia arctides* Staudinger

食性：不详。

（383）落叶夜蛾 *Ophideres fullonica* Linnaeus

食性：以苹果、梨属植物为食。

（384）梦尼夜蛾 *Orthosis incerta* Hufnagel

食性：以栎属、杨属、山楂属植物为食。

（385）艳银钩夜蛾 *Panchyrysia ornata* Bremer

食性：不祥。

（386）白斑星夜蛾 *Perigea albomaculata* Moore

食性：以胡萝卜为食。

（387）围连环夜蛾 *Perigrapha circumducta* Ledrer

食性：不详。

（388）亚闪金夜蛾 *Plusida imperatrix* Draudt

食性：以胡萝卜为食。

（389）霉裙剑夜蛾 *Polyphaenis oberthuri* Staudinger

食性：以杂灌为食。

（390）间色异夜娥 *Polyphaenis poecila* Alpheraky

食性：不详。

（391）冬麦异夜娥 *Protexarnis squalida* Guenee

食性：以杂灌 、禾本科植物为食。

（392）蒙灰夜蛾 *Polia advena* Schiffermuller

食性：以柳属植物为食。

（393）灰夜蛾 *Polia nebulosa* Hufnagel

食性：以桦木属、柳属、榆属植物为食。

（394）白肾灰夜蛾 *Polia persicariae* Linnaeus

食性：不详。

（395）淡缘灰夜蛾 *Polia costirufa* Draudt

食性：不详。

（396）红棕灰夜蛾 *Polia illoba* Bufler

食性：以桑属、菊属植物，甜菜、荞麦为食。

（397）鹏灰夜蛾 *Polia goliath* Oberthur

食性：以桦为食。

（398）旋幽夜蛾 *Scotogramma trifolii* Rottemberg

食性：以亚麻、马铃薯为食。

（399）扇夜蛾 *Sineugraphe disgnosta* Boursin

食性：以杉属植物为食。

（400）紫棕扇夜蛾 *Sineugraphe exusta* Buthler

食性：以杂灌为食。

（401）灰缘贫夜蛾 *Simplicia marginata* Moore

食性：以杂灌为食。

（402）旋目夜蛾 *Speiredonia retorta* Linnaeus

食性：以合欢属植物为食。

（403）干纹冬夜蛾 *Staurophora celsia* Linnaeus

食性：以草根为食。

（404）直紫脬夜蛾 *Toxocampa recta* Bremer

食性：不详。

（405）焚紫脬夜蛾 *Toxocampa vulcanea* Buthler

食性：不详。

（406）郁后夜蛾 *Trisuloides infausta* Walker

食性：以杨属、柳属植物为食。

（407）黑环陌夜蛾 *Trachea melanospila* Kollar

食性：以柳属、杨属植物为食。

（408）黄紫脖夜蛾 *Toxocampa* sp.

食性：不详。

（409）白脊铜翅夜蛾 *Trachea atriplicis* Linnaeus

食性：以榆属植物为食。

46. 灯蛾科 Arctiidae

（410）红缘灯蛾 *Amsacta lactinea* Cramer

食性：以玉米、大豆、谷子为食。

（411）排点黄灯蛾 *Diacisia sannio* Linnaeus

食性：以山柳为食。

（412）异艳望灯蛾 *Lemyra proteus* DE Joannis

食性：以豆科植物。

（413）亚麻篱灯蛾 *Phragmatobia fuliginosa* Linnaeus

食性：以亚麻、蒲公英为食。

（414）黑纹黄灯蛾 *Phyparia leopardinal* Menetries

食性：以榆属植物为食。

（415）肖浑黄灯蛾 *Phyparia amurensis* Bremer

食性：以栎属、柳属、榆属植物、蒲公英为食。

（416）点浑黄灯蛾 *Rhyparioides metelkana* Lennaeus

食性：以薄荷、蒲公英为食。

（417）黑须污灯蛾 *Spilarctia casigneta* Kollar

食性：不详。

（418）污白灯蛾 *Spilarctia jankowskkii* Oberthur

食性：不详。

（419）黄肾黑污灯蛾 *Spilarctia caesarea* Goeze

食性：以柳属植物、车前、蒲公英为食。

（420）姬白污灯蛾 *Spilarctia rhodophila* Walker

食性：以桑属、李属植物为食。

（421）缘斑污灯蛾 *Spilartia costimacula* Leech

食性：不详。

（422）纤带污灯蛾 *Spilartia rubitincta* Moore

食性：以榛为食。

（423）红腹白灯蛾 *Spilartia subcarnea* Walker

食性：以桑、木槿，十字花科植物为食。

（424）洁雪灯蛾 *Spilosoma pura* Leech

食性：以苹果为食。

（425）星白灯蛾 *Spilosoma menthastri* Ester

食性：以桑、甜菜、蓼为食。

（426）点斑雪灯蛾 *Spilosoma ningyuenfui* Daniel

食性：以桑、甜菜、番茄等为食。

（427）星灯蛾 *Spilosoma menthstri* Esper

食性：以甜菜为食。

47. 苔蛾亚科 Lithosiinae

（428）头橙华苔蛾 *Agylla gigantea* Oberehus

食性：不详。

（429）银雀苔蛾 *Tarika varana* Moore

食性：不详。

（430）黄土苔蛾 *Eilema nigripoda* Bremer

食性：以地衣为食。

（431）粉鳞土苔蛾 *Eilema moorei* Leech

食性：不详。

（432）灰土苔蛾 *Eilema griseola* Hübner

食性：以杨属、榆属、柳属植物为食。

（433）鸟闪苔蛾 *Paraona staudingeri* Alpheraky

食性：不详。

（434）明痣苔蛾 *Stigmatuphora micans* Bremer

食性：不详。

48. 毒蛾科 Lymantriidae

（435）刻茸毒蛾 *Dasychira kibarae* Matsumura

食性：不详。

（436）栎茸毒蛾 *Dasychira taiwana* Scriba

食性：以栎属植物为食。

（437）榆黄足毒蛾 *Ivela ochropoda* Eversmanm

食性：以榆属植物为食。

（438）舞毒蛾 *Lymantria dispar* Linnaeus

食性：以胡桃属、柳属、榆属植物为食。

（439）黄斜带毒蛾 *Numenes disparilis separate* Leech

食性：以鹅耳枥，菊、桦木属植物为食。

（440）盗毒蛾 *Porthesia similis* Tueszly

食性：以榆属、槐属、栎属植物为食。

（441）杨雪毒蛾 *Stilpnotia candida* Staudinger

食性：以杨属、柳属植物为食。

（442）拟黄脉毒蛾 *Euprotis* sp.

食性：不详。

49. 斑蛾科 Zygaenidae

（443）梨叶斑蛾 *Illyberis pruni* Dyar

食性：以梨属、苹果属植物为食。

（444）茶六斑褐锦斑蛾 *Sorita pulchella sexpunctata* Walker

食性：以茶树为食。

（445）黑毛斑蛾 *Pryeria* sp.

食性：不详。

50. 螟蛾科 Pyralidae

（446）四斑绢野螟 *Diaphania quadrimaculalis* Bremer

食性：以柳属植物为食。

（447）桑螟 *Diaphania pyloalis* Walker

食性：以桑属植物为食。

（448）赭翅斑端环野螟 *Emorypara obscu ralis*（Caudja）

食性：以竹类植物为食。

（449）夏枯草展颈野螟 *Eurrypara hortulata* Linnaeus

食性：不详。

（450）褐巢螟 *Hypsopygia regina* Bathrnae

食性：不详。

（451）草地螟 *Loxostege sticticalis* Linnaeus

食性：以大豆、蚕豆、豌豆为食。

（452）玉米螟 *Ostrinia nubilalis* Hubner

食性：以玉米、大麻、栗为食。

（453）旱柳原螟 *Proteuclasta stotzneri* Caradja

食性：以旱柳。

（454）紫斑谷螟 *Pyralis farinalis* Linnaeus

食性：以禾谷类、粉类、糠为食。

（455）黄黑纹野螟 *Tyspanodes hypsalis* Warren

食性：不详。

（456）橙黑纹野螟 *Tyspanodes striata* Butler

食性：不详。

51. 木蠹蛾科 Cossidae

（457）芳香木蠹蛾 *Cossus cossus* Linnaeus

食性：以杨属、柳属、榆属植物为食。

（458）六星黑点蠹蛾 *Zeuzera leuconotum* Butler

食性：以苹果属、梨属植物为食。

52. 透翅蛾科 Aegeridae

（459）苹果透翅蛾 *Hyponomeuta malinella* Zeller

食性：以苹果属植物为食。

53. 带蛾科 Eupterotidae

（460）云斑带蛾 *Apha yunnanensis* Mell

食性：不详。

54. 大蚕蛾科 Saturriidae

（461）绿尾大蚕蛾 *Actias selene ningpoana* Felder

食性：以枫属、杨属、柳属、栗属、木槿属植物为食。

（462）红尾大蚕蛾 *Actias rhodopneuma* Roter

食性：不详。

（463）合目大蚕蛾 *Coligula boisduvali fallax* Jordan

食性：以椴树、胡桃属植物为食。

（464）黄豹大蚕蛾 *Leopa katinka* Westwood

食性：以白粉藤为食。

（465）透翅大蚕蛾 *Rhodinia fugax* Butler

食性：以栎属植物为食。

55. 箩纹科 Brahmaeidae

（466）紫光箩纹蛾 *Brahmaea porphyrio* Chu et Wang

食性：不详。

56. 鹿蛾科 Amatidae

（467）黑鹿蛾 *Amata ganssuensis* Grum-Grshimailo

食性：以葡萄属植物为食。

57. 刺蛾科 Limacdidae

（468）中国绿刺蛾 *Parasa sinica* Moore

食性：以苹果属、杨属、柳属植物为食。

（469）褐边绿刺蛾 *Parasa consocia* Walker

食性：以苹果属、榆属植物为食。

（十）鞘翅目 Coleoptera

58. 虎甲科 Cicindlidae

（470）稠纹虎甲 *Cicindela elisae* Motschulsky

食性：以小型昆虫为食。

（471）褴虎甲 *Cicindela*（Tribonophoru）*laetesoripta* Motsch

食性：以蚜虫、叶蝉为食。

（472）多型虎甲铜翅亚种 *Cicindela hybrida tranbaicalica* Motschulsky

食性：以蝗虫等多种昆虫为食。

59. 步甲科 Carabidae

（473）麦穗步甲 *Anisodactylus signatus* Illiger

食性：以小麦为食。

（474）中华广肩步甲 *Calosoma maderae chinensis* Kirby

食性：以鳞翅目幼虫为食。

（475）赤胸步甲 *Calosoma*（Dolichus）*halensis Sohall*

食性：以黏虫为食。

（476）黄缘步甲 *Chlaenius circumdatus* Brulle

食性：以小型昆虫为食。

（477）大劫步甲 *Lesticus maganus* Motsch

食性：以多种昆虫为食。

（478）短鞘步甲 *Pheropsophus jessoensi* Morauwitz

食性：以蝼蛄及多种昆虫为食。

（479）一棘锹步甲 *Sarites tarricolla* Bonelli

食性：以多种昆虫为食。

60. 拟步甲科 Tenebrionidae

（480）皱纹琵琶甲 *Blaps rugolosa* Gebler

食性：以谷糠或农作物为食。

61. 瓢甲科 Coccinellidae

（481）二星瓢虫 *Adalia bipunctata* Linnaeus

食性：以桃粉蚜为食。

（482）黑缘红瓢甲 *Chilocorus rubidus* Hope

食性：以多种蚧壳虫为食。

（483）七星瓢甲 *Coccinella septempuntata* Linnaeus

食性：以麦蚜、豆蚜为食。

（484）双七瓢虫 *Coccinula quaturodecimpulata* Linnaeus

食性：以蚜虫为食。

（485）福州食植瓢虫 *Epilachna magna* Dieke

食性：以茄木、赤瓜叶片或花为食。

（486）蒙古光瓢甲 *Exochomus mongol* Barovsky

食性：以蚧壳虫为食。

（487）黑缘光瓢虫 *Exochomus xanthocorus nigromarginatus* Miyatake

食性：以蚧壳虫为食。

（488）梵文菌瓢甲 *Halyzia sanscrita* Mulsant

食性：以蚧壳虫为食。

（489）马铃薯二十八瓢甲 *Henosepilachna vigentioctomaculdta* Motschlsky

食性：以马铃薯、茄子、青椒、豆类、瓜类、玉米、白菜等为食。

（490）柯氏素菌瓢甲 *Illeis koehelei* Timberlake

食性：以白粉病菌等为食。

62. 埋葬甲科 Silphidae

（491）花葬甲 *Necrophorus maculifron* Kraatz

食性：以动物尸体为食。

（492）亚洲葬甲 *Necrodes asiaticus* Portevin

食性：以双翅目幼虫为食。

（493）小黑葬甲 *Ptomascopus moris* Kraatz

食性：以动物尸体为食。

63. 天牛科 Cerambycidae

（494）黄斑星天牛 *Anoplophora nobilcs* Ganglbauer

食性：以杨属、柳属植物为食。

（495）光肩星天牛 *Anoplophora glabripennis* Motschulsky

食性：以苹果属、李属、榆属、柳属植物为食。

（496）桑天牛 *Apriora germari* Hope

食性：以桑、海棠、苹果属植物为食。

（497）苹果幽天牛 *Arhopalus* sp.

食性：以苹果属、榆属植物为食。

（498）桃红颈天牛 *Aromia bungii* Faldermann

食性：以桃属、杏属、柿属、苹果属植物为食。

（499）虎天牛 *Clytus laicharting* Fainnail

食性：不详。

（500）大牙锯天牛 *Dorysthene paradoxus* Faldermann

食性：以玉米、高粱为食。

（501）麻天牛 *Thyestilla gebleri* Fald

食性：以杨属、栎属植物为食。

64. 龙虱科 Dytiscidae

（502）黄缘龙虱 *Cybister japonicus* Sharp

食性：以水生动物为食。

65. 金龟甲总科 Melolonthoidae

（503）马铃薯金龟甲 *Amphimallon solstitialis* Linnaeus

食性：以马铃薯为食。

（504）黄褐异丽金龟甲 *Anomala exoleleta* Faldermann

食性：以苗木根部为食。

（505）二色烯鳃金龟甲 *Hilyotrogus bieoloreus* Heyde

食性：以苗木根部为食。

（506）棕色鳃金龟甲 *Holotrichia titanis* Reitter

食性：以榆属、槐属植物根部为食。

（507）毛黄脊鳃金龟甲 *Holotrichiatrichophora* Fairmaire

食性：以作物根部为食。

（508）围绿长脚金龟甲 *Holotrichia cincticollis* Faldermann

食性：以榆树、桑，杏属植物等为食。

（509）华北大黑鳃金龟 *Holotrichia oblita* Faldermann

食性：以杨属、榆属、杏属植物等为食。

（510）灰胸突腮金龟甲 *Hoplosternus incanus* Motschulsky

食性：以苗木根部为食。

（511）铜色白纹金龟甲 *Liocola brevitarsis* Lewis

食性：以苗木根部为食。

（512）豆黄毛鳃金龟甲 *Liocola sahlbergi* Mannerhein

食性：以麦类为食。

（513）赤绒金龟甲 *Maladera verticalis* Fairm

食性：不详。

（514）阔胫鳃金龟甲 *Maladera castanea* Arrow

食性：以苗木根部为食。

（515）小阔胫鳃金龟甲 *Maladera ovatula* Fairm

食性：以苗木根部为食。

（516）褐绒金龟甲 *Maladera japonica* Motschulsky

食性：以葡萄属植物、小麦为食。

（517）黑绒鳃金龟甲 *Maladera orientalis* Motschulsky

食性：以杨属、柳属、榆属、桑属植物为食。

（518）小青花金龟甲 *Oxycetonia jucunda* Falderm

食性：以植物子房为食。

（519）褐锈花金龟甲 *Poecilophilides rusticola* Burmeister

食性：以榆属、梨属植物为食。

（520）云斑金龟甲 *Polyphylla Laticolis* Lewis

食性：以幼树根部为食。

（521）四斑丽金龟甲 *Popillia quadriguttata* Fald

食性：以苗木根部为食。

（522）白星花金龟甲 *Potosia*（*Liocola*）*brevitarsis* Lewis

食性：以榆属、柳属、栎属、山楂属植物为食。

（523）黑皱鳃金龟甲 *Trermatodes tenebrioides* Pallas

食性：以柳属、柠条、榆属植物为食。

66. 蜣螂科 Scarabaeoidae

（524）戴锤角粪金龟甲 *Bolbotrypes davidis* Fairmaire

食性：以粪为食。

67. 叩头甲科 Elateridae

（525）细胸叩头甲 *Agriotes fuscicollis* Miwa

食性：以麦类为食。

（526）褐纹叩头甲 *Melanotus* sp.

食性：以麦类为食。

（527）沟叩头甲 *Pleonomus canaliculatus* Faldermann

食性：以果树、桑属植物为食。

（528）宽背叩头甲 *Selatosomus latus* Linnaeus

食性：以豆类、芸芥等旱地作物为食。

68. 叶甲科 Chrysomelidae

（529）麦茎叶甲 *Clytra dauricum dauricum* Mannerheim

食性：以小麦为食。

（530）锯角叶甲 *Clytra laicharting* Ratxeburg

食性：不详。

（531）白杨叶甲 *Chrysomela populi* Linnaeus

食性：以白杨派、柳属植物叶为食。

（532）甘薯叶甲 *Colasposoma dauricum* Mannerheim

食性：以甘薯为食。

（533）小猿叶甲 *Phaedon brassicae* Baly

食性：以蔬菜叶为食。

（534）榆黄叶甲 *Pyrrhalta maculicollis* Motschulsky

食性：以榆属植物为食。

69. 象甲科 Curculionidae

（535）大绿象甲 *Chlorophanus sibiricus* Gyll

食性：以马尾松为食。

（536）沟眶象甲 *Eucryptorrhynchus Chinensis* Olivier

食性：以臭椿为食。

（537）梨象甲 *Rhynchitidae coreanus* Kono

食性：以苹果、桃树等果树为食。

70. 芫菁科 Meloidae

（538）赤带绿芫菁 *Lytta suturella* Motschulsky

食性：以蚕豆、忍冬、刺槐为食。

（539）绿芫菁 *Lytta caraganae* Pallas

食性：以豆类为食。

（540）苹斑芫菁 *Mylabris calida* Pallas

食性：不详。

71. 水龟虫科 Hydrophilidae

（541）长须水龟虫 *Hgdrous acuminatus* Motsch

食性：以水生动物为食。

（十一）革翅目 Dermaptera

72. 蠼螋科 Labiduridae

（542）红褐蠼螋 *Forficula scudderi* Bormans

食性：以桑为食。

（十二）膜翅目 Hymenoptera

73. 姬蜂科 Ichneumonidae

（543）螟蛉悬茧姬蜂 *Charops bicolor* Szepligeti

食性：以鳞翅目幼虫为食。

（544）台湾瘦姬蜂 *Diadegma akoensis* Shiraki

食性：以螟中幼虫为食。

（545）豹纹马尾姬蜂 *Megarhyssa praecellens* Tosquinet

食性：以柳属植物、黄斑树蜂幼虫为食。

（546）甘蓝夜蛾拟瘦姬蜂 *Netelia*（N.）*ocellaris* Thomson

食性：以黏虫等幼虫为食。

（547）黏虫白星姬蜂 *Vulgichneumon leucaniae* Uchida

食性：以黏虫等幼虫为食。

74. 茧蜂科 Braconidae

（548）黄长距茧蜂 *Macrocetrus abdominalis* Fabricius

食性：寄生蛾类幼虫。

75. 叶蜂科 Tenthredinidae

（549）小麦叶蜂 *Dolerus tritici* Chu

食性：以小麦为食。

76. 胡蜂科 Vespidae

（550）大胡蜂 *Vespa auralia nigrithorax* Buysson

食性：不详。

（551）黑尾胡蜂 *Vespa ducalis* Smith

食性：以植物花蜜和松毛虫幼虫及蛹为食。

77. 泥蜂科 Sphecidae

（552）红腹细腰蜂 *Ammophila aenulans* Kohl

食性：以鳞翅幼虫为食。

78. 土蜂科 Scoliidae

（553）金毛长腹土蜂 *Campsomeris prismatica* Smith

食性：以金龟甲为食。

79. 长尾小蜂科 Chalcidae

（554）齿腿长尾小蜂 *Monodontomerus minor* Ratz.

食性：以松毛虫蛹为食。

（十三）双翅目 Diptera

80. 食蚜蝇科 Syrphidae

（555）短翅细腹蚜蝇 *Sphaerophoria scripta* L.

食性：以桃蚜、豆蚜为食。

81. 寄蝇科 Tachinidae

（556）双斑撒寄蝇 *Salmacia bimaculata* Wiedemann

食性：以小地老虎为食。

82. 大蚊科 Tipulidae

（557）斑大蚊 *Tipula coquilletti* Enderlein

食性：不详。

（558）窗大蚊 *Tipula nova* Walker

食性：不详。

83. 虻科 Tabanidae

（559）邵氏剑虻 *Psilocephala sauteri* Krober

食性：不详。

84. 蜂虻科 Bombylidae

（560）长喙虻 *Bombylus major* Linne

食性：以蚜虫、叶蝉为食。

第三节　珍稀濒危及特有动物

一、统计结果

根据自然保护区的调查结果，统计得到国家一级重点保护动物9种（其中，哺乳类4种、鸟类5种），国家二级重点保护动物39种（其中，哺乳类5种、鸟类31种、爬行类1种、两栖类2种）；列入IUCN红色名录的极危物种（CR）1种（两栖类1种），濒危物种（EN）4种（其中，哺乳类1种、鸟类1种、爬行类1种、两栖类1种），易危物种（VU）9种（其中，哺乳类3种、鸟类3种、爬行类2种、鱼类1种）；列入濒危野生动植物种国际贸易公约（CITES）附录Ⅰ的物种4种（其中，哺乳类2种、鸟类1种、两栖类1种），附录Ⅱ的物种4种（其中，哺乳类2种、鸟类2种）；国家三有动物193种，其中，哺乳类18种、鸟类154种、爬行类15种、两栖类6种；甘肃省重点保护动物6种，其中，哺乳类1种、鸟类3种、爬行类1种、两栖类1种。

表5-2　甘肃太统-崆峒山国家级自然保护区珍稀濒危动物统计表

类别	国家重点保护动物级别		IUCN红色名录保护级别			CITES附录级别		三有动物	甘肃省重点保护动物
	一级	二级	CR	EN	VU	附录Ⅰ	附录Ⅱ		
哺乳纲	4	5	0	1	3	2	2	18	1
鸟纲	5	31		1	3	1	2	154	3
两栖纲	0	2	1	1	0	1	0	6	1
爬行纲	0	1	0	1	2	0	0	15	1
鱼纲	0	0	0	0	1	0	0	0	0
合计	9	39	1	4	9	4	4	193	6

表5-3 甘肃太统－崆峒山国家级自然保护区珍稀濒危动物列表

物种	拉丁名	国家重点保护动物级别		IUCN 红色名录保护级别			CITES 附录级别		三有动物	甘肃省重点保护动物
		一级	二级	CR	EN	VU	附录 I	附录 II		
哺乳类										
普通刺猬	*Erinaceus europaeus* Linnaeus								√	
大耳刺猬	*Hemiechinus auritus*								√	
隐纹花松鼠	*Tamiops swinhoei* Milne-Edwards								√	
花鼠	*Tamias sibiricus* Laxmann								√	
岩松鼠	*Sciurotamias davidianus* Milne-Edwards								√	
中华竹鼠	*Rhizomys sinensis* Gray								√	
喜马拉雅社鼠	*Niviventer niviventer* Hodgson								√	
豪猪	*Hystrix hodgsoni* Gray								√	
石貂	*Martes foina* Erxleben		二级							
虎鼬	*Vormela peregusna* Guldenstaedt					VU			√	
黄鼬	*Mustela sibirica* Pallas								√	
艾鼬	*Mustela eversmanni* Lesson								√	
香鼬	*Mustela altaica*								√	

续表

物种	拉丁名	国家重点保护动物级别		IUCN 红色名录保护级别			CITES 附录级别		三有动物	甘肃省重点保护动物
		一级	二级	CR	EN	VU	附录 I	附录 II		
水獭	*Lutra lutra*（Linnaeus）		二级							
狗獾	*Meles meles* Linnaeus								√	
猪獾	*Arctonyx collaris* T.Cuvier					VU			√	
豹	*Panthera pardus* Linnaeus	一级				VU	附录 I			
金猫	*Catopuma temminckii* Vigors et Horsfield	一级					附录 I			
豹猫	*Felis bengalensis*		二级						√	
果子狸	*Paguma larvata*								√	
狼	*Canis lupus* Linnaeus		二级					附录 II		
赤狐	*Vulpes vulpes* Linnaeus		二级							
野猪	*Sus scrofa* Linnaeus								√	
林麝	*Moschus berezovskii* Flerov	一级			EN			附录 II		
梅花鹿	*Cervus nippon*	一级								
狍	*Capreolus pygargus* Pallas								√	√
小计		4	5	0	1	3	2	2	18	1

续表

物种	拉丁名	国家重点保护动物级别		IUCN 红色名录保护级别			CITES 附录级别		三有动物	甘肃省重点保护动物
		一级	二级	CR	EN	VU	附录 I	附录 II		
鸟类										
石鸡	*Alectoris chukar*								√	
大石鸡	*Alectoris magna*		二级						√	
斑翅山鹑	*Perdix dauurica*								√	
鹌鹑	*Coturnix japonica*								√	
勺鸡	*Pucrasia macrolopha*		二级							
红腹锦鸡	*Chrysolophus pictus*		二级							
鸿雁	*Anser cygnoid*		二级			VU			√	
豆雁	*Anser fabalis*								√	
灰雁	*Anser anser*								√	
大天鹅	*Cygnus cygnus*		二级							
赤麻鸭	*Tadorna ferruginea*								√	
鸳鸯	*Aix galericulata*		二级							
赤膀鸭	*Mareca strepera*								√	
赤颈鸭	*Mareca penelope*								√	

续表

物种	拉丁名	国家重点保护动物级别		IUCN 红色名录保护级别			CITES 附录级别		三有动物	甘肃省重点保护动物
		一级	二级	CR	EN	VU	附录 I	附录 II		
绿头鸭	*Anas platyrhynchos*								√	
斑嘴鸭	*Anas zonorhyncha*								√	
绿翅鸭	*Anas crecca*								√	
白眉鸭	*Spatula querquedula*								√	
红头潜鸭	*Aythya ferina*					VU			√	
白眼潜鸭	*Aythya nyroca*								√	
凤头潜鸭	*Aythya fuligula*								√	
斑头秋沙鸭	*Mergellus albellus*								√	
普通秋沙鸭	*Mergus merganser*								√	
小䴙䴘	*Tachybaptus ruficollis*								√	
原鸽	*Columba livia*								√	
岩鸽	*Columba rupestris*								√	
斑林鸽	*Columba hodgsonii*								√	
山斑鸠	*Streptopelia orientalis*								√	
灰斑鸠	*Streptopelia decaocto*								√	

续表

物种	拉丁名	国家重点保护动物级别		IUCN 红色名录保护级别			CITES 附录级别		三有动物	甘肃省重点保护动物
		一级	二级	CR	EN	VU	附录 I	附录 II		
火斑鸠	*Streptopelia tranquebarica*								√	
珠颈斑鸠	*Streptopelia chinensis*								√	
普通雨燕	*Apus apus*								√	
白腰雨燕	*Apus pacificus*								√	
噪鹃	*Eudynamys scolopaceus*								√	
四声杜鹃	*Cuculus micropterus*								√	
中杜鹃	*Cuculus saturatus*								√	
大杜鹃	*Cuculus canorus*								√	
大鸨	*Otis tarda*	一级				VU				
普通秧鸡	*Rallus indicus*								√	
白胸苦恶鸟	*Amaurornis phoenicurus*								√	
黑水鸡	*Gallinula chloropus*								√	
白骨顶	*Fulica atra*								√	
灰鹤	*Grus grus*		二级							
鹮嘴鹬	*Ibidorhyncha struthersii*		二级						√	√

续表

物种	拉丁名	国家重点保护动物级别		IUCN 红色名录保护级别			CITES 附录级别		三有动物	甘肃省重点保护动物
		一级	二级	CR	EN	VU	附录 I	附录 II		
凤头麦鸡	*Vanellus vanellus*								√	
灰头麦鸡	*Vanellus cinereus*								√	
剑鸻	*Charadrius hiaticula*								√	
金眶鸻	*Charadrius dubius*								√	
彩鹬	*Rostratula benghalensis*								√	
丘鹬	*Scolopax rusticola*								√	
针尾沙锥	*Gallinago stenura*								√	
青脚鹬	*Tringa nebularia*								√	
白腰草鹬	*Tringa ochropus*								√	
林鹬	*Tringa glareola*								√	
矶鹬	*Actitis hypoleucos*								√	
青脚滨鹬	*Calidris temminckii*								√	
长趾滨鹬	*Calidris subminuta*								√	
普通燕鸥	*Sterna hirundo*								√	
黑鹳	*Ciconia nigra*	一级						附录 II		

续表

物种	拉丁名	国家重点保护动物级别		IUCN 红色名录保护级别			CITES 附录级别		三有动物	甘肃省重点保护动物
		一级	二级	CR	EN	VU	附录 I	附录 II		
普通鸬鹚	*Phalacrocorax carbo*								√	
白琵鹭	*Platalea leucorodia*		二级					附录 II		
池鹭	*Ardeola bacchus*								√	
牛背鹭	*Bubulcus ibis*								√	
苍鹭	*Ardea cinerea*								√	
草鹭	*Ardea purpurea*								√	
大白鹭	*Ardea alba*								√	√
中白鹭	*Ardea intermedia*								√	
白鹭	*Egretta garzetta*								√	√
秃鹫	*Aegypius monachus*	一级								
草原雕	*Aquila nipalensis*	一级			EN					
金雕	*Aquila chrysaetos*	一级								
雀鹰	*Accipiter nisus*		二级							
苍鹰	*Accipiter gentilis*		二级							
白尾鹞	*Circus cyaneus*		二级						√	

续表

物种	拉丁名	国家重点保护动物级别		IUCN红色名录保护级别			CITES附录级别		三有动物	甘肃省重点保护动物
		一级	二级	CR	EN	VU	附录I	附录II		
黑鸢	*Milvus migrans*		二级							
大鵟	*Buteo hemilasius*		二级							
普通鵟	*Buteo japonicus*		二级							
红角鸮	*Otus sunia*		二级							
雕鸮	*Bubo bubo*		二级							
纵纹腹小鸮	*Athene noctua*		二级							
长耳鸮	*Asio otus*		二级							
戴胜	*Upupa epops*								✓	
蓝翡翠	*Halcyon pileata*								✓	
普通翠鸟	*Alcedo atthis*								✓	
冠鱼狗	*Megaceryle lugubris*								✓	
蚁䴕	*Jynx torquilla*								✓	
星头啄木鸟	*Dendrocopos canicapillus*								✓	
赤胸啄木鸟	*Dendrocopos cathpharius*								✓	
大斑啄木鸟	*Dendrocopos major*								✓	
灰头绿啄木鸟	*Picus canus*								✓	

续表

物种	拉丁名	国家重点保护动物级别		IUCN 红色名录保护级别			CITES 附录级别		三有动物	甘肃省重点保护动物
		一级	二级	CR	EN	VU	附录 I	附录 II		
红隼	*Falco tinnunculus*		二级							
红胸隼	*Falco amurensis*		二级							
燕隼	*Falco subbuteo*		二级							
游隼	*Falco peregrinus*		二级				附录 I			
黑枕黄鹂	*Oriolus chinensis*								√	
暗灰鹃鵙	*Lalage melaschistos*								√	
长尾山椒鸟	*Pericrocotus ethologus*								√	
黑卷尾	*Dicrurus macrocercus*								√	
寿带	*Terpsiphone incei*								√	
牛头伯劳	*Lanius bucephalus*								√	
红尾伯劳	*Lanius cristatus*								√	
灰背伯劳	*Lanius tephronotus*								√	
灰伯劳	*Lanius excubitor*								√	
楔尾伯劳	*Lanius sphenocercus*								√	
灰喜鹊	*Cyanopica cyanus*								√	

续表

物种	拉丁名	国家重点保护动物级别		IUCN 红色名录保护级别			CITES 附录级别		三有动物	甘肃省重点保护动物
		一级	二级	CR	EN	VU	附录 I	附录 II		
红嘴蓝鹊	*Urocissa erythroryncha*								√	
喜鹊	*Pica pica*								√	
达乌里寒鸦	*Corvus dauuricus*								√	
秃鼻乌鸦	*Corvus frugilegus*								√	
黑冠山雀	*Periparus rubidiventris*								√	
煤山雀	*Periparus ater*								√	
黄腹山雀	*Pardaliparus venustulus*								√	
沼泽山雀	*Poecile palustris*								√	
褐头山雀	*Poecile montanus*								√	
大山雀	*Parus cinereus*								√	
绿背山雀	*Parus monticolus*								√	
细嘴短趾百灵	*Calandrella acutirostris*								√	
短趾百灵	*Alaudala cheleensis*								√	
云雀	*Alauda arvensis*		二级						√	
小云雀	*Alauda gulgula*								√	

续表

物种	拉丁名	国家重点保护动物级别		IUCN 红色名录保护级别			CITES 附录级别		三有动物	甘肃省重点保护动物
		一级	二级	CR	EN	VU	附录 I	附录 II		
大苇莺	*Acrocephalus arundinaceus*								√	
家燕	*Hirundo rustica*								√	
毛脚燕	*Delichon urbicum*								√	
烟腹毛脚燕	*Delichon dasypus*								√	
金腰燕	*Cecropis daurica*								√	
白头鹎	*Pycnonotus sinensis*								√	
褐柳莺	*Phylloscopus fuscatus*								√	
黄腹柳莺	*Phylloscopus affinis*								√	
棕眉柳莺	*Phylloscopus armandii*								√	
甘肃柳莺	*Phylloscopus kansuensis*								√	
黄腰柳莺	*Phylloscopus proregulus*								√	
暗绿柳莺	*Phylloscopus trochiloides*								√	
冠纹柳莺	*Phylloscopus claudiae*								√	
银喉长尾山雀	*Aegithalos glaucogularis*								√	
中华雀鹛	*Fulvetta striaticollis*		二级							

续表

物种	拉丁名	国家重点保护动物级别		IUCN 红色名录保护级别			CITES 附录级别		三有动物	甘肃省重点保护动物
		一级	二级	CR	EN	VU	附录 I	附录 II		
山鹛	*Rhopophilus pekinensis*								✓	
白眶鸦雀	*Sinosuthora conspicillata*		二级						✓	
棕头鸦雀	*Sinosuthora webbiana*								✓	
白领凤鹛	*Yuhina diademata*								✓	
红胁绣眼鸟	*Zosterops erythropleurus*		二级						✓	
暗绿绣眼鸟	*Zosterops japonicus*								✓	
山噪鹛	*Garrulax davidi*								✓	
白颊噪鹛	*Garrulax sannio*								✓	
橙翅噪鹛	*Trochalopteron elliotii*								✓	
八哥	*Acridotheres cristatellus*								✓	
灰椋鸟	*Spodiopsar cineraceus*								✓	
北椋鸟	*Agropsar sturninus*								✓	
紫翅椋鸟	*Sturnus vulgaris*								✓	
虎斑地鸫	*Zoothera aurea*								✓	
斑鸫	*Turdus eunomus*								✓	

续表

物种	拉丁名	国家重点保护动物级别		IUCN红色名录保护级别			CITES附录级别		三有动物	甘肃省重点保护动物
		一级	二级	CR	EN	VU	附录 I	附录 II		
宝兴歌鸫	*Turdus mupinensis*								√	
红喉歌鸲	*Calliope calliope*		二级						√	
红胁蓝尾鸲	*Tarsiger cyanurus*								√	
北红尾鸲	*Phoenicurus auroreus*								√	
红尾水鸲	*Rhyacornis fuliginosa*								√	
黑喉石䳭	*Saxicola maurus*								√	
朱鹀	*Urocynchramus pylzowi*		二级						√	
山麻雀	*Passer cinnamomeus*								√	
麻雀	*Passer montanus*								√	
黄鹡鸰	*Motacilla tschutschensis*								√	
黄头鹡鸰	*Motacilla citreola*								√	
灰鹡鸰	*Motacilla cinerea*								√	
白鹡鸰	*Motacilla alba*								√	
田鹨	*Anthus richardi*								√	
粉红胸鹨	*Anthus roseatus*								√	

续表

物种	拉丁名	国家重点保护动物级别		IUCN红色名录保护级别			CITES附录级别		三有动物	甘肃省重点保护动物
		一级	二级	CR	EN	VU	附录I	附录II		
燕雀	*Fringilla montifringilla*								√	
锡嘴雀	*Coccothraustes coccothraustes*								√	
灰头灰雀	*Pyrrhula erythaca*								√	
普通朱雀	*Carpodacus erythrinus*								√	
酒红朱雀	*Carpodacus vinaceus*								√	
长尾雀	*Carpodacus sibiricus*								√	
北朱雀	*Carpodacus roseus*		二级						√	
金翅雀	*Chloris sinica*								√	
蓝鹀	*Emberiza siemsseni*		二级						√	
白头鹀	*Emberiza leucocephalos*								√	
灰眉岩鹀	*Emberiza godlewskii*								√	
三道眉草鹀	*Emberiza cioides*								√	
小鹀	*Emberiza pusilla*								√	
黄喉鹀	*Emberiza elegans*								√	
小计		5	31		1	3	1	2	154	3

续表

物种	拉丁名	国家重点保护动物级别		IUCN 红色名录保护级别			CITES 附录级别		三有动物	甘肃省重点保护动物
		一级	二级	CR	EN	VU	附录 I	附录 II		
爬行类										
乌龟	*Chinemys reevesii* Gray				EN				√	
鳖	*Trionyx sinensis* Wiegmann		二级			VU			√	√
秦岭滑蜥	*Scincella tsinlingensis* Hu et Zhao								√	
黄纹石龙子	*Plestiodon capito*								√	
丽斑麻蜥	*Eremias argus* Peters								√	
密点麻蜥	*Eremias multiocellata*								√	
北草蜥	*Takydromus septentrionalis* Guenther								√	
无蹼壁虎	*Gekko swinhonis* Guenther					VU			√	
双斑锦蛇	*Elaphe bimaculata* Schmidt								√	
虎斑颈槽蛇	*Rhabdophis tigrinus* Berthold								√	
白条锦蛇	*Elaphe dione* Pallas								√	
黄脊游蛇	*Coluber spinalis* Peters								√	
黑脊蛇	*Achalinus spinalis*								√	
斜鳞蛇中华亚种	*Pseudoxenodon macrops sinensis*								√	

续表

物种	拉丁名	国家重点保护动物级别		IUCN 红色名录保护级别			CITES 附录级别		三有动物	甘肃省重点保护动物
		一级	二级	CR	EN	VU	附录 I	附录 II		
高原蝮	*Gloydius strauchi*								√	
小计		0	1	0	1	2	0	0	15	1
两栖类										
大鲵	*Andrias davidianus* Blanchard		二级	CR			附录 I			
西藏山溪鲵	*Batrachuperus tibetanus*		二级			-			√	√
岷山蟾蜍	*Bufo bufo minshanicus* Stejneger								√	
花背蟾蜍	*Bufo raddei* Strauch								√	
六盘齿突蟾	*Scutiger liupanensis* Huang				EN				√	
中国林蛙	*Rana chensinensis* David								√	
黑斑侧褶蛙	*Pelophylax nigromaculata* Hallowell								√	
小计		0	2	1	1	0	1	0	6	1
鱼类										
鲤鱼	*Cyprinus carpio* Linnaeus					VU				
小计		0	0	0	0	1	0	0	0	0

二、详述

1. 哺乳类

（1）石貂

形态特征：石貂是貂属中体形较细长的种，仅略大于紫貂。成年公貂一般体长在46~54 cm，尾长22~30 cm，体重1.5~2.3 kg。成年母貂体长40~42 cm，尾长约25 cm，体重1.1~1.3 kg。头部短、宽，呈三角形，吻鼻部尖而细长，鼻垫有较深的纵沟，耳大钝圆，耳壳短而宽阔。躯干相对身体其他部分稍粗壮，尾长约为体长2/3或长度超过体长之半，四肢短粗有力，皆具5趾，趾行性，各趾有趾垫，掌垫3枚，脚下有毛。爪细而弯曲，尖部甚锐，适于爬树攀缘。

全身被毛通常呈单一的光亮灰褐色或淡褐色。头部呈淡灰褐色，喉胸部具有较大的白色块斑（亦称貂嗉），向后分呈"V"形或不规则的环状，延及胸部及前肢上部通常为鲜明的乳白色或淡黄色或略带棕色斑点。与周围毛色明显区分。尾部和四肢为黑褐色，尾毛蓬松呈圆筒状。针毛棕褐，绒毛丰满洁白，稀疏的针毛不能盖住原底绒，使背部、腹部皮毛呈灰褐色。针毛在脊背中央聚集使色调加深呈暗褐色，四肢和尾部同样。除耳缘、额、喉和胸部白色外，其余各处均为较一致的淡褐色。喉斑是它区别于其他貂类的主要特征。

栖息环境：石貂多栖息于森林、矮树丛、灌木林的边缘、树篱和岩质丘陵，最高分布到海拔4 200 m。在多岩石的沟谷、山坡等地带穴居的多在石堆或岩洞内，其抗寒力极强。有时也侵占其他中小型动物的洞为窝，亦喜居树上。中国的石貂北方亚种栖息在陕西北部黄土高原丘陵沟壑区，也有营巢于沟壁或被雨水冲刷形成的溶洞内。无林岩坡上由于长期水土流失渗漏形成的溶洞式串珠状洞穴，一般在沟谷边缘沟头的上部、谷坡扩张比较强烈的沟边，以及沟床下切较迅速的支毛沟底等处有较多陷穴产生，有时可见串珠状的陷穴，这些天然洞穴恰好被石貂所利用，作为巢穴栖居。

中国的石貂青藏亚种在青海高原栖息于300 m以上的高寒草甸草原、灌丛地带及针叶林边缘乱石堆里。或在山峦起伏、河流纵横、山岩峡谷的陡岸上，故名"岩貂"。

生活习性：石貂是一种夜行性动物。通常白天躲藏在洞穴中睡觉，夜间外出活动，尤其是早晨和黄昏活动最为频繁。在育幼期间也常在白天出没。气候对其活动有影响，遇大风、大雪等天气时，很少出来活动和采食。石貂一般多为雌雄成对活动，彼此分散后常回原处寻找。行动敏捷且善于攀缘，但在平地奔跑较慢，跑动中常辅以纵跳。在活动时尾部扫地故又名"扫雪"。它们的听觉和视觉都很敏锐，当听到响声时，立即匍匐于地，朝声响的方向倾听和窥视。排粪地点一般比较固定。

（2）虎鼬

形态特征：虎鼬又叫马艾虎、花地狗，体形与艾鼬相似，但略小、体长22~40 cm，体重约500 g。尾长接近体长之半。全身花纹斑驳非常醒目故名虎鼬。体背为黄白色，其上布满许多褐色或粉棕色斑纹；喉胸腹及四肢为黑褐色；一条宽的白纹横面而过经双眼上方延至耳下。体形大小如家猫。体长512~610 cm，体重920~2 440 g。雄性大于雌性。头、耳、眼均小；四肢短，前足爪长，后足爪短尾巴长并似刷状。具1对会阴腺。头部亮黑色，两眼间有一狭长白纹；两条宽阔的白色背纹始于颈背并向后延伸至尾基部。背毛黄白色，身上有许多大小和形状不规则的褐色或棕色斑纹，身体后部斑纹多而颜色深。头部自吻端至两耳间为黑褐色，横过面颜部有一条白纹，经眼上方向两侧延伸到耳下、上下唇。尾末端黑褐色，易与其他鼬类相区别。

虎鼬全身具交错分布的斑纹，身体背面及侧面淡黄白色，杂以棕或棕褐色斑点或斑纹；耳上生白毛，两耳间有一近似三角形的黑褐色块斑；眼上方有一白色带纹并经耳下延伸到颈下；上唇、下颌及嘴周为白色；自鼻端、两眼间至颈下到身体腹面及四肢、尾腹面均为黑褐色；尾末端黑褐色。它身上"外套"如大理石花纹的不同颜色，基本上由黄色、褐色、红色、黑色、白色组成。虎鼬的脸很有特色，有如戴了个黑白相间的面具，在它的背部有一个"鞍"的颜色造型；作为鼬科它也有一条毛发密实又蓬松的大尾巴；短腿和尖利的长爪，使它能够有效的捕捉猎物和挖掘洞穴，它们偏好大多数的啮齿类动物。虎鼬能为它们的领土做气味标记，这种强烈的"臭"味也作为它们逃避敌害的一种方法。

分布：分布于欧洲的保加利亚、罗马尼亚、南斯拉夫、俄罗斯、叙利亚、黎巴嫩、以色列、巴勒斯坦、约旦、伊朗、阿富汗、巴基斯坦、哈萨克斯坦、蒙古国和中国，此外埃及的西东条半岛也有发现。国内主要分布于甘肃（平凉环县会宁榆中）等地；新疆准噶尔南部；宁夏盐池；内蒙古的鄂尔多斯、锡林郭勒盟、乌兰察布市；山西北部；陕西榆林、定边、靖边以及青海北部。在自然保护区有分布。

栖息环境：虎鼬主要生活在开阔的沙漠、半沙漠和半干燥的岩地，不喜欢居住在山地。栖居于荒漠与半荒漠草原，一般避开辽阔的草原和纯沙漠区，在潮湿的湿地或石质荒原也很少见。虎鼬因为其生活环境并不避光，因此即使在白天它们也十分活跃的。虎鼬一般会掘洞而居，也会抢占其他动物的巢穴，它会为了储存食物而在主要的洞穴外另建一个洞穴。

生活习性：挖洞穴居，有时也利用其他动物的洞穴。主要在夜间和晨昏活动。善于攀爬，但主要在地面活动，捕食鼠类、鸟类、蜥蜴等。除繁殖季节外，均单独活动。

虎鼬为典型荒漠、半荒漠草原代表动物。生机警，凶猛，能攀树。喜晨昏和夜间活动。穴居。捕食荒漠中的鼠类、蜥蜴和小鸟等。开春前发情，4月产仔，每胎产4~8仔。虎鼬在消灭鼠害、治理沙漠和保护草地等方面具有积极作用。

（3）水獭

形态特征：水獭体长55~82 cm，尾长30~55 cm，体重5~14 kg。雌性较小。体表被有又粗又密的针毛，背部为暗褐色，腹部呈淡棕色，喉颈、胸部近白色，迎着太阳时反射油亮的光泽，里面是咖啡色的绒毛，水不能透进反而会被弹开。身体细长，呈圆筒状，头部宽扁，吻部短而不突出，鼻子小而呈圆形，裸露的小鼻垫上缘呈"W"形。鼻镜上缘的正中凹陷。上唇为白色，嘴角生有发达的触须，上颌裂齿的内侧具大型的突起。眼小，耳也较小，呈圆形。四肢粗短，趾爪长而稍锐利，爪较大而明显，伸出趾端，后足趾间具蹼。尾长而扁平，基部粗，至尾端渐渐变细，长度几乎超过体长的一半。水獭具有流线型的身体，体毛较长而细密，呈棕黑色或咖啡色，具丝绢光泽；底绒丰厚柔软。体背灰褐，胸腹颜色灰褐，喉部、颈下灰白色，毛色还呈季节性变化，夏季稍带红棕色。

生活习性：水獭属于半水栖动物，栖息在水流较缓、水的透明度较大、水生植物贫乏而鱼类较多的河流、沼泽、池塘、湖泊等淡水水域生活，尤其是在两岸林木繁茂的小溪活动频繁。也有的生活在沿海咸、淡水交界的地区，在靠近海岸的小岛上，其还常常到海水中去捕鱼。大多掘洞而居，其巢穴筑在靠近水边的树根、树墩、芦苇和灌木丛下，利用自然的低洼来筑巢。水獭的洞穴也有好几个出入口，洞道向上倾斜，以防水进入洞穴，但其中有一个洞口通到水下，开口于水下1~3 m处，使水陆连通，不仅进出方便，也可以直接潜入水中觅食和躲避食肉兽类的袭击。白天隐匿在洞中休息，夜间出来活动，洞内以草做铺垫物，大小便也都有固定的地方。除了交配期以外，平时都单独生活。为了寻找更多的食物，除了繁殖季节外，也经常迁移，从一条河到另一条河，或从上游到下游。

致危因素：由于獭类的生活环境受到污染、水质变劣，破坏了獭类栖息地和食物来源。在污染严重的地方獭类会直接被毒死；在污染较低的地方，会出现繁殖力低下，对疾病的抵抗力弱的恶果；獭皮价格昂贵，肝脏被认为是贵重的中药材，猎獭者穷追不舍，使水獭数量剧减。尤其是猎獭技术益精，运用"钩帘"法捕獭，大小水獭无一幸免，多数山溪江河已罕有獭迹。

（4）猪獾

形态特征：猪獾又叫沙獾，体长62~74 cm，尾长9~22 cm，体重625~7 500 g。鼻吻狭长而圆，吻端与猪鼻酷似，鼻垫与上唇间裸露无毛。眼小，耳短圆。四肢短粗有力，脚底趾间具毛，但掌垫明显裸露，趾垫5个后脚掌裸露部位不达脚跟处，爪长而弯曲，前脚爪强大锐利。尾较长，基部粗壮，向末端逐渐变细。

通体黑褐色，体背两侧及臀部杂有灰白色。吻浅棕色，颊部黑褐色条纹自吻端通过眼间延伸到耳后，与颈背黑褐色毛会合；从前额到额顶中央，有一条短宽的白色条纹，其长短因个体变异而多有差异，有的个体向后继续延伸直达颈背。两颊在眼下各具一条污白色条纹，但不达到上唇边缘；耳背及耳下缘棕黑色，耳上缘白色。下颌及喉白色，与四周黑褐色区域明显隔离而形成白斑，此斑向后延伸直达颈背并会合，使颈背显白色。自颈背到臀部为淡褐色，四肢黑褐色，腹部浅褐色。针毛粗长挺拔，毛尖棕黑，基部污灰色。臀部针毛最长，分三色，毛尖的1/5段为污白色，中段1/5为棕黑色，基部3/5为污白色。尾毛较长，全白色。

头骨颅形较狭长略平直，头骨粗厚坚实，骨缝愈合紧密。鼻骨狭长，眶前区向前下方较倾斜，眶前孔特大。腭骨两侧缘向外略微膨胀，腭骨沿中线稍凹陷，向后延伸到关节窝水平线处，最末端的钩状突宽而平直，呈翼状；下颌髁突明显高出下齿列水平，听泡扁平而内陷。

生活习性：全身浅棕色或黑棕色，另杂以白色；喉及尾白色；鼻尖至颈背有一白色纵纹，从嘴角到头后各有道短白纹。从平原到海拔3 000多米的山地都有栖居，生活习性与狗獾相似穴居，住岩洞或掘洞而居，性凶猛，叫声似猪。视觉差，嗅觉发达，夜行性。食性杂，尤喜食动物性食物，包括蚯蚓、青蛙、蜥蜴、泥鳅、黄鳝、蝼蛄、天牛和鼠类等，也食植物性食物，有时也以农作物为食，如玉米、小麦、白薯和花生等。猪獾性情凶猛，当受到敌害时常将前脚低俯，发出凶残的吼声，吼声似猪，同时能挺立前半身以牙和利爪做猛烈的回击。能在水中游泳。视觉差，但嗅觉灵敏，找寻食物时常抬头以鼻嗅闻，或以鼻翻掘泥土。有冬眠习性。通常在10月下旬开始冬眠，冬眠之前大量进食，使体内脂肪增加。入蛰后有时也在中午气温较高时出洞口晒太阳。次年3月开始出洞活动。

繁殖：每年立春前后发情，在7月下旬至8月上旬交配。怀孕期3个月左右（猪獾的受精卵有滞育现象），于翌年春季3—4月间产仔，每胎产3~4仔，哺乳期为3个月。幼仔2岁达到性成熟，寿命大约为10年。

分布：猪獾在国内有2个亚种，分布于北京、天津、河北、辽宁、内蒙古、山东、河南、山西、陕西、宁夏、甘肃、安徽、江苏、浙江、江西、湖北、湖南、四川、贵州、云南、西藏、广西、广东、福建等地。在甘肃省分布有北方亚种，见于陇南环县、平凉、漳县、张家川、兰州、康乐、和政、临夏甘南、河西等地，在自然保护区有分布。

保护：列入国家林业和草原局2000年8月1日发布的《国家保护的有益的或者有重要经济、科学研究价值的陆生野生动物名录》。

（5）豹

形态特征：从头到尾长1.7~2.1 m，尾巴超过体长之半，雄性体重60~75 kg，雌性40~55 kg。躯体均匀，四肢中长，趾行性。视、听、嗅觉均很发达。犬齿及裂齿极发达；上裂齿具三齿尖，下裂齿具2齿尖；臼齿较退化，齿冠直径小于外侧门齿高度。皮毛柔软，常具显著花纹。前足5趾，后足4趾；爪锋利，可伸缩。尾发达。

头小而圆，耳短，耳背黑色，耳尖黄色，基部也是黄色，并具有稀疏的小黑点。虹膜为黄色，在强光照射下瞳孔收缩为圆形，在黑夜则发出闪耀的磷光。犬齿发达，舌头的表面长着许多角质化的倒生小刺。嘴的侧上方各有5排斜形的胡须。额部眼睛之间和下方以及颊部都布满了黑色的小斑点。身体的毛色鲜艳，体背为杏黄色，颈下、胸、腹和四肢内侧为白色，耳背黑色，有一块显著的白斑，尾尖黑色，全身都布满了黑色的斑点，头部的斑点小而密，背部的斑点密而较大。华北豹毛皮颜色要深于远东豹。

栖息环境：生活于山地森林、丘陵灌丛、荒漠草原等多种环境，从平原到海拔3 600 m的高山都有分布。它的巢穴比较固定，多筑于浓密树丛、灌丛或岩洞中。

分布：我国河南、河北、山西、北京、陕西、甘肃东南部和宁夏南部的广大地区。在甘肃分布于陇南、天水、平凉、兰州榆中、和政、康乐、临夏等地。

种群现状：曾经被大量捕杀，人为的过量捕杀使种群数量急剧下降。目前甘肃、河南、宁夏、北京的豹已基本绝迹，河北和陕西有少数生存，山西数量则比较可观，总体呈稳定趋势。山西是拥有野生豹数量最多的省，因山西几乎是当前华北森林环境最好的一块地区，拥有数量众多的狍子和野猪，为豹提供充足的食物；加上山西的虎、狼、豺、亚洲、黑熊、猞猁这些大中型食肉动物已经绝迹或基本绝迹，豹在山西几乎没有任何竞争对手。山西省豹数量大致在1 000只左右，中国豹数量可能不足1 500只。2013年，根据常年居住在崆峒山前峡王母宫的两位道士（男，70~76岁）讲到，在一年中有三次见到豹子（都是在凌晨3~4点钟，见到有一只成年豹子带领两只小豹子下山到水库边喝水），据此估计该保护区有6~8只豹。

（6）金猫

形态特征：金猫比云豹略小，体长80~100 cm。尾长超过体长的一半。耳朵短小直立；眼大而圆。四肢粗壮，体强健有力，体毛色多变。金猫的体毛多为棕红或金褐色，也有一些变种为灰色甚至黑色。通常斑点只在下腹部和腿部出现，某些变种在身体其他部分会有浅浅的斑点。在中国有一种带斑点的变种，与豹猫十分相似。金猫颜色变异较大，正常色型是橙黄色，有美丽的暗色花纹。变异色型有红棕色、褐色和黑色。不管怎样变化，脸谱都一样，眼的内上角有一道镶黑边的白纹。体色多样，至少有三类色型：红色金猫，背毛红棕色，故命名"红春豹"；灰色金猫，毛色灰棕者称"芝麻豹"；灰棕色色型且背部有斑纹者，俗称"狸豹"。几种色型间还有各种过渡类型，此外还有近黑色的黑金猫。

生活习性：金猫是独居动物，行踪比较诡秘，因此野外种群的习性资料较少。研究金猫者指出金猫主要在夜间活动，最近的研究则显示有些金猫的活动并没有很多规律。

除在繁殖期成对活动外，一般营独居生活。夜行性，以晨昏活动较多，白天栖于树上洞穴内，夜间下地活动。但在冬季常有白天活动的现象。善于爬树，但多在地面活动，只是在逃避敌害时或捕食前后才上树活动。一般活动范围2~4 km^2，每夜行程500~1 500 m，常在山脊光秃的小山包、岩石或三岔路口处排粪。

栖息环境：金猫喜欢栖息于山岩之间的森林中，也栖息于亚洲的热带雨林、亚热带常绿林和落叶林、常绿落叶阔叶混交林针阔混交林、针叶林、林缘较开阔的灌木林、灌丛等地，也栖息于海拔2 000 m上的高山地区。具有较固定的占区领域（活动范围）。雄、雄性的占区面积大致相间，在无人为干扰森林即原生森林食物丰富的环境中为2~4 km^2，平均为3 km^2，同性个体之间的活动范围不重叠，界线严格，而不同性别的个体之间的活动范围略有重叠，但绝大部分区域仍为严格占领区。

种群现状：金猫数量历来不多。中国民间传统将金猫骨作豹骨入药。大型猫科动物（虎、豹）数量迅速大幅度下降的同时，盗猎者逐步把目标转向金猫。另外，山地林区狩猎强度有增无减，金猫赖以生存的食物资源下降，也影响金猫种群的发展。栖息地的变化，也导致其数量的减少。

（7）豹猫

形态特征：豹猫是体型较小的食肉类，略比家猫大。体长为36~66 cm，尾长20~37 cm，体重1.5~8.0 kg，尾长超过体长的一半。头形圆。从头部至肩部有四条黑褐色条纹（或为点斑），两眼内侧向上至额后各有一条白纹。耳背黑色，有一块明显的白斑。全身背面体毛为棕黄色或淡棕黄色，布满不规则黑斑点。胸腹部及四肢内侧白色，尾背有褐斑点或半环，尾端黑色或暗灰色。

豹猫的体形十分匀称。头圆吻短，眼睛大而圆，瞳孔直立，耳朵小，而呈圆形或尖形。牙齿的数目减少，有28~30枚，但很多牙齿的形状变得很强大，同时连带着上下颌骨也变得短而粗壮，而控制颌骨的肌肉及附着的颧弓也变得更坚强有力。门齿较小而弱，上下颌各有3对，主要作用是啃食骨头上的碎肉和咬断细筋。犬齿长而极为发达，最为突出醒目，而且还与附近的门齿及前臼齿之间保持相当的空隙，是主要的攻击性武器，用来杀伤或咬死猎物，由于前后有间隙，因此能咬得更紧，贯穿得更深。上下4枚犬齿相合，好比4支枪尖交错一般。臼齿只有1对，上臼齿退化，都是非常弱小，而且被压缩到内侧，但是下臼齿则很坚强发达。一般没有第一枚上前臼齿，第二枚上前臼齿不大。裂齿强大，又有两三个特别锐利的齿尖，上下交错，形如剪刀，可以咬穿最硬厚的牛皮或割裂最坚韧的兽肉。裂齿位置靠后，接近咀嚼肌，其强力咬切动作均后移至嘴角。

生活习性：豹猫主要栖息于山地林区、郊野灌丛和林缘村寨附近。分布的海拔高度可从低海拔海岸带一直分布到海拔3 000 m高山林区。在半开阔的稀疏灌丛生境中数量最多，浓密的原始森林、垦殖的人工林和空旷的平原农耕地数量较少，干旱荒漠、沙丘几乎无分布。

主要以鼠类、松鼠、飞鼠、兔类、蛙类、蜥蜴蛇类、小型鸟类、昆虫等为食物，也吃浆果、榕树果和部分嫩叶、嫩草，有时入村寨扑食鸡鸭等家禽。豹猫的食性和生活习性与俗称"野狸子"的丛林猫很相似，虽然两者外观有差异，但仍然容易被混淆。

窝穴多在树洞、土洞、石块下石缝中。豹猫的巢或大或小，豹猫主要为地栖，但攀爬能力强，在树上活动灵敏自如。夜行性，晨昏活动较多，独栖或成对活动。善游水，喜在水塘边、溪沟边、稻田边等近水之处活动和觅食。

分布：在全世界分布于德国、阿富汗孟加拉国、不丹、文莱达鲁萨兰国、柬埔寨、中国、印度、印度尼西亚、日本朝鲜、老挝、马来西亚、缅甸、尼泊尔、巴基斯坦、菲律宾、俄罗斯、新加坡、泰国、越南。在中国分布记录有5个亚种，除新疆和内蒙古的干旱荒漠、青藏高原的高海拔地区外，几乎所有的省区都有分布，包括北方亚种分布于东北、华北和西北地区；华东亚种分布于华东、华中和华南地区；指名亚种分布于云南大部、贵州西部和广西西部；川西亚种分布于云南北部、四川西部、西藏东南部和甘肃南部；海南亚种仅分布于海南岛。在甘肃省分布的有指名亚种，见于陇南、华池环县、平凉陇西、兰州、康乐、和政、临夏、甘南等地，在自然保护区有分布。

致危因素：主要是长期以来作为毛皮兽而大量被捕杀和贸易；经济林木（人工纯林）和作物的大面积垦殖，使豹猫栖息地被破坏和恶化；作野味食用，在20世纪80年代，华南地区每年的消耗量数千只；部分农区灭鼠后引起第二次中毒而造成豹猫死亡。

（8）狼

狼，体形中等、匀称，四肢修长，趾行性，利于快速奔跑。头腭尖形，颜面部长，鼻端突出，耳尖且直立，嗅觉灵敏，听觉发达。犬齿及裂齿发达。毛粗而长。前足4~5趾，后足一般4趾；爪粗而钝，不能伸缩或略能伸缩。尾多毛，较发达。狼的体色一般为黄灰色，背部杂色毛基本为棕色，毛尖为黑色的毛，也间有黑褐色、黄色以及乳白色的杂毛，尾部黑色毛较多，腹部及四肢内侧为乳白色，此外还有纯黑、纯白、棕色、褐色、灰色、沙色等色型。

栖息于森林、沙漠、山地、寒带草原、针叶林、草地。狼是夜行性的动物，善于快速及长距离奔跑，多喜群居，白天常独自或成对在洞穴中蜷卧，但在人烟稀少的地带白天也出来活动。夜晚觅食的时候常在空旷的山林中发出大声的号叫，声震四野。常追逐猎食。食肉，以食草动物及啮齿动物等为食。除南极洲和大部分海岛外，分布于全世界。

（9）赤狐

形态特征：体长70 cm，体重4.2~7 kg，最大的超过15 kg。尾长20~40 cm。身体背部的毛色多种多样，但典型的毛色是赤褐色，不过也稍有差异，赤色毛较多的俗称为火狐，灰黄色毛较多的俗称为草狐。头部一般为灰棕色，耳朵的背面为黑色或黑棕色，唇部、下须至前胸部为暗白色，体侧略带黄色，腹部为白色或黄色，四肢的颜色比背部略深，且外侧具有宽窄不等的黑褐色纹，尾毛蓬松，尾尖为白色。

赤狐的眼睛适于夜间视物，在光线明亮的地方瞳孔会变得和针鼻一样细小，但因为眼球底部生有反光极强的特殊晶点，能把弱光合成一束，集中反射出去，所以在黑夜里常常是发着亮光的。同猫一样，赤狐厚重的尾巴除了用来保持身体的平衡外，还有其他的用途，如在冷天时盖在体上保暖，同其他狐狸交流时亦可用来作信号旗。

分布：赤狐广泛分布于欧亚大陆和北美洲大陆，还被引入到澳大利亚等地。栖息于森林、灌丛、草原、荒漠、丘陵、山地、苔原等多种环境中，有时也活动于城市近郊。在国外分布于南亚、中东、北非、西欧地区，俄罗斯、日本、朝鲜、印度和蒙古国等。在中国分布于（蒙新亚种）陇南、庆阳、平凉、天祝、定西、甘南、河西等地，在自然保护区有分布。

生活习性：赤狐喜欢居住在土穴、树洞或岩石缝中，有时也占据兔、獾等动物的巢穴，冬季洞口有水汽冒出，并有明显的结霜，以及散乱的足迹、尿迹和粪便等；夏季洞口周围有挖出的新土，上面有明显的足迹，还有非常浓烈的狐臊气味。住处常不固定，而且除了繁殖期和育仔期间外，一般都是独自栖息。通常夜里出来活动，白天隐蔽在洞中睡觉，长长的尾巴有防潮、保暖的作用，但在荒僻的地方有时白天也会出来寻找食物。其腿脚虽然较短，爪子却很锐利，跑得也很快，追击猎物时速度可达每小时50多千米，而且善于游泳和爬树。

种群现象：赤狐的数量在急剧减少，主要是人为捕猎而减少。

（10）林麝

形态特征：林麝头体长630~800 mm，肩高小于500 mm，尾长400 mm，颈全长102~146 mm；体重6~9 kg。雌雄均无角；耳长直立，端部稍圆。雄麝上大齿发达，向后下方弯曲，伸出唇外；腹部生殖器前有麝香囊；尾粗，短尾脂腺发达。四肢细长，后肢长于前肢。体毛粗硬色深，呈橄榄褐色，并染以橘红色。耳内和眉毛白色；耳尖黑色，基部呈褐色；下颌、喉部、颈下以至前胸间为界限分明的白色或橘黄色区，下颌部具奶油色条纹；喉侧面的奶油色色斑连接在一起形成两条奶油色色带，由颈的前面向下到胸部，而在颈的中上部则是与之相对照的深褐色宽带。腿和腹部黄到橙褐色，臀部毛色近黑色。幼年个体具斑点。

生活习性：主要栖于针阔混交林，也适于在针叶林和郁闭度较差的阔叶林的生境生活。栖息高度可达2 000~3 800 m，但在低海拔环境也能生存。林麝是一种胆小怯懦、性情孤独的动物，白天休息，早晨和黄昏才出来活动。平时雌雄分居，过着独居的生活，雌麝常和幼麝在一起，雄麝则用它们巨大的麝腺标志领域和吸引配偶。林麝视觉和听觉灵敏，遇到特殊的声音即迅速逃离或隐藏于岩石中。它们能轻快敏捷地在险峻的悬崖峭壁上行走，能登上倾斜的树干，站立于树枝上，还善于跳跃，能从平地跳起2 m以上。以树叶、杂草、苔藓、嫩芽、地衣及各种野果为食。天敌有豹、貂、狐狸、狼、猞猁，特别是人类。

（11）梅花鹿

形态特征：中型，体长125~145 cm，尾长12~13 cm，体重85~110 kg。头部略圆，颜面部较长，鼻端裸露，眼大而圆，眶下腺呈裂缝状，泪窝明显，耳长且直立；颈部长；四肢细长，主蹄狭而尖，侧蹄小；尾较短。毛色随季节的改变而改变，夏季体毛为棕黄色或栗红色，无绒毛，在背脊两旁和体侧下缘镶嵌着许多排列无序的白色斑点，状似梅花，因而得名。冬季体毛呈烟褐色，白斑不明显，与枯茅草的颜色类似。颈部和耳背呈灰棕色，一条黑色的背中线从耳尖贯穿到尾的基部，腹部为白色，臀部有白色斑块，其周围有黑色毛圈。尾背面呈黑色，腹面为白色。

雌鹿无角，雄鹿的头上具有1对雄伟的实角，角上共有4个叉，眉叉和主干呈一个钝角，在近基部向前伸出，次叉和眉叉距离较大，位置较高，常被误以为没有次叉，主干在其末端再次分成两个小枝。主干一般向两侧弯曲，略呈半弧形，眉叉向前上方横抱，角尖稍向内弯曲，非常锐利。

生活习性：梅花鹿生活于森林边缘和山地草原地区，不在茂密的森林或灌丛中，这样有利于快速奔跑。白天和夜间的栖息地有着明显的差异，白天多选择在向阳的山坡，茅草丛较为深密，并与其体色基本相似的地方栖息，这样可以较早地发现敌害，以便迅速逃离，夜间则栖息于山坡的中部或中上部，坡向不定，但仍以向阳的山坡为多，栖息的地方茅草则相对低矮稀少。梅花鹿大部分时间结群活动，群体的大小随季节、天敌和人为因素的影响而变化，通常为3~5只。在春季和夏季，群体主要是由雌兽和幼仔所组成，雄兽多单独活动，发情交配时归群。每年8—10月开始发情交配，雌鹿发情时发出特有的求偶叫声，大约持续一个月，而雄鹿在求偶时则发出像老绵羊一样的"咩咩"叫声。

2. 鸟类

（1）大石鸡

大石鸡（英文名：Rusty-necklaced Partridge；学名：*Alectoris magna*），是鸡形目雉科石鸡属的鸟类。中等体型（体长38 cm）。外形极似石鸡但体型略大而多黄色。不常见于青海东部至甘肃祁连山脉海拔1 800~3 500 m的山地及丘陵地带。大石鸡是中国特有鸟种，栖于蒿属、锦鸡儿属和针茅属等耐旱稀疏植物的黄土丘陵的阳坡、高原上雨水冲刷的黄土沟壑及岩石裸出被以稀疏蔷薇科植物灌丛的石山沟谷的阳坡。为广食性鸟，成鸟以植物性食物为主，包括花、果实、种子、叶子、根茎和嫩芽等。动物性食物很少，主要为各类昆虫。以小群活动。

地理分布：欧亚：中国中北部。

（2）勺鸡

勺鸡（英文名：Koklass Pheasant；学名：*Pucrasia macrolopha*），是鸡形目雉科勺鸡属的鸟类。又名柳叶鸡、角鸡。体长55~60 cm。雄鸟头部呈金属暗绿色，具棕褐色长形冠羽；颈部两侧有明显白色块斑；雌鸟体羽以棕褐色为主。栖息于海拔1 500~4 000 m的高山针阔叶混交林中。以植物根、果实及种子为主食。终年成对活动，秋冬成家族小群。广布于中国辽宁省以南至西藏东南部的中部地区。勺鸡虽然分布区范围较大，但分布区不连续，每地的数量都不多。勺鸡是中国国家二级保护动物。

地理分布：东洋界：喜马拉雅山脉至中国中南部。

（3）红腹锦鸡

红腹锦鸡（英文名：Golden Pheasant，学名：*Chrysolophus pictus*），是鸡形目雉科锦鸡属的鸟类。国家二级保护动物。雄鸟长约1 m，雌鸟长约60 cm。雄鸡金黄色，下体通红。头上具金黄色丝状羽冠，极为美丽。单独或成小群活动，喜有矮树的山坡及次生的亚热带阔叶林及落叶阔叶林。栖息于海拔600~1 800 m的多岩山坡，活动于竹灌丛地带。以蕨类、麦叶、胡颓子、草籽、大豆等为食。3月下旬进入繁殖期，筑巢于乔木树下或杂草丛生的低洼处，每窝产卵5~9枚，孵卵期22 d。产于青海、甘肃、陕西、四川、贵州、湖北、湖南、广西。有人提议将红腹锦鸡作为中国国鸟。宋代以后帝王衮冕"十二章"中，"华虫"的原形就是红腹锦鸡。也许，传说中的凤凰的原形就是红腹锦鸡。

地理分布：东洋界（中国中部、南部）。

（4）鸿雁

鸿雁（英文名：Swan Goose；学名：*Anser cygnoides*），是雁形目鸭科雁属的鸟类。又叫原鹅、大雁、洪雁、冠雁、天鹅式大雁、随鹅、奇鹅、黑嘴雁、沙雁、草雁。体长800~930 mm。背、肩三级飞羽及尾羽均呈暗褐色，羽缘淡棕色；下背和腰黑褐，前颈下部和胸均呈淡肉红色；头顶及枕部为棕褐色，头侧浅桂红色；颏及喉棕红，颈白色，后颈正中呈咖啡褐色。鸿雁是中国家鹅的祖先。

繁殖区：欧洲，亚洲中部和蒙古国至西伯利亚东南部。

非繁殖区：中国东南部。

（5）大天鹅

大天鹅（英文名：Whooper Swan；学名：*Cygnus cygnus*），是雁形目鸭科天鹅属的鸟类。别名天鹅、咳声天鹅、白天鹅、黄嘴天鹅、鹄、白鹅。体重约10 kg，体长达1.5 m，全身的羽毛均为雪白的颜色，只有头部和嘴的基部略显棕黄色，嘴的端部和脚为黑色。分布于北欧、亚洲北部，越冬在中欧、中亚及中国，是中国国家二级保护动物。

繁殖区：欧亚大陆北部。

非繁殖区：欧洲西部，中国东部。

（6）鸳鸯

鸳鸯（英文名：Mandarin Duck；学名：*Aix galericulata*），是雁形目鸭科鸳鸯属的鸟类。鸳指雄鸟，鸯指雌鸟。（英文名为"Mandarin Duck"即"中国官鸭"）。鸳鸯雄鸟外表极为艳丽，最具有特色的是最后一枚三级飞羽特化，形成面积很大竖立于背部的帆状结构，为耀眼的橘红色，这是鸳鸯的一个显著特征。

繁殖区：欧亚；西伯利亚东南部，朝鲜半岛，日本和中国东部。

非繁殖区：中国东南部。

（7）红头潜鸭

红头潜鸭（英文名：Common Pochard；学名：*Aythya ferina*），是雁形目鸭科潜鸭属的鸟类。又名红头鸭、矶凫、矶雁，英文直译为普通潜鸭。雄鸭头、颈栗红色；雌鸭头、颈棕褐色；余部与雄鸟相似。体圆，头大，很少鸣叫，为深水鸟类，善于收拢翅膀潜水。杂食性，主要以水生植物和鱼虾贝壳类为食。有很好的潜水技能，食谱也从水草到小鱼小虾分布甚广，爱吃马来眼子菜，少食谷粒；动物性食物有软体动物、鱼、蛙等。在沿海或较大的湖泊越冬。

繁殖区：欧洲西部至亚洲中部和中国北部。

非繁殖区：非洲。

（8）大鸨

大鸨（英文名：Great Bustard；学名：*Otis tarda*），是鸨形目鸨科鸨属的鸟类。大鸨是世界上最大的飞行鸟类之一，国家一级保护动物。它身高背宽，雄鸟体长可达1 m，体重10 kg，雌鸟比雄鸟相对要小得多，平均体重3.5 kg，是世界上雄鸟和雌鸟体重相差最大的鸟类。大鸨是草原鸟类，栖息于广阔草原半荒漠地带及农田草地，通常成群一起活动。它十分善于奔跑，比骏马还快，大鸨的鸣管已退化，不能鸣叫。大鸨既吃野草，又吃甲虫、蝗虫、毛虫等各种昆虫，称得上大草原的保护神。

地理分布：欧亚中东部，中西部。

（9）灰鹤

灰鹤（英文名：Common Crane；学名：*Grus grus*），是鹤形目鹤科鹤属的鸟类。别名千岁鹤、玄鹤，中文俗称番薯鹤，英文名意为普通鹤。大型涉禽。全身的羽毛大部分为灰色，体长95~120 cm，体重3 000~5 500 g。顶冠中心红色，自眼后有一道宽的白色条纹伸至颈背。灰鹤是中国国家二级保护动物。

繁殖区：欧亚：广泛分布。

非繁殖区：非洲东北部，远东北部。

（10）鹮嘴鹬

鹮嘴鹬（英文名：Ibisbill；学名：*Ibidorhyncha struthersii*），是鸻形目鹮嘴鹬科鹮嘴鹬属的鸟类。是鸻形目的单型科鹮嘴鹬科中的唯一一种。嘴长，色红，向下弯曲，与鹮嘴相似，因而得名。栖于海拔1 700~4 400 m间多石头、流速快的河流。炫耀时姿势下蹲，头前伸，黑色顶冠的后部耸起。

分布：塔吉克斯坦西部、哈萨克斯坦东南部、新疆西北部（中国西北部）和阿富汗东北部的河流，穿过喜马拉雅山和青藏高原到达青海、甘肃、内蒙古东部、河北和北京北部（中国东北部）。

（11）黑鹳

黑鹳（英文名：Black Stork；学名：*Ciconia nigra*），是鹳形目鹳科鹳属的鸟类。又叫黑老鹳、乌鹳、锅鹳、黑巨鹳、黑巨鸡、哈日—乌日比。黑鹳是一种体态优美，体色鲜明，活动敏捷，性情机警的大型涉禽。栖于沼泽地区、池塘、湖泊、河流沿岸及河口。性惧人。冬季有时结小群活动。黑鹳是国家一级保护动物。

繁殖区：非洲，欧亚的纳米比亚和马拉维至南非，欧洲中部至中国北部。

非繁殖区：非洲北部和东部，亚洲南部。

（12）白琵鹭

白琵鹭（英文名：Eurasian Spoonbill；学名：*Platalea leucorodia*），是鹈形目鹮科琵鹭属的鸟类。是鹮科琵鹭属的大型涉禽。体长为70~95 cm，体重2 kg左右。黑色的嘴长直而上下扁平，前端为黄色，并且扩大形成铲状或匙状，很像一把琵琶，十分有趣。虹膜为暗黄色。黑色的脚也比较长。白琵鹭和黑脸琵鹭都是国家二级保护动物，但白琵鹭体型更大，脸部黑色更少。白琵鹭是荷兰的国鸟。

地理分布：非洲、欧亚、远东广泛分布。

（13）秃鹫

秃鹫（英文名：Cinereous Vulture；学名：*Aegypius monachus*），是鹰形目鹰科秃鹫属的鸟类。鹰科秃鹫属的猛禽，又叫秃鹰、坐山雕、狗头鹫、狗头雕，藏名音译"夏过"，以食腐肉为生的大型猛禽。成鸟头部裸露。食尸体但也捕捉活猎物。进食尸体时优先于其他鹫类。常与高山兀鹫混群。高空翱翔达几个小时。除了南极洲及海岛之外，差不多分布全球每个地方。全球性近危，是国家一级保护动物。

繁殖区：欧洲南部至亚洲中部，巴基斯坦和印度西北部。

非繁殖区：非洲北部，印度，中国和亚洲东南部。

（14）草原雕

草原雕（英文名：Steppe Eagle；学名：*Aquila nipalensis*），是鹰形目鹰科雕属的鸟类。中文俗名草原鹰、大花雕、角鹰，藏名译音"扎唐无巴"，和非洲草原雕（茶色雕）区别，又叫亚洲草原雕。属于大型猛禽，常见于北方的干旱平原。习性懒散，迁徙时有时结大群。繁殖鸟或夏候鸟见于新疆西部喀什及天山地区，东至青海、内蒙古及河北。迁徙时见于中国的多数地区；越冬于贵州、广东及海南岛。草原雕目前数量稀少，属于国家二级保护动物。

繁殖区：欧亚中部。

非繁殖区：东洋界，阿拉伯半岛，非洲。

（15）金雕

金雕（英文名：Golden Eagle；学名：*Aquila chrysaetos*），是鹰形目鹰科雕属的鸟类。俗称鹫雕、金鹫、黑翅雕、洁白雕（幼鸟）等，是一种性情凶猛、体态雄伟的猛禽。栖于崎岖干旱平原、岩崖山区及开阔原野。捕食雁等大中型鸟类、土拨鼠、野兔、藏原羚及狐、鼬等哺乳动物。随暖气流在壮观的高空翱翔。属于中国国家一级保护动物。

地理分布：北美，中美，欧亚广泛分布。

（16）雀鹰

雀鹰（英文名：Eurasian Sparrowhawk；学名：*Accipiter nisus*），是鹰形目鹰科鹰属的鸟类。又名黄鹰、鹞鹰、细胸（♂）、鹞子（♀）。羽色似苍鹰，但体形小得多。常从栖处或伏击飞行中捕食，喜林缘或开阔林区。该物种的模式产地在瑞典。为世界濒危物种其中一种，联合国《濒危野生动物名录》其中之一，为国家二级保护动物。

繁殖区：欧亚广泛分布。

非繁殖区：东洋界，非洲东北部。

（17）苍鹰

苍鹰（英文名：Northern Goshawk；学名：*Accipiter gentilis*），是鹰形目鹰科鹰属的鸟类。鹰形目鹰科鹰属强壮鹰类，俗名鸡鹰（♂）、大鹰（♀）、牙鹰、鹞鹰、鹰、元鹰，年轻苍鹰又称黄鹰（♀），老年苍鹰又称青鹰（♀）。古英语中称为"鹅鹰"。身健，林栖，主要捕食鸽子等鸟类和野兔，也能猎取松鸡和狐等大型猎物。国家二级保护动物，世界濒危物种其中之一，联合国《濒危野生动物名录》其中一种。

地理分布：北美，中美，欧亚广泛分布。

（18）白尾鹞

白尾鹞（英文名：Hen Harrier，学名：*Circus cyaneus*），是鹰形目鹰科鹞属的鸟类。雄鸟灰色，雌鸟褐色。白尾鹞是一种比较常见的猛禽，在国外分布于欧洲，亚洲，非洲北部，美洲北部和中部，共分化为2个亚种，我国仅产指名亚种，分布几乎遍及全国各地。喜开阔原野、草地及农耕地。飞行比草原鹞或乌灰鹞更显缓慢而沉重。是国家二级保护动物。

繁殖区：欧洲和亚洲中部，北部。

非繁殖区：亚洲南部和非洲北部。

（19）黑鸢

黑鸢（英文名：Black Kite；学名：*Milvus migrans*），是鹰形目鹰科鸢属的鸟类。俗称老鹰，是一种中型猛禽。身体暗褐色，尾较长呈浅叉状，飞翔时翼下左右各有一块大的白斑。常利用热气流高飞，盘旋飞行，寻找食物，会大群聚集在一起。喜开阔的乡村、城镇及村庄。优雅盘旋或做缓慢振翅飞行。栖于柱子、电线、建筑物或地面，在垃圾堆找食腐物。是圣多美和普林西比国鸟，国家二级保护动物。广泛分布于中国、日本，黑耳鸢现已归入本鸟种。

地理分布：欧亚，非洲，远东、澳新界广泛分布。

（20）大鵟

大鵟（英文名：Upland Buzzard；学名：*Buteo hemilasius*），是鹰形目鹰科鵟属的鸟类。别名豪豹、白鹭豹、花豹。大型猛禽，世界濒危物种其中之一，联合国《濒危野生动物名录》其中一种，国家二级保护动物。全长约70 cm，体型比普通鵟、毛脚鵟大。栖息于山地、山脚平原和草原等地区，也出现在高山林缘和开阔的山地草原与荒漠地带，垂直分布高度可以达到4 000 m以上的高原和山区。喜停息在高树上或高凸物上。强健有力，能捕捉野兔及雪鸡。据报道还能杀死绵羊。主要以啮齿动物，蛙、蜥蜴、野兔、蛇、黄鼠、鼠兔、旱獭、雉鸡、石鸡、昆虫等动物性食物为食。

繁殖区：欧洲，亚洲中部、中南部至西伯利亚东南部和中国东北部。

非繁殖区：远东北部。

（21）普通鵟

普通鵟（英文名：Eastern Buzzard；学名：*Buteo japonicus*），是鹰形目鹰科鵟属的鸟类。俗名土豹子、鸡母鹞。中型猛禽，体长42~54 cm。体色变化较大，上体主要为暗褐色，下体主要为暗褐色或淡褐色，翱翔时两翅微向上举成浅"V"字形。常见在开阔平原、荒漠、旷野、开垦的耕作区、林缘草地和村庄上空盘旋翱翔。以森林鼠类为食，食量甚大，除啮齿类外，也吃蛙、蜥蜴、蛇、野兔、小鸟和大型昆虫等动物性食物，有时亦到村庄捕食鸡等家禽。部分为冬候鸟、旅鸟。春季迁徙时间3—4月，秋季10—11月。

地理分布：东洋界的西伯利亚中部、南部、蒙古国，中国东北部，日本。

（22）红角鸮

红角鸮（英文名：Oriental Scops Owl，学名：*Otus sunia*），是鸮形目鸱鸮科角鸮属的鸟类。又名东方角鸮。

地理分布：东洋界的广泛分布，以及亚洲东部。

（23）雕鸮

雕鸮（英文名：Eurasian Eagle-Owl；学名：*Bubo bubo*），是鸮形目鸱鸮科雕鸮属的鸟类。又叫大猫头鹰、希日—芍布、老兔、大猫王、恨狐、夜猫。夜行性猛禽。雕鸮和毛腿渔鸮是世界上最大的猫头鹰。有一双明亮橘黄色的眼睛。除繁殖季节成对外，平常单独活动。听觉和视觉在夜间异常敏锐。白天隐蔽在茂密的树丛中休息。天敌是金雕等大型猛禽，另外白天看见时总是在被乌鸦及鸥类围攻。于警情中的鸟会做出两翼弯曲头朝下低的宽宏姿态。飞行迅速，振翅幅度小。分布在除海南、台湾外的中国大部分地区，是留鸟。雕鸮是国家二级保护动物。

地理分布：欧亚：广泛分布。

（24）纵纹腹小鸮

纵纹腹小鸮（英文名：Little Owl；学名：*Athene noctua*），是鸮形目鸱鸮科小鸮属的鸟类。分布于印度、缅甸、中南半岛和伊朗等地，在中国仅分布于四川的宝兴和雅江等地。体长21~23 cm。捕食昆虫、蚯蚓、两栖动物以及小型的鸟类和哺乳动物。善奔跑。部分地昼行性。矮胖而好奇，常神经质地点头或转动。有时以长腿高高站起。快速振翅作波状飞行。常立于篱笆及电线上。能徘徊飞行。繁殖期一般为5—7月。列入IUCN《濒危野生动物名录》，国家二级保护动物。

地理分布：欧亚、非洲。广泛分布欧亚和非洲北部、东北部。

（25）长耳鸮

长耳鸮（英文名：Long-eared Owl；学名：*Asio otus*），是鸮形目鸱鸮科长耳鸮属的鸟类。俗名长耳木兔、有耳麦猫王、虎鹠、彪木兔、长耳猫头鹰、夜猫子、猫头鹰、肖尔腾—伊巴拉格。中型猛禽，体羽棕黄色，耳羽很长。上体密布黑褐色粗羽干纹和虫蠹状细斑。嘴铅褐色，先端黑色。爪黑色。栖息于山地森林或平原树林中。主要以鼠类和昆虫为食。对于控制鼠害有积极作用，应大力保护。营巢于针叶林中的乌鸦巢穴。夜行性。两翼长而窄，飞行从容，振翼如鸥。长耳鸮是国家二级保护动物。

地理分布：北美、中美，欧亚广泛分布。

（26）红隼

红隼（英文名：Common Kestrel；学名：*Falco tinnunculus*），是隼形目隼科隼属的鸟类。别名：茶隼、红鹰、黄鹰、红鹞子，小型猛禽，眼睛的下面有一条垂直向下的黑色口角髭纹。栖息于山地和旷野中，多单个或成对活动，飞行较高。能捕捉地面上活动的啮齿类、小型鸟类及昆虫。红隼的价值和保护现状同猎隼差不多，唯黑市交易价格稍低于猎隼。红隼产于旧大陆，有时叫作旧大陆红隼、欧亚红隼或欧洲红隼，它比分布于南北美洲的美洲隼稍大，但颜色不那么鲜艳。红隼是中国国家二级保护动物，比利时国鸟。

繁殖区：欧亚、非洲广泛分布。

非繁殖区：远东。

（27）红脚隼

红脚隼（英文名：Amur Falcon，学名：*Falco amurensis*），是隼形目隼科隼属的鸟类。又称为阿穆尔隼、东方红脚隼。

繁殖区：欧亚的西伯利亚东部，朝鲜半岛和中国东北部。

非繁殖区：非洲东南部，亚洲南部。

（28）燕隼

燕隼（英文名：Eurasian Hobby，学名：*Falco subbuteo*），是隼形目隼科隼属的鸟类。俗称为青条子、蚂蚱鹰、青尖、土鹘、儿隼、虫鹞等。体形比猎隼、游隼等都小，为小型猛禽，上体深蓝褐色，下体白色，具暗色条纹。腿羽淡红色。繁殖于欧洲、西北非洲、除阿拉伯外的中东，以及整个亚极圈和温带亚洲。栖息于接近林地的开阔原野。捕食小鸟和大型昆虫。近似种有非洲隼、东非的烟色隼、东南亚和南太平洋的猛隼。燕隼是中国国家二级保护动物。

繁殖区：欧亚广泛分布。

非繁殖区：非洲南部；远东北部。

（29）游隼

游隼（英文名：Peregrine Falcon，学名：*Falco peregrinus*），是隼形目隼科隼属的鸟类。中文俗名：鸽虎（♂）、鸭虎（♀）、花梨鹰、青燕、那青、鸭鹘、黑背花梨鹞，在美国称为鸭鹰（duckhawk）。遍布全球，但在欧洲和北美分布区的大部地区已变得稀少。游隼是世界上短距离冲刺速度最快的鸟类，长距离飞行仅次于雨燕。在悬崖上筑巢。是中国国家二级保护动物。

地理分布：全球广泛分布。

（30）云雀

云雀（英文名：Eurasian Skylark，学名：*Alauda arvensis*），是雀形目百灵科云雀属的鸟类。又称告天子、告天鸟、阿兰、大鹨、天鹨、朝天子等，也泛指云雀属的所有鸟类。云雀体形似蒙古百灵，但个体较小，体长约19 cm，上体黑褐色，翅、尾各羽外缘淡棕色。最外侧一对尾羽近纯白色，紧挨着的一对外羽瓣为白色。下体白色，胸部淡棕色并有多数黑褐色斑点。其生活习性与蒙古百灵基本相似，云雀羽色虽不华丽，但鸣声婉转，歌声嘹亮，能与蒙古百灵媲美，素有"南灵"之称，是中国著名的笼鸟，云雀因为是著名的鸣禽，在文学、音乐中多有作品表述，但家庭笼养的云雀鸟大都是从野外草丛中捕捉幼鸟得到的，因此对野外种群数量造成了严重威胁。

繁殖区欧亚：广泛分布。

非繁殖区：非洲北部。

（31）中华雀鹛

中华雀鹛（英文名：Chinese Fulvetta；学名：*Fulvetta striaticollis*），是雀形目莺鹛科莺鹛属的鸟类。高山雀鹛体长11.5 cm。额至尾上覆羽褐沾茶黄色，尾褐，外缘栗褐色；眼先黑，颏至胸粉白，具黑色轴纹，腹部中央近白。嘴褐，下嘴较浅淡；脚浅褐色。栖息在海拔2 800~4 100 m的树林、灌丛中，主要以植物种子和昆虫为食。我国特有，仅分布在青海、甘肃、西藏、四川和云南。

地理分布：欧亚；西藏。

（32）白眶鸦雀

白眶鸦雀（英文名：Spectacled Parrotbill；学名：*Sinosuthora conspicillata*），是雀形目莺鹛科棕头鸦雀属的鸟类。白色眼圈明显，是中国特有鸟类。分布自青海、东至陕西、南抵四川和湖北等地，主要生活于较高的山地竹林及灌丛中。该物种的模式产地在青海极东处。

地理分布：欧亚（中国）。

（33）红胁绣眼鸟

红胁绣眼鸟（英文名：Chestnut-flanked White-eye；学名：*Zosterops erythropleurus*），是雀形目绣眼鸟科绣眼鸟属的鸟类。俗名：白眼儿、粉眼儿、褐色胁绣眼、红胁白目眶、红胁粉眼，中等体型，与暗绿绣眼鸟及灰腹绣眼鸟的区别在上体灰色较多，两胁栗色（有时不显露），下颚色较淡，黄色的喉斑较小，头顶无黄色。主要分布在东亚、中国华东、华南及印度支那。

地理分布：欧亚东部以及东南亚。

（34）红喉歌鸲

红喉歌鸲（英文名：Siberian Rubythroat；学名：*Calliope calliope*），是雀形目鹟科野鸲属的鸟类。俗名红脖、红点颏、红脖雀（雌）、白点颏（雄）、点颏、稿鸟、野鸲，英文名直译为西伯利亚歌鸲。具醒目的白色眉纹和颊纹，雄鸟喉部鲜红色，雌鸟喉部红色面积小。是食虫鸟，常食直翅目、半翅目、膜翅目等昆虫及幼虫和少量植物性食物。夏季在我国的东北、青海和四川北部繁殖，冬季在我国的西南部越冬。红喉歌鸲是我国的传统笼养鸟，大肆捕捉则严重威胁其生存状态。

繁殖区：欧亚中部、东部。

非繁殖区：远东。

（35）朱鹀

朱鹀（英文名：Pink-tailed Rosefinch；学名：*Urocynchramus pylzowi*），是雀形目朱鹀科朱鹀属的鸟类。其体长度为16 cm，头顶及上体几纯沙褐色；眉纹、眼先、颊以及颔、喉、胸呈淡玫瑰红色；腹部浅淡以至污白；第一枚飞羽很发达；尾羽长，外侧尾羽粉色。嘴细尖，似暗色朱雀（*Carpodacus nipalensis*）和大朱雀（*Carpodacus rubicilla*）。但嘴上下缘间有间隙，上嘴缘近基部处膨胀。尾长，呈凹形，和长尾山雀（*Aegithalos caudatus*）相似。跗蹠细长。体羽较红。该属仅有一种，为中国特产鸟类，仅分布于甘肃西北，青海和四川。

地理分布：东洋界：西藏至中国中部。

（36）北朱雀

北朱雀（英文名：Pallas's Rosefinch；学名：*Carpodacus roseus*），是雀形目燕雀科朱雀属的鸟类。又叫靠山红、马六鸟、麻料鸟、红麻料、青麻料。北朱雀雄鸟粉红色，额和喉具银白色的鳞状羽，两翼和尾均为深褐色并镶以粉边，两道翼斑淡；雌鸟色暗，上体具褐色纵纹。在中国是冬候鸟。一般栖息于山区针阔混交林、阔叶林和丘陵的杂木林中、也见于平原的榆柳林中，一般在低海拔地区活动。分布于西伯利亚、阿尔泰山西部、贝加尔湖、萨哈林岛、蒙古国、日本、朝鲜半岛以及中国的吉林、辽宁、内蒙古、宁夏、甘肃、河北、陕西、山西、山东、河南、江苏等地，该物种的模式产地在西伯利亚的 Udam。

地理分布：西伯利亚中部，哈萨克斯坦东北部（罕见）和蒙古国北部，穿过鄂霍次克海海岸和萨哈林北部（俄罗斯东部）。

（37）蓝鹀

蓝鹀（英文名：Slaty Bunting；学名：*Emberiza siemsseni*），是雀形目鹀科鹀属的鸟类。体长13 cm，属小型鸣禽，为中国特有鸟类。喙为圆锥形，雄鸟体羽大致石蓝灰色，雌鸟大致棕色。栖于次生林及灌丛。一般主食植物种子。非繁殖期常集群活动，繁殖期在地面或灌丛内筑碗状巢。主要分布于中国中部及东南部。

地理分布：欧亚（中国中部）。

3. 爬行类

（1）乌龟

乌龟 *Chinemys reevesi*（Gray）Reeves Turtle，隶属龟科 Emydidae 乌龟属。

种群状态：本种为我国最常见的龟类，原来数量甚多，近年来已急剧减少。尚未列入国家保护动物名单。为我国三有动物，已被列入《中国濒危动物红皮书》。

（2）鳖

鳖 *Pelodiscus sinensis* Wiegmann，隶属鳖科 Trionychidae 鳖属。

种群状态：从鳖在我国的分布和产量来看，本种应是我国龟鳖类中分布最广、数量最多的一个物种。但是，由于该物种具有食用和药用的价值，出现过度利用，导致该种种群数量日渐减少。

现有保护措施：无；保护级别：为我国三有动物，已被列入《中国濒危动物红皮书》。

（3）无蹼壁虎

无蹼壁虎 *Gekko swinhonis* Gienther，1864，隶属壁虎科壁虎属。

种群状态：中国特有种；该物种分布区域较宽，其种群数量甚多。该物种已被列入国家林业和草原局2000年8月1日发布的《国家保护的有益的或者有重要经济、科学研究价值的陆生野生动物名录》。

4. 两栖类

（1）大鲵

大鲵 *Andrias davidianus*，隶属隐鳃鲵科大鲵属。

种群状态：中国特有种。该物种分布广、数量多由于经济价值大和环境质量下降等原因，野生种群数量很少。

保护级别：国际 CITES 附录 I，中国一级。属于我国三有动物。国内已建立多个养殖场，人工饲养种群数量很多，野生很少。

（2）西藏山溪鲵

西藏山溪鲵 *Batrachuprus tibetanus*，隶属小鲵科山溪鲵属。

种群状态：中国特有种，该物种鲵有药用价值，由于过度利用，栖息地质量下降，其种群数连渐减少。属于易危 VU 物种，属于我国三有动物，在自然保护区属于偶见物种。

（3）六盘齿突蟾

六盘齿突蟾 *Scutiger liupancrsis*，隶属锄足蟾科齿突蟾属。

种群状态：中国特有种。由于该物种栖息环境质量下降，导致种群数逐渐减少。属于我国三有动物。在自然保护区为偶见物种。

5. 鱼类

鲤鱼

鲤鱼（学名：*Cyprinus carpio*）是鲤科鲤属鱼类。体延长而侧扁，肥厚而略呈纺锤形，背部略隆起，腹缘呈浅弧形。头中大，头顶宽阔。吻钝圆，上颌包着下颌。口略小，下位，斜裂，呈圆弧形。咽头齿3列。须两对，吻须较短，颌须较长。鳃耙短而呈三角形。体被圆鳞，侧线完整，略为弧形。背鳍硬棘Ⅲ；臀鳍硬棘Ⅲ，分枝软条5；尾鳍叉形。背鳍与臀鳍第Ⅲ条硬棘后缘有锯齿。体背部暗灰色或黄褐色，侧面略带黄绿色，腹面浅灰色或银白色。背鳍和尾鳍基部微黑色；胸鳍和腹鳍微金黄色。

鲤为淡水中下层鱼类，杂食。对生存环境适应性很强，栖息于水体底层，性情温和，生命力旺盛，既耐寒耐缺氧，又较耐盐碱，在小于7 g/L 的咸水中生长良好，适宜含盐量为1~4 g/L。适宜的水温在20~32 ℃，适宜繁殖的水温22~28 ℃。适宜生长的 pH 是7.5~8.5。鲤鱼属杂食性鱼类，幼鱼主要摄食轮虫、甲壳类及小型无脊椎动物等。

第六章
旅游资源

崆峒山属于古丝路"鸡头道"必经之地，东连关中，西接陇东，地理位置十分重要。北宋郑文宝在《萧关议》中所言"高岭崆峒，山川险阻，雄视三关，控扼五原"，由此可见，崆峒山在历史上的战略地位显著。崆峒山拥有丰富的物质文化遗产，但受限于其地理位置、自身定位、传播方式、营销宣传等原因，崆峒山文化遗产在保护传承与传播方面存在提升改进潜力，文化遗产资源价值也有待挖掘，以实现崆峒山遗产文化与周边地区协同发展。崆峒山野生动植物资源丰富，自然保护区内分布有豹等重点保护野生动物。崆峒山的民情风俗和生活习惯，也独具特色。在坚持生态环境和自然资源保护的基础上，充分发挥旅游资源的优势，积极发展旅游业，并加强旅游资源的管理，是促进崆峒山自然保护区经济、社会、环境可持续发展的重要措施。

第一节　自然旅游资源

一、地貌旅游资源

根据地质考证，在中世纪发生的一次强烈造山运动中，使今日崆峒山及东北、西南一带产生了一个山间盆地，由于雨水不断地冲刷黏土、砂石积聚到盆地中沉积，在高温高压的条件下，被胶结成紫红色砾石，称为崆峒山砾岩。到了侏罗纪初期，该区域又受到地质运动的作用，地壳上升，产生许多新的沟谷和山峰，经过长期的风雨侵蚀，流水切割，形成了各种奇特秀丽的丹霞地貌。崆峒山的丹霞地貌丰富多彩，以顶平、身陡、麓缓为基本特征，还是迄今为止所发现的时代最古老的紫红色岩层所形成的丹霞地貌。

二、风景名胜资源

该区风景名胜资源融地貌、林草、动物、湖泊、河流为一体，以自然景观为主。主要有名胜景观被称为"崆峒十二景"：香峰斗连、仙桥虹跨、笄头叠翠、月石含珠、春融蜡烛、玉喷琉璃，鹤洞元云、凤山彩雾、广成丹穴、元武针崖、天门铁柱、中台宝塔。

第二节　人文旅游资源

黄帝立为天子，十九年，令行天下。闻广成子在于崆峒之上，故往见之。黄帝问道后，于其处筑宫室，设相师事，置士居守。其后周穆王、秦始皇均闻名而至，造访崆峒。汉武帝建广成苑、广成殿。魏晋时，王府、皇甫谧曾隐居崆峒山著书立说，留下大量篇章，如黄帝三部针灸甲乙经、帝王世纪、高士传、列女传、玄晏春秋等。唐时仁智禅师主持修凿上天梯通道。轩辕宫、舒华寺、凌空塔、弥陀寺、莲花寺、栖云寺也在这一时期建成。明代，成祖朱棣赐碑保护全山寺观，而后陆续从山麓至山巅创建宫、观、楼、殿、阁计二十一处。至清顺治二年（1645），钦命总督划定崆峒山界线，由居山僧管理。

崆峒山属我国著名的十大道教名山之一，也是道教发祥地之一。早在秦汉时期，崆峒山就有方士、道人修炼隐居；魏晋时期，已有多处宫观洞室，到北魏隋唐时，山上道教宫观更是重重叠叠。唐代"八仙"之一的汉钟离曾传道入崆峒，宋朝道人宋坡云、朱有，元朝道人贺光贞、丹阳宫姜道人，元末黄居士等都在山上云游修炼过。明初武当派道士张三丰、全真教道士王道成等，在崆峒山创立道场，传带弟子。明嘉靖初年，将山麓问道宫辟为道教"十方常住"，后被列为全国道教十二处"十方常住"之一。聘全真教龙门派正宗第十代掌门苗清阳为全山主持。自此道教在此山代代相传，到新中国成立前，已传至21代，当时全山道教宫观达20处，道坤达百余人，现已传至30代。

历史上各代朝廷对佛、道信奉的变化，使佛、道活动时起时落。崆峒山佛道渗入始于唐初，属临济正宗。唐中期至宋元两代，朝廷崇佛，大建梵刹，形成崆峒山历史上佛道共尊，寺观并存的局面。山上还有"三教洞"和"三教禅林"宫观，将太上老君、释迦牟尼、孔夫子三尊塑像供于一堂，道、儒、释三教融合的寺观存在，也正是全真教的特征之一。

一、文化遗址和宗教寺院

崆峒山大景区的古建筑群是全国重点文物保护单位。石经幢和崆峒山塔群是省级文物保护单位。崆峒山上的大什方问道宫碑记和映雪山人塔是县级文物保护单位。崆峒山上目前有文物共139件，平凉市博物馆将其中的25件文物借展。崆峒山古建筑群是第七批公布的全国重点文物保护单位，公布类型为古建筑。古建筑群位于崆峒山境内，崆峒山现存古建筑多为宋代、明代及清朝修建。崆峒山古建筑群占地面积2 339 m²，其中崆峒山的主要单体建筑有26座，主要由皇城建筑群、雷声峰建筑群和凌空塔建筑群3部分构成。皇城建筑群包括12座建筑单体：磨针观、十二元帅殿、灵官洞、太白楼、献殿、真武殿、玉皇殿、天师殿、药王殿、老君楼、天仙宫、凌空塔。雷声峰文物建筑包括4古建筑单体，分别为三官殿、玉皇楼、三星殿、雷祖殿。明正德七年（1512）创修玉皇楼。在嘉靖修缮"九光殿"。清乾隆年间，重修雷声峰。塔院建筑群主要由凌空塔和佛顶尊胜陀罗尼经幢组成。凌空塔修建在法轮寺院内，修建时间为北宋，坐北朝南，高32 m，底层周长32 m，面积为554.3 m²，为八角的样式，高为七层的砖塔建筑。在2007 年，甘肃省文物局文物保护研究所对凌空塔做了维修方案，2008年，由甘肃省昊廷古建工程公司对凌空塔进行了维修。佛顶尊胜陀罗尼经幢，在北宋时期修建，位于凌空塔东侧仁智和尚纪念堂内。

二、非物质文化遗产

崆峒山非物质文化遗产丰富，著名的有崆峒山道教音乐、广成子神话故事传说、崆峒山仙鹤舞蹈、崆峒武术等。

1. 崆峒山道教音乐

崆峒山道教音乐主要分为"声乐"和"器乐"两种形式。教内部对两种音乐都有自己的惯用称谓，将"声乐"通常叫做称为韵；将"器乐"通常叫做曲牌。"声乐"又分为两种，一种叫阴韵，而另外一种称为阳韵。根据不同的场合和表演对象的不同，表演的形式也不同，阴韵一般用在赈灾等悲惨的低落的场合，阳韵一般用在祈祷祝福寓意美好的场中使用。在对崆峒道教经乐培训班班长罗信章的采访中得知，崆峒山现在所演奏的经乐，是差点失传的全真正韵。崆峒山的祖师爷叶大真人为了让后代人重新演奏全真正韵，不辞辛苦到全国各地的道观参观学习，经过后期的整理和融入本山的特色，逐步发展成为崆峒山经乐团。在经乐团的规模目前在十人以上。现在崆峒山的道教音乐主要服务于当地的宗教活动，在闲暇之际以培训班的形式传授道教音乐的诵唱歌和道教音乐的演奏。

2. 崆峒武术

崆峒派武术最早起源于崆峒山上，关于崆峒武术的文献最早在《尔雅·释地》记载："空同之人武"。崆峒武术的发展源头是道家文化，经过时间的后移，慢慢吸纳了佛教文化和儒教文化，接收了其他文化，经过其他文化的融合，崆峒武术的内涵随之变得充盈饱满。崆峒武术起初，是指在山洞里修炼的道士为了强身健体而创造的形体动作。初唐时期，崆峒武术的掌门飞虹子在甘肃河西走廊一带游历，到敦煌后，对敦煌莫高窟里面的飞天舞进行深入的学习和研究，将飞天舞蹈的部分舞蹈动作与崆峒武术相结合，最终形成了成花架拳。经历代掌派人传承至今，广泛地传播于我国大江南北。由于历史原因，崆峒武术连同崆峒山的儒、道教一同被赶出崆峒山，后面随着民族宗教政策的落实，崆峒武术渐渐起死回生。崆峒武术的第一代掌门人飞虹子在崆峒山传艺，后面几代的传承掌门人在全国各地以及东南亚各国，世事变迁。随着时代的发展，崆峒武术文化逐渐走向下坡路，现仅有日本东京的崆峒派武术第十代掌门人燕飞霞，完整的保存了崆峒武术，现归根于崆峒山。

第七章
社会经济状况

第一节　行政区域和人口分布

　　社区居民分散生活于崆峒山的各个角落，居民一般在河、沟谷地和中低山缓坡地带，聚居规模取决于河谷及山坡地的范围大小；乡镇的面积大，人口密度小，村与村之间相邻距离远，城乡、乡镇、村镇之间交通不畅。目前自然保护区内常住人口涉及11个行政村35个社，其中，崆峒镇6个行政村22个社、麻武乡5个行政村13个社，常住人口404户1 482人，居民人口以汉族为主，其他民族主要有回族。常住人口中崆峒镇151户553人，麻武乡253户929人。常住人口按自然保护区功能分区分，核心区207户747人，缓冲区70户240人，实验区127户495人。

第二节　主要产业经济

　　2021年，自然保护区所在的崆峒区全年地区生产总值完成171.32亿元，比上年增长6.9%。其中，第一产业增加值完成20.23亿元，增长12.6%；第二产业增加值完成41.99亿元，增长7.7%；第三产业增加值完成109.09亿元，增长5.7%。全区三次产业结构比由上年的10∶24∶66调整为11.8∶24.5∶63.7。从经济增长的动力因素看，三次产业对经济增长的贡献率分别为20%、27%、53%，分别拉动经济增长1.38、1.86和3.66个百分点。按常住人口计算，全年人均地区生产总值34 113元，比上年增长21.51%。

表7-1　2021年崆峒区分行业项目投资情况

单位：%

行　业	比上年增长	投资比重
项目投资	56.92	100.00
农林牧渔业	-53.92	0.14
采矿业	149.09	2.45
制造业	183.17	1.46
电力、热业、燃气及水生产和供应业	379.81	21.75
交通运输、仓储和邮政业	27.54	44.16
房地产业	170.81	4.04
租赁和商务服务业	-90.47	0.18
水利、环境和公共设施管理业	2536.17	10.14
教育	-91.10	1.25
卫生、社会保障和社会福利业	867.46	5.39
文化、体育和娱乐业	136	8.91
公共管理和社会组织	-79.07	0.13

一、农业

近年来，崆峒区人民在各级党政部门的正确领导下，经过长期以来的艰苦奋斗，深化改革，国民经济保持了稳定持续快速发展的势头，社会经济日趋繁荣，人民生活水平不断改善。2021年，崆峒区全年全区农作物播种面积85.31万亩，比上年增长2.82%。粮食种植面积64.85万亩，增加1.5万亩，增长2.37%。油料种植面积6.88万亩，减少0.16万亩，下降2.22%。蔬菜种植面积8.59万亩，增加0.63万亩，增长7.94%。挂果果园面积3.25万亩，减少0.32万亩，下降8.89%。中药材种植面积0.32万亩，增长1.87%。

2021年，崆峒区全年粮食产量19.38万t，比上年增长3.98%。其中，夏粮产量5.21万t，增长1%；秋粮产量14.17万t，增长5.12%。

2021年，崆峒区全年油料产量0.83万t，比上年增长2.27%。蔬菜产量14.8万t，增长19.13%。水果产量3.5万t，增长12.86%。中药材产量0.11万t，增长0.39%。

2021年，崆峒区全年肉类产量2.09万 t，比上年增长27.53%。禽蛋产量0.17万吨，下降3.74%。牛奶产量0.26万 t，下降46.56%。年末大牲畜存栏10.81万头，增长5.94%。牛存栏10.8万头，增长6%；牛出栏11.77万头，增长13.7%。羊存栏6万只，增长13.06%；羊出栏5.37万只，增长18.35%。猪存栏5.55万头，增长17.36%；猪出栏8.18万头，增长22.25%。鸡存栏59.75万只，增长2.31%；鸡出栏66.19万只，增长18.41%。

表7-2　2021年崆峒区主要农产品产量及其增长速度

产品名称	产量 / 万 t	比上年增长 /%
粮食	19.38	3.98
夏粮	5.21	1.00
秋粮	14.17	5.12
小麦	5.21	1.00
玉米	12.56	5.84
薯类	0.60	2.91
油料	0.83	2.27
油菜子	0.16	5.02
中药材	0.11	0.39
园林水果	3.50	12.86
蔬菜	14.80	19.13
肉产量	2.09	27.53
猪肉	0.62	32.37
牛肉	12.92	24.78
羊肉	0.09	25.44
禽肉	0.09	39.94
牛奶	0.26	−46.56
禽蛋	0.17	−3.74
水产品	0.03	0.13

二、工矿企业

崆峒区境内矿藏有煤、铁、铜、磷、石灰岩、水泥灰岩、白云岩、陶土、黏土、耐火黏土、石膏等13种12大矿点，其中水泥石灰岩和化工石灰岩品位较高，储量达5亿多立方米。2021年，崆峒区全年全区全部工业增加值26.03亿元，比上年增长11.9%，采矿业增长11.8%。

三、旅游业

近年来，崆峒区区委、区政府全面实施旅游基础设施、旅游配套设施、景区绿化亮化美化、景区扩量增容"四大工程"，总投资71亿元，使得本区的旅游基础设施逐步完善，环境绿化优化亮化成效显现，本地区旅游软硬件设施得到了很大的改善。相关资料显示，目前全区有资质的旅行社共有26家，持证上岗的导游有140名左右；全区共有住宿单位260家，客房数约6 167间，能够满足15 000左右的游客住宿需求，其中星级宾馆饭店5家，客房数458间，能够满足1 000人左右的高层次的游客住宿需求。另外，本地区主要分为汉餐为主，还有发展较为成熟和独具民族特色的餐饮，基本能够满足游客各方面的饮食需求。

2020年以前，旅游人次和旅游综合收入总体呈现持续增长态势，2020年至今，受新冠疫情影响，旅游人次和综合收入明显降低，在逐步恢复中。

表7-3　2012—2021年崆峒区旅游人数旅游综合收入统计

年份	旅游人数 / 万人次	旅游人数增长率 /%	旅游综合收入 / 亿元	旅游综合收入增长率 /%
2012	304.14	29.29	15.06	31.01
2013	397.48	30.69	20.07	33.25
2014	500.85	26	25.29	25.92
2015	602.67	20.33	31.85	25.50
2016	725.36	20.36	39.21	23.10
2017	885.55	22.08	49.2	25.38
2018	834.12	−5.8 %	45.93	−6.56
2019	1008.22	20.87	57.50	25.00
2020	710.00	−0.20	36.15	—
2021	801.61	12.91	39.84	—

四、交通运输与通信

自然保护区所在的平凉市崆峒区交通较为发达，兰州、西安、银川高速公路均可直达，路况良好。自然保护区北侧有高速公路1条，县乡公路2条，青岛至兰州国家高速公路（G22）平凉至定西段通过保护区北界22 km，平凉至宁夏泾源公路通过自然保护区北界18 km，S519线西阳至麻武公路—平凉至麻武段穿越保护区15 km。

截至2021年，崆峒区全年交通运输、仓储和邮政业增加值4.25亿元，增长16.4%。公路客运量135.13万人次；客运周转量12 631.54万人公里。货运量2 905.8万 t；货运周转量649 678万 t·km。年末个人汽车保有量5.43万辆，比上年增长7.3%。全年全区邮政业务总量1.05亿元，比上年增长56.56%。邮政业寄递服务业务量757.79万件，增长1.93%。其中，邮政函件业务4.21万件、包裹业务0.19万件。快递业务量596.54万件，增长68.35%；快递业务收入1.08亿元，增长75.22%。全年电信业务总量7.72亿元，增长26.73%。

崆峒区城乡基础设施正逐渐完善，通信条件得到了改善，通信网络能覆盖自然保护区管护中心及各保护站，区内保护点及重点林区通信覆盖率为40%。移动通信已进入周边乡镇。但自然保护区内还有部分区域由于地处偏远、人烟稀少，目前仍然无通信信号。截至2021年年底，全区电话用户103.65万户，其中，固定电话用户22.65万户、移动电话用户28.3万户、4G 移动电话用户17.12万户。年末互联网宽带接入用户143万户，其中移动宽带用户8.3万户。全年移动互联网用户接入流量31.82亿 GB，比上年增长15.2%。

第三节　社区文化、教育、卫生

一、文化事业

崆峒山是一个多民族居住的地方，区内人民能歌善舞，民族文化底蕴浓厚。在各级政府的大力支持下，大部分村镇都架设了输电线路和电视广播线路，交通不便的地方也架设了风力发电机、太阳能蓄电池和卫星电视通信接收器，基本上解决了照明和收看电视、接听电话的问题。县乡和部分村镇有文化站，定时不定时地开展送科技文化下村活动和播放电影、举办文艺演唱会、学生运动会、职工运动会等。社区在逢年过节或喜庆之日还采取举办社火表演、民族锅庄舞、歌舞会、赛马节等形式，表达喜悦之情，丰富社区文化生活。截至2021年2月，有各种艺术表演团体11个、公共图书馆2个、纪念馆6个。有广播电台1座，有线广播电视传输干线网络总长656.179 km，广播电视转播发射台3座。年末广播节目综合人口覆盖率99.5%，电视节目综合人口覆盖率98.1%。

二、科学技术和教育

十年树木，百年育人。教育是科技之先导。截至2021年，崆峒区共有各级各类学校357所。其中，幼儿园176所、普通小学145所，另有教学点49个不计校数，普通中学35所（其中，初级中学17所、九年一贯制学校13所、高级中学3所、完全中学2所），特殊教育学校1所。在校生共计87 521名。其中，幼儿园18 688名、小学40 033名、中学28 605名（其中，初中阶段18 300名、高中阶段10 305名），特殊教育162名、特殊教育附设中职班33名。2021年普通高中招生3 484人，毕业生3 434人；初中招生6 095人，毕业生6 221人；小学招生6 809人，毕业生6 369人；特殊教育招生11人，毕业生32人。全区九年义务教育巩固率98.03 %。年末全区共有体育场地1 353个，体育场地面积79.353万平方米，人均体育场地面积1.572 m^2。2021年获得国家体育总局颁发的2017—2020年度全国群众体育先进单位。

三、医疗与卫生与社会保障

医疗卫生也是社区不可缺少的一项事业。在各级政府的关心支持下，医疗卫生机构比较健全，截至2021年年末，崆峒区共有医疗卫生机构363个。公立医院5个，其中，综合医院1个、中医医院1个、专科医院2个、妇幼保健院1个。基层医疗卫生机构355个，其中，社区卫生服务中心（站）29个、卫生院17个、村卫生室255个、农村个体诊所54个。专业公共卫生机构3个，其中，疾病预防控制中心1个、卫生监督所（中心）1个、爱卫办1个。卫生技术人员2 291人，其中，执业医师和执业助理医师814人、注册护士956人。医疗卫生机构床位2 133张，其中，医院1 540张、卫生院593张。全年总诊疗人次62.39万人次，住院人数42 042人。随着文明村镇的建设，社区卫生条件也有较大变化。部分村镇通过人畜饮水工程的建设，吃上了干净卫生的自来水，部分村镇通过新建房屋将人畜分院分舍，改善了环境卫生。使社区的医疗卫生有所改善。

崆峒区年末全区共有农村低保户5 514户12 619人，其中，一类低保958户1 523人、二类低保3 350户7 488人、三类低保1 206户3 608人。全年新纳入农村低保415户

1 253人，清退农村低保661户1 788人，共发放农村低保资金0.45亿元。年末全区共有城市低保户6 694户14 037人，全年新纳入城市低保325户706人，清退788户2 191人，共发放城市低保资金0.93亿元。全年共发放城乡低保资金1.38亿元。年末全区共有城乡特困供养538户671人，全年共发放特困供养资金559.62万元。截至2021年年末，崆峒区年末全区共有各类社区养老机构和设施481个，其中，社区服务中心20个、社区服务站273个、社区养老照料机构和设施城市16个、农村166个、农村敬老院3个、城市街道综合养老服务中心3个。

四、生态环境保护

崆峒区境内3个地表水监测断面中，水质综合评价均达到《地表水环境质量标准》（GB 3838—2002）Ⅲ类。泾河平镇桥（国控）、八里桥（省控）、王村大桥（市控）断面水质综合评价达到《地表水环境质量标准》（GB 3838—2002）Ⅲ类，平凉城区4个集中式饮用水水源地、乡镇6个集中式饮用水水源地、4个国家地下水监测点位水质达标率均达到100%。全年中心城区有效监测天数365 d，优良天数338 d，同比减少16的，优良天数比率92.6%，同比减少4.1个百分点。剔除沙尘影响后，PM_{10}平均浓度48 $\mu g/m^3$，同比下降12.7%；$PM_{2.5}$平均浓度17 $\mu g/m^3$，同比下降22.7%。空气质量综合指数为3.15，同比下降（改善）6.5%，在全省14个市州排名第6名，与2020年相比，前进了2个位次。

全区建有国家级气象观测站1个（含地面、高空业务），区域自动气象站14个，自动土壤水分观测站1个，农气观测站1个，政府投资建设 X 波段雷达1部。

第四节　自然保护区土地资源与利用

一、土地权属

2005年7月，经国务院批复（国办发（2005）40号文）太统－崆峒山晋升为国家级自然保护区，属于森林生态系统类型自然保护区，总面积16 283 hm^2，区内土地权属以国有为主，集体权属土地4 761.27 hm^2，占保护区土地总面积的29.24％。

二、土地利用现状

根据崆峒区第三次全国土地调查成果，自然保护区土地总面积16 283 hm^2，其中，耕地1 788.15 hm²，占10.98%；林地13 487.03 hm²，占82.83%；草地587.25 hm²，占3.61%；工矿用地6.03 hm²，占0.04%；居住用地44.54 hm²，占0.27%；公共管理与公共服务用地2.72 hm²，占0.02%；特殊用地16.21 hm²，占0.10%；交通运输用地129.31 hm²，占0.79%；水域及水利设施用地137.05 hm²，占0.84%；其他土地84.50 hm²，占0.52%。

第八章
自然保护区管理

第一节　基础设施

一、交通与通信

自然保护区所在的平凉市崆峒区交通较为发达，兰州、西安、银川高速公路均可直达，路况良好。自然保护区北侧有高速公路1条，县乡公路2条，青岛至兰州国家高速公路（G22）平凉至定西段通过保护区北界22 km，平凉至宁夏泾源公路通过保护区北界18 km，S519线西阳至麻武公路——平凉至麻武段穿越保护区15 km。近年来，崆峒区城乡基础设施逐渐完善，通信条件得到改善，通信网络能覆盖保护区管护中心及各保护站，区内保护点及重点林区通信覆盖率为40%。移动通信已进入周边乡镇。但自然保护区内还有部分区域由于地处偏远、人烟稀少，目前仍然无通信信号。

二、基础建设

自然保护区于2001—2008年先后完成了一期规划的基础设施工程建设，主要建设内容有新建科研、宣教、办公楼1 400 m³，新建原管理局附属用房200 m³，新建保护站4个、瞭望塔3个、塔路5 km、野生动物救护站1个、检查站2个，新建或维修保护点20个、原管理局及附属用房配备采暖设施、防火设施设备、保护站的排水设施、办公设备等，一期建设基本满足了保护管理的基本需要。2011—2020年，利用自然保护区二期工程建设以及天然林资源保护工程、自然保护区工程、国有贫困林场补助等工程资金，先后新建了麻武保护站、后河保护站、太统保护站、城子保护点、杨家山保护点管护用房1 686.62 m³，并配套建成大门、围墙等附属工程，维修改造甘沟保护点、党家山保护点；完成自然保护区本底资源调查、三项调查及科研监测，完成自然保护区森林防火、科研监测设备及巡护车辆购置，新建太统山门定位监测站及附属工程，完成麻武自然保护站大门、围墙等附属工程，完成后自然河保护站维修改造及大门等附属工程，完成自然保护区围网围栏及界碑界桩安装工程；完成自然保护区视频会议系统、数字化管理信息系统、林区智能巡护系统、森林资源综合管理平台、云数据管理系统建设，建成自然保护区重点火险区视频监控系统，建成原自然保护区管理局信息数据展示中心及三站分控中心，新建远程视频监控系统12套、人员车辆路口监控卡口11套。目前，自然保护区基础设施日趋完善，职工工作生活条件大幅改善，同时，随着现代化装备的不断补充完善，保护效率得到了大幅提升，为自然保护区各项保护工作正常开展提供了必要条件。

第二节　机构设置

2001年1月12日，原平凉市人民政府正式组织申报国家级自然保护区。2001年4月13日，甘肃省人民政府以甘政函〔2001〕39号文件申报晋升国家级自然保护区。2005年7月23日，国务院以国办发〔2005〕40号文件批准甘肃太统－崆峒山自然保护区晋升为国家级自然保护区。目前，自然保护区管理机构为甘肃太统崆峒山国家级自然保护区管护中心，建制正处级，公益一类事业单位，行政与业务上受甘肃省林业和草原局直接领导管理。根据保护区的保护任务、职能范围和管理项目等实际情况，保护区管护中心内部下设办公室（纪律检查委员会）、组织人事科、计划财务科（项目管理办公室）、森林资源保护管理科（林政稽查大队）、科研管理科、社区宣传科（信息化建设管理办公室）、森林防火办公室、生态建设科、林业有害生物防治检疫科（陆生野生动物疫源疫病监测站）9个职能科室。下设太统、麻武、后河、崆峒山4个保护站22个保护点（检查站）。

第三节　保护管理

一、完善基层保护站点基础设施建设

近几年来，自然保护区加大项目建设力度，通过自然保护区二期项目和能力建

设项目、积极争取林场扶贫资金等项目。对基层保护站点进行了维修和新建。新建保护站4处，维修保护点20处，并配备了办公设施、防火设备、科研监测、巡护设备等100多套，在很大程度上改善了基层的基础设施条件。

二、完善基层保护站点人员配置及岗位责任制

2013年9月，自然保护区及管理机构划归甘肃省林业厅直属管理。之后原自然保护区管理局采用双向选择的竞争上岗方式，对各保护站的人员进行了调配，并建立了新的岗位责任制。制定保护管理目标，实行保护管理目标责任制，通过签订责任书、制定行事历，细化分解目标任务，有效落实部门考核办法、绩效工资考核办法、护林员考核办法等，真正健全科学合理、责任分明、奖惩严格的考核体系和评价标准，做到责任主体、目标任务、工作标准、时限要求"四明确"，积极开展奖优罚劣，最大限度地调动部门和干部职工抓工作、促落实的积极性。

三、建立定期对基层保护站点工作人员的培训机制

从2010年开始，原自然保护区管理局把职工专业技能培训作为本职工作常抓不懈，每年制定干部职工培训计划，采取"请进来、走出去、培训者再培训"的学习方式（聘请专家学者、领导人员走进保护区，为干部职工作专题辅导报告或讲座；选派业务技术骨干和管理人员走出去，进入科研院所接受专业技能短期培训；支持了一批干部职工报考与自然保护区专业对口的成人高考、函授教育；组织在岗专业技术骨干轮流作专题主讲，为保护区管护中心基层一线干部职工作职业技能培训，提升自助造血能力和协同发展机制），培训内容以保护区建设与管理、资源管护和生态建设、野生动植物多样性保护、疫源疫病监测和病虫害防治、林政执法等为主，共开展培训60余次，接受培训人员280多人次。

通过不同类型的培训，全局干部和职工正确认识到保护与利用、保护与发展的关系，科学、合理地从事有效保护、管理和生产经营活动，提高了业务人员的管理能力和业务素质，为自然保护区内各类资源的有效保护奠定基础。

四、完善基层保护站点人员与社区联合共管机制

由于自然保护区村社大部分位于偏远贫困地区，受落后的文化、经济、习俗和生产生活条件等因素影响，林区群众对自然资源的依赖性很大，给保护工作形成了

巨大的压力。自然保护区管护中心引导和帮助群众走生态经济型的发展道路，建立社区共管发展模式。切实加强与自然保护区内乡镇村社、周边社区的联系，广泛开展调查研究、矛盾排查，倾听群众呼声，强化交流互动，要根据自然保护区的经济特点和资源特点，探索发展生态农业、生态林业、生态旅游的路子，在法律法规允许的范围内，引导社区群众积极发展苗木培育、中草药种植、生态旅游及养殖等环保产业，使群众受益，同时和当地政府衔接协调，在实施民生及扶贫等项目时，适当倾斜于自然保护区内的乡镇村社，对居住在自然保护区核心区、缓冲区内的林农有计划地安排生态移民，减轻保护压力，促进社区经济发展，社会和谐。自然保护区管理中心逐步引导和带动群众改变落后的生产生活方式，增加群众就业机会，促进社区经济发展，使自然保护区内社区农民收入高于保护区外的农民收入，使之从自然保护中受益，以实现资源保护和经济发展双赢。

五、建立定期对基层保护站点工作成效的评价机制

为了有效评价基层保护站点工作情况，建立管理长效监督考评机制，检验保护管理成效，及时发现问题、总结经验，调整管理办法，自然保护区管护中心全面推行民主决策制、岗位责任制、分片责任制、绩效考核制和责任追究制，制定了保护区管理成效评价标准、指标和实施细则，建立自然保护区岗位监督与评估制度，阶段性地对保护区管理工作进行监督、评估。

建立局领导定期深入基层保护站点督察制度

为了加强自然保护区的管理，自然保护区管护中心完善了联合督查工作机制，实行"主要领导督办，分管领导督查"制度，有针对性地采取定期督查和随机督察的办法，对照时间看进度，切实解决落实不力、进度缓慢等突出问题，进一步完善阶段性工作和季度工作报告制度，为自然保护区管护中心及时掌握各项工作进度，实施决策提供依据。

第四节　科学研究

近几年来，自然保护区管护中心领导加大了科研力度，采取了更加开放式的管理模式，吸引省内、国内科研院所的专家或研究生来自然保护区开展科学研究工作。

2013年7月，河北大学生科院的在读博士1人、在读硕士2人，来自然保护区开展蛛形纲专题研究，自然保护区管护中心为他们提供了支持；西北师范大学地理环境科学学院的专家带领3名研究生，在自然保护区开展了地质地貌与古生物化石专题调查。

2009—2013年，西北师范大学生命科学学院的教授带领5位研究生，在自然保护区开展了土壤纤毛虫群落特征及其环境评价研究、土壤为脊椎动物群落特征及其环境评价研究。自然保护区管护中心聘请西北师范大学和甘肃民族师范学院的专家（12人次）与自然保护区管护中心科研人员（30余人次）联合，积极开展了多个专项研究：《生物多样性与资源保护现状研究》《优势树种萌生方式与生态植被恢复现状研究》《有害生物多样性调查及重点有害生物监测与防治研究》《有害生物防治、植被恢复、重点保护对象现状及保护对策综合研究》《湿地生物多样性与生态环境质量评价研究》《湿地野生动物多样性及重点保护动物迁徙规律与保护对策研究》《大型真菌多样性研究》等专题研究，已经取得了一大批研究成绩，为自然保护区科研工作奠定了扎实的基础，同时，也培养了一大批专业人员和管护人员，目前已经或正在显现以科学研究促进资源保护的效能。开展科学研究的同时，为自然保护区管护中心制作了植物标本247件、动物标本32件、昆虫标本116盒3 500多份。通过科学研究，基本形成了自然保护区生物资源现存量和保护现状，为以后开展工作积累了丰富的第一手资料。开展的专项研究有"甘肃太统－崆峒山自然保护区土壤纤毛虫群落特征研究""甘肃太统－崆峒山自然保护区土壤动物群落特征研究""甘肃太统－崆峒山自然保护区蝶类群落特征与区系研究""甘肃太统－崆峒山自然保护区花尺蛾群落特征与区系研究""自然保护区动植物资源种群特征及生态环境现状研究"等科研项目；已取得了显著成果，在国内主流刊物（生态学杂志等）和省级（甘肃科学学报等）专业刊物发表论文20余篇（如在香山和麻武山样区采集到的土壤中，发现了中国大陆鞘翅目新记录科——缨甲科，太统－崆峒山自然保护区花尺蛾群落特征及区系研究等）。2014年，以第一主持单位资格获得平凉市科技局科技进步奖二等奖一项；2014年，继续开展大型真菌多样性调查；有害生物（虫害和病害）年度监测、湿地鸟类动物动态变化年度监测；30个固定样地第一个5年系统复查和4条固定样线复查工作（追加了31号、32号两个固定样地）。

第九章
自然保护区评价

第一节　自然保护管理历史沿革

在17世纪前后，平凉、庆阳一线以南是森林草原区，以北是灌丛草原区。这些残存的天然林资源，在长时期的战乱、移民垦殖中，使森林迭遭水、火、兵、虫和人为的严重破坏，面积逐渐缩小，质量每况愈下。到20世纪40年代，森林全部退向高山深谷，仅存关山、太统山及唐帽山一带的残败次生林，并且天然林区的边缘地带仍在进行着各种植被的逆向演替过程。

新中国成立后，政府十分重视对现有森林资源的保护和发展，先后建立健全了森林经营管理机构，开展了天然次生林的综合培育工作，并大力进行人工造林，使全区森林面积逐渐扩大，森林资源得以恢复、发展。自然保护区所在的太统林场就是在这一时期建立和发展起来的。

1982年11月，为了保护崆峒山的自然景观和森林资源，甘肃省人民政府以甘政发〔1982〕385号文批准建立了崆峒山省级自然保护区，面积1 089 hm²，并成立了崆峒山自然保护区管理站，归口原平凉市林业局管理，并分别以政府文件、政府通告等形式对保护区的管辖范围、管理机构、管理权限和管护制度进行了明确。

2001年1月18日，平凉市人民政府批复成立了太统－崆峒山自然保护区管理局，并以平政发〔2001〕7号文将原崆峒山自然保护区一并纳入甘肃太统－崆峒山国家级自然保护区，理顺了管理体制和权属，保护区管理更加规范。

2001年4月11日，甘肃省人民政府以甘政发〔2001〕36号文件批复机构更名为甘肃平凉太统－崆峒山省级自然保护区管理局。

2004年崆峒区委机构编制委员会以区机编〔2004〕3号文件决定将崆峒区林业局与自然保护区管理局分设办公。

2005年7月，经国务院批准，以国办发〔2005〕40号文将甘肃太统－崆峒山自然保护区晋升为国家级自然保护区。

2006年8月17日，崆峒区人民政府以区机编〔2006〕16号批准成立甘肃太统－崆峒山国家级自然保护区管理局。

2013年2月，原甘肃省林业厅联合省财政、人社厅相关部门与平凉市及崆峒区人事、财政、编办等部门签订了协议，决定将甘肃太统－崆峒山国家级自然保护区管理局移交原甘肃省林业厅管理。

2021年4月26日，中共甘肃省委机构编制委员会办公室下发甘编办复字〔2021〕17号文件，将甘肃太统－崆峒山国家级自然保护区管理局更名为甘肃太统崆峒山国家级自然保护区管护中心。

第二节　自然保护区范围及功能区划评价

自然保护区范围东起平泾公路甘沟大湾梁，西至宁夏固原市泾源县界，南至包家沟梁，北至胭脂河，地理坐标位于东经106°26′18″~106°37′24″，北纬35°25′08″~35°34′50″。总面积16 283 hm²，其中，核心区6 680 hm²、缓冲区4 645 hm²、实验区4 958 hm²，分别占自然保护区总面积的41.02%、28.53%和30.45%。

一、核心区

核心区是该自然保护区自然生态系统保存最完整的区域，并且采取最严格管理措施的区域，面积为6 680 hm²。该区天然林保持良好状态且是整个林区森林资源主要的集中地，十万沟峡谷、大阴山山区保持原始状态且很少遭人为破坏，集中了自然保护区国家一、二级和国家重点保护的珍稀动植物物种；生态系统内部结构相对稳定，演替过程能自然进行，是自然生态系统有代表性的地段，任何物种和环境都要绝对保护，保证自然演替正常进行，禁止参观游览人员进入，也绝对不允许开展生产或其他活动。核心区只允许科研人员进行不影响保护对象及其生境的科研工作。在确定重点自然保护区域范围及重点动物活动范围的基础上，最终确定该自然保护区核心区面积为6 680 hm²，占自然保护区总面积的41.02 %。

二、缓冲区

介于核心区和实验区之间的地段，面积4 645 hm²，占自然保护区总面积的28.53 %。其作用是缓冲外来干扰对核心区的影响。对保护对象的保护管理和物种资源恢复有积极促进作用。缓冲区不允许从事大规模的生产活动，但在严格要求下，可进行有关科研活动。

三、实验区

本区是该保护区集中建设和安排各种实验、教学实习、参观考察、经营项目与必要的办公、生产生活基础设施活动的主要地区，其面积4 958 hm²，占总面积的30.45%。崆峒山旅游区主要分布于该区，在此基础上，可考虑划出科研教学区、封禁区、育林区等。在保证生态功能稳定的前提下，按科研规程，高标准、严要求地进行各项科研工作，如森林抚育、更新改造、荒山造林、林副产品经营等。

为了确保保护对象的安全与发展，除核心区外，其他各区也应根据各自特点，设典型林分、珍稀物种、自然景观等保护点，以加强重要资源和自然综合体的保护工作。

第三节　主要保护对象动态变化评价

一、自然保护区类型

根据《自然保护区类型与级别划分原则》（GB/T 14529—93），自然保护区属于"自然生态系统"类别的"森林生态系统"类型的自然保护区。

二、保护对象

自然保护区主要保护对象是暖温带半干旱阔叶林为主的山地森林生态系统和珍稀野生动植物资源及其栖息地、古文化遗迹和地质遗迹。

三、保护效果与评价

1. 自然保护体系逐步建立

通过管理中心、管理站、管护点、巡护路的建设，形成了比较完整的自然保护体系，通过切实有效的管护措施，最大限度地减少人为因素对森林生态的破坏，自然保护区的森林生态系统功能稳定，野生动物栖息生境环境质量明显好转，动物种群数量显著扩大。

2. 改变了基础设施落后的局面

在2000年以前，自然保护区的办公和职工宿舍是砖木结构或木房，由于年长日久，已接近危房。项目实施后，新建了综合办公楼、管理站、生态气象观测站等，明显改善了工作环境和工作条件，区内基础设施条件进一步完善，林区基层一线职工生产、生活条件得到了较大改善，部分危房得到了及时处置，保护管理工作发挥了更大的效益。

3. 社区矛盾得以缓解

自然保护区和社区的协调工作得到加强，特别是区内群众的生产、生活条件得到改善；同时，宣传教育工作使社区居民对环境保护意识得到较大的转变，有效缓解了自然保护区域社区居民的矛盾。

4. 森林防火工作有了进展

前期建设了防火瞭望台、塔路、检查站，巡护步道，购置了防火监测设备，有效的预防森林火灾的发生。

5. 科学监测走上了正轨

随着科学研究及监测工作的开展，为了生态环境的有效保护、珍稀濒危动植物的拯救工作提供了科学依据。有利于保留物种遗传多样性，使自然保护区真正成为珍稀植物群落和其他濒危动植物栖息、演替、生存的理想场所和物种基因库。

6. 宣传教育工作逐步开展

采取媒体报道、散发资料、刷写标语、设立警示牌等形式，结合开展"爱鸟周"、"保护野生动物宣传月""绿盾行动"和森林防火大排查各类活动，进乡村、入社区，广泛宣传《中华人民共和国森林法》《中华人民共和国野生动物保护法》《中华人民共和国自然保护区条例》《森林防火条例》等法律法规，开设了自然保护区宣传网站，在甘肃日报、甘肃电视台、平凉日报等媒体刊物以及各类专题专栏宣传50余次，宣传覆盖面不断扩大，广大干部群众保护森林资源的意识得到进一步提高。

7. 森林生态环境得到显著改善，植被覆盖率大幅度提高积极主动扩大资源范围，争取并实施天然林保护、退耕还林、"三北"四期、国家重点公益林补偿等林业生态重点建设工程，按照国家推行的"宜林则林，宜草则草，宜封则封，宜护则护"的要求，大力实施森林生态系统修复工程，完成人工造林和封山育林、退耕还林、育苗等工作。

第四节　管理有效性评价

一、指导思想

以科学发展观为指导，贯彻党的十八大提出的建设美丽中国，建设生态文明的新精神和"全面规划、积极保护、科学管理、永续利用"的自然保护工作方针，以"建立国土生态安全体系、建设山川秀美的生态文明社会"为宗旨，以保护独特的自然生态系统和自然资源、维持生态平衡、构建自然保护区网络为目标，通过保护管理、科研监测、宣传教育，可持续发展和基础设施等工程，充分发挥森林生态系统功能，使之成为重要的绿色屏障，进一步提高自然保护区的生态效益、经济效益和社会效益，为子孙后代造福。

二、原则

1. 保护优先

规划项目必须以自然保护为第一要位，必须有利于森林资源与自然环境保护，有利于生物多样性保护，有利于珍稀濒危野生动植物生存与栖息。在坚持保护优先的前提下，完善自然保护区各项保护管理工程建设，建立健全保护管理体系和制度。

2. 全面规划、分期实施

贯彻"全面规划、积极保护、科学管理、永续利用"的工作方针，根据自然保护区自然资源分布状况、保护对象和社区发展现状，对自然保护区进行全面规划，并根据建设内容的轻重缓急，实行分步实施。

3. 合理布局和整体协调

建设项目在时空分配上要合理，功能定位上要科学，注重提高保护效果，避免自然保护区域破碎化，做到全面规划、合理布局、整体协调。

4. 前瞻性和可操作性

从我国国情和自然保护区的实际情况出发，在工程项目上要突出科学性、前瞻性和可操作性，并积极创造条件逐步落实规划的建设项目。

5. 可持续发展

在工程项目安排上，应从可持续发展的角度出发进行多方位的全面统筹，突出以保护工程、科研监测为建设重点，并根据项目的重要性与资金状况，科学有序地合理安排，逐步完善。在有效保护的前提下，对自然保护区的自然资源进行合理、适度的开发利用。

三、总体目标

保持自然保护区内森林生态系统和自然景观的完整性，保护珍稀濒危野生动植物资源。在全面保护的前提下，完善自然保护管理的基础设施建设。大力开展科研监测和宣传教育活动，加强社区共管，将自然保护区建设成为集保护管理、科学研究、宣传教育于一体的管理高效、设施设备完善、功能齐全的国家级自然保护区。

四、近期目标

本着全面保护、合理利用的原则，以高标准起步，用5年的时间着重开展保护管理工程、科研监测工程、宣传教育工程以及基础设施工程的建设，提高保护管理、科研监测能力及宣传教育水平。

具体目标如下：

（1）完善基础设施。加强自然保护区保护管理的基础设施建设，完善管护装备以及生态博物馆等基础设施的建设，对现有管理站（点）检查站以及设施设备进行维修。加强重点区域的保护，对核心区和缓冲区实行封闭式管理。

（2）在保护好生态系统的自然性与完整性的基础上，对退化的生态系统逐步进行恢复，逐步恢复暖温带半湿润区落叶阔叶林生态系统的结构和功能，最大限度地发挥森林植被的生态服务功能。

（3）保护好珍稀物种资源，特别是对国家一、二级保护野生动物要最大限度地扩大其种群数量。保持自然保护区内植被类型的多样性与群落结构的复杂性。

（4）加强科研与监测的软硬件条件建设。建设野外监测站点，购置必要的科研设备，制定科学研究规划项目，培养引进科研人才，加强与国内外科研院所的合作与交流。

（5）提高宣传教育能力。完善自然保护区网站，更新宣传手册，加强自然保护区宣传教育建设，提高自然保护区宣传教育能力，加强资源保护与适度资源利用知识普及、自然保护区法律、法规宣传和生态保护意识宣传。

（6）提升科学管理水平。通过自然保护区的综合科学考察、总体规划修编、地理信息系统数据库建设，为自然保护区的日常管理和长远发展提供科学支撑，提升自然保护区的科学管理水平。

五、远期目标

通过自然保护区的保护管理、科研监测、基础设施等重点工程的建设，全面恢复暖温带落叶阔叶林生态系统，彻底完善珍稀濒危物种的栖息地保护与管理，稳定并发展保护物种的种群数量，使自然保护区内的珍稀濒危动植物及其栖息地、生态系统、地质和古文化遗迹景观等保护对象免受人为破坏和潜在威胁，真正实现自然保护区生态系统质量提高、野生动物种群数量增加、生态平衡的目标。同时，拓展可持续发展工程建设，最终将自然保护区建成具有区域特色、布局合理、配套协调，并能充分发挥各种功能的开放式自然保护系统，保护珍稀濒危物种和区域生态安全，促进区域生态、社会和经济的可持续发展。

第五节　社会效益评价

一、科研教学的良好场所

自然保护区生物多样性丰富，是一个极为重要的基因库。该自然保护区在保护黄土高原向青藏高原和蒙新高原过渡地带物种和遗传多样性方面有积极意义，在维持物种持续进化过程方面有重要作用，是宝贵的生物资源基因库。汇集了多种区系地理成分，加上生态系统的多样性和丰富的珍稀濒危动植物资源，使得自然保护区成为良好的科研教学基地，这里的研究工作具有很高的科研和学术价值。

二、对公众进行科普教育的理想基地

自然保护区是为广大公众普及自然科学知识的重要场所。自然保护区科研宣教体系的建立，可以有计划地安排教学实习、参观考察及青少年夏令营活动，利用自

然保护区的宣教培训中心及陈列馆内设置的标本、模型、图片、录像以及珍稀野生动植物种质保存基因库等"天然实验室"向人们普及生物学、自然地理等自然知识，并提供直接的感性教育，有利于提高人们对保护自然环境保护珍稀濒危动植物的认识，使人们不断热爱自然保护自然，进步增强全社会的环保意识。

三、生态科普红色旅游胜地

自然保护区是人们进行生态科普旅游红色旅游观光的好去处。境内群峰起伏，峡谷幽深，气势雄伟，兼有众多的珍稀动植物、丰富的森林景观、人文景观及浓郁的地方风情，让人们体验到大自然的美景，呼吸到自然保护区的清新空气，从而陶冶人们的情操，有益于人们的身心健康。

四、有利于加强交流与合作，提高自然保护区的管理水平

自然保护区的建设，有利于区内基础设施的完善和自然环境的改善，促进自然保护区科研监测工作的不断深化和自然保护事业的不断发展，进步对外交流，加速信息的传递，有利于引进人才技术和资金。同时，自然保护区生态旅游的开展，可以促进自然保护区所在地的对外开放，并提高自然保护区在国内国际的知名度，对尽快提高自然保护区工作人员的科学文化素质，提高自然保护区管理水平，繁荣我国的自然保护事业有积极的推动作用。

五、促进保护区及周边地区的共同发展，保持社会安定团结

自然保护区内及周边社区群众长期有"靠山吃山"的思想。但是由于自然保护区经济实力有限，自然保护区建立以来，对区内及周边社区经济发展投入很少。自然保护区的建设，通过社区共管项目的实施，向区内及周边居民传授实用技术，开展科学种植和养殖，促进社区经济发展，减少人们对自然资源的依赖，有利于社会和谐稳定，促进当地生态环境的保护。

第六节　经济效益评价

自然保护区的有效保护管理和合理建设不但具有巨大的生态效益和社会效益，而且具有可观的经济效益。随着宣教设施的完善，自然保护区的生态旅游资源将进

一步吸引游客前往休闲旅游，对该地区旅游业发展起到重要的推动作用，从而促进地区经济发展。

一、调整农业产业结构

通过生态旅游开发，可以刺激交通业、住宿业、餐饮业、建筑业以及旅游产品加工业等相关产业的发展，使产业结构趋向合理。

二、发展生态旅游业，提供大量的就业机会

据测算，旅游业每增加1名直接就业人员，社会间接就业可增加5名。区内旅游直接就业人数为20人，可提供间接就业机会100人，因而能大大缓解当地农民的就业压力。对稳定地方的社会治安和人们正常生活秩序，促进当地社会经济长远发展，提高当地居民的生活水平，均具有重要意义。

三、促进经济发展，提高人民生活水平

旅游业是一个综合性的服务行业，需要满足旅游者的吃、住、行、游、购、娱等多方面的要求，因而可以促进各行业的发展，活跃当地市场，促进经济发展，提高居民收入，改善人们生活质量。因此，生态旅游业将对崆峒区经济产生积极的影响，也为未来的经济发展提供一个良好的投资环境。

四、传播民俗文化，促进对外交流

生态旅游资源的开发促进了本土文化资源的挖掘、整理和保护，实现资源的价值，促进文化的传播和交流，提高地域和民俗文化的知名度。

第七节　生态效益评价

一、保护野生动植物资源、维护生物多样性

自然保护区特殊的地理位置和独特的地质历史，孕育了丰富的生物多样性，国家重点保护物种繁多，是我国生物多样性保护区域之一。自然保护区共有国家一级保护野生动物9种，国家二级保护野生动物26种；列入世界自然保护联盟（IUCN）2021年濒危物种红色名录中包含的濒危物种有14种；列入华盛顿公约（CITES）红皮

书附录中包含的濒危物种有7种。自然保护区分布有被子植物114科566属1351种，裸子植物8科13属23种，蕨类植物12科23属47种，大型真菌40科77属142种。国家二级重点保护植物3种，特有种4种，珍贵古树4种。自然保护区的发展方向是为更多的动植物资源提供了生存空间；另一方面，通过一系列的设施建设和采取有效的保护措施，加强了资源保护力度，最大限度地减少人为因素对生态系统的破坏，有效地保护珍稀动植物资源，维护自然生态系统的完整性、稳定性和连续性。

二、保护天然资源、维护暖温带落叶阔叶林为主的山地森林生态系统

自然保护区是我国黄土高原西部保存较为完整和典型的以暖温带落叶阔叶林为主的山地森林生态系统，是我国内陆半湿润向半干旱气候过渡的典型地带，也是黄土高原向青藏高原和蒙新高原过渡地带，区位独特，地理区域优势明显，生物具有多样性、自然性、典型性和稀有性。但自然保护区内山高坡陡，地形大起大落，生态系统具有脆弱性。同时，自然保护区地处黄河主要支流泾河的上游，是黄土高原地区重要的水源涵养林区，而且在保持水土、调节气候及维持泾河中上游生态平衡，控制黄河水质和水患，保障中下游地区经济可持续发展方面起着重要作用，在提高陇东黄土高原水土治理效益方面有十分重要的地位。自然保护区的建设与发展将有利于本地区森林生态系统的保护。

三、净化空气、调节气候，保护生态环境

自然保护区森林覆盖率高，林相结构复杂，具有庞大而成熟的林冠层，它不仅在地表与大气之间形成一个绿色调温器，形成特有的林内小气候，而且对森林周围的温度也有很大的影响。庞大的森林植被，其光合作用非常强大，通过光合作用大量地固定空气中的二氧化碳，减少大气中温室气体，固定和分解大气中有毒成分，同时释放大量的氧气和富含负氧离子的健康气体。据有关资料：每公顷森林每天吸收1 000 kg二氧化碳，释放750 kg氧气。按此标准，自然保护区的森林每年可吸收二氧化碳$1\,023.97 \times 10^4$ kg，释放氧气767.98×10^4 kg；另外森林还有吸附尘埃和有害气体的作用，按每公顷森林可吸附尘埃35 t计算，每年可消除空气尘埃35.84×10^4 t。森林吸收有害气体十分明显，可吸收氯气、氟化氢、二氧化硫及汞铅蒸气等。自然保护区的建立，将有效地保护该地区天然林资源，对保护和改善区内及黄河中上游的生态环境起到十分重要的作用。因此，自然保护区是黄河中上游不可多得的大气

天然调节器。

第八节 自然保护区综合价值评价

自然保护区是黄土高原地区重要的水源涵养林区，地处黄河主要支流泾河的上游，在维护泾河中下游生态平衡，控制黄河水质和水患方面有着不可忽视的作用，在提高陇东黄土高原水土治理效益方面有十分重要的地位；自然保护区林地总贮水量为656.4万 t，水源涵养效益十分明显。

该区是一个物种和遗传多样性较高的自然保护区，植被类型在中国植被区划上属于温带草原植被区域的甘肃黄土高原南部森林草原植被区，其地带性植被是落叶阔叶林和草甸草原。自然保护区内有十分丰富的野生动植物资源，经系统调查，共有国家一级保护野生动物9种，国家二级保护野生动物26种；列入世界自然保护联盟（IUCN）2021年濒危物种红色名录中包含的濒危物种有14种；列入华盛顿公约（CITES）红皮书中包含的濒危物种有7种。自然保护区分布有被子植物114科566属1351种、裸子植物8科13属23种、蕨类植物12科23属47种、大型真菌40科77属142种。国家二级重点保护植物3种，特有种4种，珍贵古树4种。由上可见，自然保护区是一个极其重要的基因库，在保护黄土高原向青藏高原和蒙新高原过渡地带物种和遗传多样性方面有积极意义，在维持物种持续进化过程方面有重要作用。

自然保护区丰富的地质构造，其中有着完整的地质史记录，在寒武纪及奥陶纪地层中保存有丰富的古生物化石，有着重要的科研价值。自然保护区自然景观和人文景观丰富，是国内外知名的道教名山和重要的旅游胜地之一。自然保护区的建设对古遗迹的保护也有着重要的意义和作用。

由上可见，自然保护区极具保护意义，不仅有着重要的科学价值和生态功能，而且有着重要的经济、社会、生态效益。

参考文献

鲍双玲，2014. 陇东地区主要树种的病害研究 ——以甘肃太统－崆峒山自然保护区为例. 甘肃科学学报，（4）: 32-35.

鲍双玲，2016. 甘肃太统－崆峒山国家级自然保护区山杨绣病病原及发生规律. 甘肃科学学报，（2）: 33-37.

鲍双玲，2017. 甘肃太统－崆峒山国家级自然保护区松落针病初步调查. 中国森林病虫，（3）: 45-48.

陈宜瑜，1998. 中国动物志 硬骨鱼纲 鲤鱼目：中卷［M］. 北京：科学出版社.

程亚青，2008. 崆峒山自然保护区菊科药用植物资源调查［J］. 甘肃农业科技（9）: 29-31.

冯绳武，1989. 甘肃地理概论. 兰州：甘肃教育出版社.

傅伯杰，等，1998. 黄土丘陵区土地利用结构对土壤养分分布的影像［J］. 科学通报，43（22）: 2444-2447.

甘肃省蝗虫调查协作组，1985. 甘肃蝗虫图志［M］. 兰州：甘肃人民出版社.

甘肃省土壤普查办公室，1991. 甘肃土壤［M］. 北京：农业出版社.

高维衡，1987. 崆峒山植物志［M］. 兰州：甘肃文化出版社.

高维衡，1997. 崆峒山植物志［M］. 兰州：甘肃人民出版社.

何舜平，曹文宣，陈宜瑜等，2001. 青藏高原的隆升鮡鱼（鲇形目：鮡科）的隔离分化［J］. 中国科学 C 辑 生命科学，31（2）: 185-192.

李嘉钰，谢忙义，2001. 甘肃太统－崆峒山自然保护区科学考察集［J］. 北京：中国林业出版社.

李剑，2015. 甘肃太统－崆峒山国家级自然保护区蝶类研究Ⅱ. 西北师范大学学报，（5）: 85-91.

李明德，1998. 鱼类分类学［M］. 北京：海洋出版社.

李思忠，1981.中国淡水鱼类的分布区划［M］.北京：科学出版社.

廖继承，等，2014.甘肃省脊椎动物检索表［M］.兰州：兰州大学出版社.

刘玉兰，1978.崆峒山植物概况［J］.西北师范大学学报，（5）：33-47.

马纲，张敏，2014.陇东南地区鱼类资源多样性的研究［J］.天水师范学院学报，34（5）：20-25.

马雄，2013.甘肃太统-崆峒山国家级自然保护区两栖动物资源调查及分析.林业资源管理，（5）：95-97.

马雄，2014.甘肃省花尺蛾群落及区系特征.生态学杂志，（11）：3033-3042.

马正学，2017.甘肃太统-崆峒山国家级自然保护区维管植物和脊椎动物多样性与保护上下 [M].兰州：甘肃科学技术出版社

宁夏林业厅自然保护区办公室，宁夏六盘山自然保护区管理处，1988.六盘山自然保护区科学考察［M］.银川：宁夏人民出版社.

平凉市志编纂委员会，1996.平凉市志.北京：中华书局.

冉大川，刘斌，罗全华，等，2001.泾河流域水土保持措施减水减灾作用分析［J］.人民黄河23（2）：6-8.

史为良，1985.鱼类动物区系复合体学说及其评价.水产学报，（2）：42-45.

苏晶晶，陈学林，候勤正，等，2012.甘肃省种子植物新资料.西北植物学报，32（3）：622-623.

孙永清，郑宝喜，1990.甘肃省地理.兰州：甘肃教育出版社.

孙长铭，任陇矿、张佑民，等，2004.陇县关山地区秦岭细鳞鲑资源现状及保护对策.陕西水利，2004：6.

童红梅，2009.崆峒山百合科药用植物资源调查.甘肃农业科技，（3）：38-39.

童红梅，2010.崆峒山自然保护区珍稀濒危野生药用植物资源研究.卫生职业教育，28（13）：153-155.

童红梅，赵剑鸣，潘润存，等，2010.崆峒山自然保护区药用植物资源的多样性.经济林研究，（3）：44-46.

王兵，周梅，郭广猛，等，2005.从植物指数为主要依据的陇东黄土高原区土壤侵蚀.东北林业大学学报，33（增刊）：151-152.

王呸贤，2003.甘肃陇东地区鱼类初步调查.四川动物，（4）：224-225.

王香亭，1991.甘肃脊椎动物志.兰州：甘肃科学技术出版社.

王香亭，1988.六盘山自然保护区科学考察.银川：宁夏人民出版社.

王香亭，1991. 甘肃脊椎动物志. 兰州：甘肃科学技术出版社.

王有元，王廷应，2004. 平凉太统－崆峒山自然保护区地质地貌研究. 甘肃林业科技，29（2）：27-31.

韦中兴，蔺生睿，1996. 泾河流域水温特性分析. 水文，（2）：52-59.

吴冬秀，2001. 陆地生态系统生物观测规范. 北京：中国环境科学出版社.

吴晓菊，陈学林，2003. 甘肃崆峒山种子植物区系科的分析. 广西植物，23（3）：203-210.

吴晓菊，王宏宇，曹昀，等，2003. 甘肃崆峒山种子植物多样性分析. 西北师范大学学报（自然科学版），39（2）：66-70.

吴征镒，1979. 论中国植物区系的分区问题. 云南植物研究，（1）：1-12.

吴征镒，1991. 增刊. 中国种子植物属的分布区类型. 云南植物研究，1-139.

吴征镒，1995. 中国植被. 北京：科学出版社.

伍光和，江存远，1998. 甘肃省综合自然区划. 兰州：甘肃科学技术出版社.

武云飞，1991. 青藏高原鱼类区系特征及其形成的地质史原因［J］. 动物学报，1991（39）：2.

杨晨希，2007. 陇东黄土高原地区鱼类区系调查［D］. 兰州，兰州大学.

杨友桃，唐迎秋，1995. 甘肃鱼类资源及其地理分布［J］. 甘肃科学学报，（3）：73-75.

张琼，龚大洁，张可荣，等，2007. 甘肃白水江国家级自然保护区两栖爬行动物资源调查及保护对策［J］. 四川动物，26（2）：329-332.

张春霖，1954. 中国淡水鱼类的分布［J］. 地理学报，20（3）：279-284.

张荣祖，1999. 中国动物地理［M］. 北京：科学出版社.

张容祖，1997. 中国哺乳动物分布［M］. 北京：中国林业出版社.

张亚莉，2014. 甘肃太统－崆峒山国家级自然保护区优势树种在害虫研究. 甘肃科学学报，（4）：44-49.

张亚莉，2014. 甘肃太统－崆峒山国家级自然保护区在花尺蛾群落特征. 西北师范大学学报，（5）：71-78.

张亚莉，2014. 甘肃省天鹅科昆虫的群落特征及区系分析. 甘肃科学学报，（5）：24-30.

张亚莉，2021. 利用红外相机对甘肃太统崆峒山自然保护区兽类和鸟类的初步调查. 绿色科技，（24）：162-165.

张亚莉，2021. 太统－崆峒山保护区鸟类成分特征. 甘肃林业科技，（3）：35-42.

张耀甲，蒲训，孙纪周，等，1992. 六盘山自然保护区植物资源的保护及开发利用［J］.

国土与自然资源研究，（1）：59-63，75.

张耀甲，蒲训，孙纪周，等，1990. 宁夏六盘山药用植物资源调查初级报［J］. 中国中药杂志，15（2）：5-6.

张耀甲，王有元，陈道军，等，2001. 太统－崆峒山自然保护区野生植物资源的合理开发利用及其保护对策［J］. 西北植物学报，22（4）：1-6.

赵尔宓，1995. 中国两栖动物地理区划［J］. 四川动物，159-164.

赵明星，1999. 崆峒山动物［M］. 西安：三秦出版社.

甄霖，谢高地，杨丽，等，2005. 泾河流域土地利用变化驱动力及其政策的影响［J］. 资源学报，27（4）：33-37.

郑光美，2018. 中国鸟类分布与分类名录［M］. 北京：科学出版社.

郑涛，1982. 甘肃啮齿动物［M］. 兰州：甘肃人民出版社.

中国科学院 FRPS《中国植物志》编委会，2009. 中国植物志. 北京：科学出版社.

中国科学院植物研究所，1972. 中国高等植物图鉴（补编）（第一册）. 北京：科学出版社.

中国科学院植物研究所，1972. 中国高等植物图鉴：第二册［M］. 北京：科学出版社.

中国科学院植物研究所，1972. 中国高等植物图鉴：第一册［M］. 北京，科学出版社.

中国科学院植物研究所，1974. 中国高等植物图鉴：第三册［M］. 北京：科学出版社.

中国科学院植物研究所，1975. 中国高等植物图鉴：第四册［M］. 北京：科学出版社.

中国科学院植物研究所，1976. 中国高等植物图鉴：第五册［M］. 北京：科学出版社.

中国科学院中国植物志编辑委员会，1974. 中国植物志：第三十六卷［M］. 北京：科学出版社.

中国科学院中国植物志编辑委员会，1977. 中国植物志：第六十六卷［M］. 北京：科学出版社.

中国科学院中国植物志编辑委员会，1979. 中国植物志：第二十五卷（第二分册）［M］. 北京：科学出版社.

中国科学院中国植物志编辑委员会，1980. 中国植物志：第二十八卷［M］. 北京：科学出版社.

中国科学院中国植物志编辑委员会，1980. 中国植物志：第十四卷［M］. 北京：科学出版社.

中国科学院中国植物志编辑委员会，1982. 中国植物志：第四十八卷（第一分册）［M］. 北京：科学出版社.

中国科学院中国植物志编辑委员会,1983.中国植物志:第七十三卷(第二分册)[M].北京:科学出版社.

中国科学院中国植物志编辑委员会,1985.中国植物志:第七十四卷[M].北京:科学出版社.

中国科学院中国植物志编辑委员会,1988.中国植物志:第六十二卷[M].北京:科学出版社.

中国科学院中国植物志编辑委员会,1988.中国植物志:第七十二卷[M].北京:科学出版社.

中国科学院中国植物志编辑委员会,1988.中国植物志:第三十九卷[M].北京:科学出版社.

中国科学院中国植物志编辑委员会,1990.中国植物志:第十卷(第一分册)[M].北京:科学出版社.

中国科学院中国植物志编辑委员会,1991.中国植物志:第五十一卷[M].北京:科学出版社.

中国科学院中国植物志编辑委员会,1999.中国植物志:第四十五卷(第三分册)[M].北京:科学出版社.

中国科学院中国植物志编辑委员会,1999.中国植物志:第五十二卷)(第一分册)[M].北京:科学出版社.

中国科学院中国植物志编辑委员会,2000.中国植物志:第十二卷[M].北京:科学出版社.

中国野生动物保护协会,2002.中国爬行动物图鉴[M].郑州:河南科学技术出版社.

中科科学院西北植物研究所,1981.秦岭植物志:第一卷(第三册)[M].北京:科学出版社.

中科科学院西北植物研究所,1985.秦岭植物志:第一卷(第五册)[M].北京:科学出版社.

朱松泉,1989.中国条鳅志[M].南京:江苏科学技术出版社.

朱松泉,1995.中国淡水鱼类检索[M].南京:江苏科学技术出版社

附　录

附录1　自然保护区野生植物名录

序号	科名	属名	中文名	拉丁学名	海拔/m	生境	最新发现时间
					分布地点		
1	卷柏科 Selaginellaceae	卷柏属 Selaginella P. Beauv.	甘肃卷柏	*Selaginella kansuensis* Ching et Hsu	1 456~1 890	林下阴湿岩石上	2000 年
2			蔓生卷柏	*Selaginella davidii* Franch	1 456~1 890	林下阴湿岩石上	2000 年
3			中华卷柏	*Selaginella sinensis*（Desv.）Spring	1 456~1 890	林下阴湿岩石上	2000 年
4			卷柏	*Selaginella tamariscina*（P. Beauv.）Spring	1 456~1 890	林下阴湿岩石上	2010 年
5	木贼科 Equisetaceae	木贼属 Equisetum L.	问荆	*Equisetum arvense* L.	1 346~2 123	田边、水沟及草地	2000 年
6			节节草	*Equisetum ramosissimum* Desf.	1 346~2 123	潮湿路边、水沟边	2000 年
7			木贼	*Equisetum hyemale* L.	2 000~2 123	山坡阴地	2000 年
8	凤尾蕨科 Pteridaceae	凤尾蕨属 Pteris L.	凤尾蕨	*Pteris cretica* L. var.*nervosa*（Thunb.）Ching et S. H. Wu	2 100	干旱向阳山坡、林缘	2010 年
9		蕨属 Pteridium Gled. ex Scop.	蕨	*Pteridium aquilinum* var. *latiusculum*（Desv.）Underw.ex Heller	2 000~2 100	山坡阴湿岩石上	2000 年
10	中国蕨科 Sinopteridaceae	中国蕨属 Sinopteris C. Chr et Ching.	小叶中国蕨	*Sinopteris albofusca*（Bak.）Ching	2 000~2 100	山坡阴湿岩石上	2000 年
11		粉背蕨属 Aleuritopteris Fee.	华北薄鳞蕨	*Aleuritopteris kuhnii*（Milde.）Ching.	1 456~1 800	山坡岩缝中	2000 年
12			银粉背蕨	*Aleuritopteris argentea*（Gmél.）Fée	1 456~1 800	干旱阳坡石缝中	2000 年
13			雪白粉背蕨	*Aleuritopteris niphobola*（C.Chr.）Ching	1 456~1 800	林下潮湿岩石上	2000 年
14		碎米蕨属 Cheilanthes Sw.	碎米蕨	*Cheilanthes opposita* Kaulfuss	1 456~1 800	林下潮湿岩石上	2010 年

续表

序号	科名	属名	拉丁学名	中文名	海拔/m	生境	最新发现时间
15			Adiantum erythrochlamys Diels	肾盖铁线蕨	1 456~1 800	林下阴湿岩石上	2000年
16	铁线蕨科 Adiantaceae	铁线蕨属 Adiantum L.	Adiantum fimbriatum Christ	长盖铁线蕨	1 456~1 800	林下阴湿岩石上	2000年
17			Adiantum capillus-veneris L.	铁线蕨	1 456~1 800	林下阴湿岩石上	2010年
18			Adiantum pedatum L.Sp.	掌叶铁线蕨	1 456~1 800	林下阴湿岩石上	2010年
19	裸子蕨科 Hemionitidaceae	凤丫蕨属 Coniogramme Thunb.	Coniogramme rosthornii Hieron.	太白山凤丫蕨	1 700~1 800	林下潮湿的沟谷	2000年
20		羽节蕨属 Gymnocarpium Newman	Gymnocarpium jessonse (Koidz.) Koidz.	羽节蕨	1 596~1 700	林下阴湿岩石缝隙中	2000年
21			Gymnocarpium dryopteris (L.) Newman	欧洲羽节蕨	1 596~1 700	林下阴湿岩石缝隙中	2000年
22		对囊蕨属 Deparia	Deparia vegetior (Kitagawa) X. C. Zhang	河北峨眉蕨	1 596~1 700	山坡林下阴湿地	2000年
23	蹄盖蕨科 Athyriaceae		Deparia giraldii (Christ) X. C. Zhang	陕西峨眉蕨	1 596~1 700	山坡林下阴湿地	2010年
24		假蹄盖蕨属 Athyriopsis Thunb.	Athyriopsis japonica (Thunb.) Ching	假蹄盖蕨	1 500~1 700	林下阴湿地及路边	2000年
25			Athyrium pachyphlebium U.Chr.	华北蹄盖蕨	1 500~1 700	林下阴湿地及路边	2000年
26		蹄盖蕨属 Athyrium Roth	Athyrium nipponicum (Mett.) Hance	华东蹄盖蕨	1 500~1 700	林下阴湿地及路边	2000年
27			Athyrium fallaciosum Milde	麦秆蹄盖蕨	1 500~1 700	林下阴湿地及路边	2000年
28	肿足蕨科 Hypodematiaceae Ching	肿足蕨属 Hypodematium Kunze	Hypodematium gracile Ching	疏羽肿足蕨	1 500~1 700	阴坡石缝中	2000年

续表

序号	科名	属名	中文名	拉丁学名	分布地点 海拔/m	分布地点 生境	最新发现时间
29		过山蕨属 Camptosorus Link	过山蕨	Camptosorus sibiricus Rupr.	1 500~1 800	林下阴湿岩石、路边湿地	2000 年
30	铁角蕨科 Aspleniaceae	铁角蕨属 Asplenium L.	变异铁角蕨	Asplenium varians Well.ex Hook.et Grev.	1 700~1 800	山谷岩面上	2000 年
31			北京铁角蕨	Asplenium pekinense Hance	1 500~1 700	山阴坡林下岩石缝	2000 年
32			卵叶铁角蕨	Asplenium ruta-muraria L . Sp.	1 500~1 700	山阴坡林下岩石缝	2000 年
33		耳蕨属 Polystichum Roth.	鞭叶耳蕨	Polystichum craspedosorum（Maxim.）Diels	1 346~1 700	林下潮湿岩面上	2000 年
34	鳞毛蕨科 Dryopteridaceae	鳞毛蕨属 Dryopteris Adanson	假异鳞毛蕨	Dryopteris immixta Ching	1 596~1 700	沟谷林下石缝中	2000 年
35			陇蜀鳞毛蕨	Dryopteris thibetica（Franch.）C.Chr.	1 596~1 700	山谷林下岩石上	2000 年
36			华北鳞毛蕨	Dryopteris goeringiana（Kunze）Koidz	1 596~1 700	山谷林下岩石上	2010 年
37		瓦韦属 Lepisorus（J. Sm.）Ching	有边瓦韦	Lepisorus marginatus Ching	1 500~1 700	林下岩石上	2000 年
38			网眼瓦韦	Lepisorus clathratus（C. B. Clarke）Ching	1 500~1 700	山谷林下岩面上	2000 年
39			扭瓦韦	Lepisorus contortus（Christ）Ching	1 500~1 700	林下岩石上	2000 年
40	水龙骨科 Polypodiaceae		太白瓦韦	Lepisorus thaipaiensis Ching et S. K. Wu			2021 年
41		槲蕨属 Drynaria（Bory）J. Sm.	秦岭槲蕨	Drynaria baronii Diels			2000 年
42			崆峒山槲蕨	Drynaria baronii（Chrast.）Dieis var. kongtongshanensis W.H.G			2000 年

续表

序号	科名	属名	中文名	拉丁学名	分布地点		最新发现时间
					海拔/m	生境	
43	水龙骨科 Polypodiaceae	槲蕨属 Drynaria (Bory) J. Sm.	中华槲蕨	Drynaria sinica Diels			2010 年
44		石韦属 Pyrrosia Mirbel	华北石韦	Pyrrosia davidii (Baker.) Ching			2000 年
45			有柄石韦	Pyrrosia petiolosa (Gies. Christ.) Ching			2000 年
46		石蕨属 Saxiglossum Ching	石蕨	Saxiglossum angustissimum (Gies.) Ching			2010 年
47	松科 Pinaceae	云杉属 Picea A. Dietrich.	云杉	Picea asperata Mast.			2000 年
48			紫果云杉	Picea purpurea Mast.			2000 年
49			青海云杉	Picea crassifolia Kom.			2010 年
50			菁杆	Picea wilsonii Mast.			2010 年
51		落叶松属 Larix Mill	华北落叶松	Larix gmelinii var. principis-rupprechtii (Mayr) Pilger			2000 年
52		松属 Pinus L.	华山松	Pinus armandii Franch	1 800~2 000	山阴坡	2000 年
53			油松	Pinus tabulaeformis Carriere.	1 800~2 000	山阳坡	2000 年
54			白皮松	Pinus bungeana Zucc. ex Endl.	1 800~2 000	山阳坡	2010 年
55	柏科 Cupressaceae	侧柏属 Platycladus Spach.	侧柏	Platycladus orientalis (L.) Franco			2000 年
56		圆柏属 Sabina Mill	高山柏	Sabina squamata (Buchanan-Hamilton) Ant.			2000 年
57			圆柏	Sabina chinensis (L.) Ant.			2000 年

续表

序号	科名	属名	中文名	拉丁学名	分布地点		最新发现时间
					海拔/m	生境	
58			龙柏	Sabina chinensis (L.) Ant. 'Kaizuca'			2000年
59	柏科 Cupressaceae	圆柏属 Sabina Mill	垂枝圆柏	Sabina chinensis (L.) Ant. f. pendula (Franch.) Cheng et W. T. Wang			2000年
60			叉子圆柏	Sabina vulgaris Ant.			2010年
61		刺柏属 Juniperus L.	刺柏	Juniperus formosana Hayata	1 800	山台地	2000年
62	麻黄科 Ephedraceae	麻黄属 Ephedra L.	中麻黄	Ephedra intermedia Schrenk ex Mey.	1 300~2 000	山上、山下产	2000年
63			草麻黄	Ephedra sinica Stapf.	1 300~2 000	山上、山下产	2000年
64	金粟兰科 Chloranthaceae	金粟兰属 Chloranthus Sw.	银线草	Chloranthus quadrifolius (A.Gray) H.Ohba & S.Akiyama	1 500~1 700	林下阴湿地草丛中	2000年
65			新疆杨	Populus alba L.var.pyramidalis Bunge.			2000年
66			山杨	Populus davidiana Dode	1 340~2 100	山沟地阴坡最多	2000年
67		杨属 Populus L.	小叶杨	Populus simonii Carr.	1 340~2 100	山沟地阴坡最多	2000年
68	杨柳科 Salicaceae		加拿大杨	Populus × canadensis Moench			2000年
69			黑杨	Populus nigra L.	1 340~2 100	山沟地阴坡最多	2010年
70			钻天杨	Populas nigra L.var. Italica (Moench.) Koehne.			2000年
71			银白杨	Populus alba L.	1 340~2 100	山沟地阴坡最多	2010年
72		柳属 Salix L.	乌柳	Salix cheilophila Schneid.	1 100~1 800	山坡林中	2000年
73			旱柳	Salix matsudana Koidz.		河谷及衣区	2000年

续表

序号	科名	属名	中文名	拉丁学名	分布地点		最新发现时间
					海拔/m	生境	
74			龙爪柳	Salix matsudana f. tortuosa (Vilm.) Rehd.		河谷及衣区	2000 年
75	杨柳科 Salicaceae	柳属 Salix L.	垂柳	Salix babylonica L.			2000 年
76			中国黄花柳	Salix sinica (Hao) C.Wang et C.F.Fang	1 100~1 800	山坡林中	2000 年
77			红皮柳	Salix sinopurpurea C. Wang et Ch. Y. Yang (新增)	1 100~1 800	山坡林中	2021 年
78	胡桃科 Juglandaceae	胡桃属 Juglans L.	胡桃楸	Juglans mandshurica Maxim.	1 800~1 900	山沟杂木林中	2000 年
79			榛	Corylus heterophylla Fisch. ex Bess.	2 000	山阳坡	2000 年
80		榛属 Corylus L.	角榛	Corylus sieboldiana Blume	1 600~1 800	山南北坡	2000 年
81			毛榛	Corylus mandshurica Maxim.	2 000	山阳坡	2010 年
82		虎榛子属 Ostryopsis Decne.	虎榛子	Ostryopsis davidiana Decaisne	1 500~1 700	山南北坡	2000 年
83	桦木科 Betulaceae		单齿鹅耳枥	Carpinus stipulata H. Winkler	1 500	山坡林中	2010 年
84		鹅耳枥属 Carpinus L.	云贵鹅耳枥	Carpinus pubescens Burk.	1 500	山坡林中	2010 年
85			鹅耳枥	Carpinus tuczaninowii Hance	1 300~2 000	山地阴坡	2000 年
86			坚桦	Betula chinensis Maxim.	1 900	崆峒山雷声峰等地	2000 年
87		桦木属 Betula L.	白桦	Betula platyphylla Suk.	2 000~2 100	隍城、香山	2000 年
88			红桦	Betula albosinensis Burk.	2 000~2 100		2010 年

续表

序号	科名	属名	中文名	拉丁学名	分布地点 海拔/m	分布地点 生境	最新发现时间
89	壳斗科 Fagaceae	铁木属 Ostrya Scop.	铁木	Ostrya japonica Sarg.			2010 年
90		栎属 Quercus L.	蒙古栎	Quercus mongolica Fisch. ex Ledeb.	1 300~2 000	纯林混生于杂木林中	2000 年
91	刺榆属 Hemiptelea Planch.		刺榆	Hemiptelea davidii（Hance）Planch.	1 300~2 000	向阳坡地	2010 年
92		榆属 Ulmus L.	榆树	Ulmus pumila L.	1 300~2 000	普遍分布	2000 年
93			龙爪榆	Ulmus pumila 'Pendula' Kirchner	1 300~2 000	向阳坡地	2000 年
94	榆科 Ulmaceae		大果榆	Ulmus macrocarpa Hance	1 800~2 000	向阳坡地	2000 年
95			春榆	Ulmus davidiana var. japonica（Rehd.）Nakai	1 300~2 000	向阳坡地	2000 年
96			旱榆	Ulmus glaucescens Franch.	1 300~2 000	向阳坡地	2010 年
97		朴属 Celtis L.	黑弹树	Celtis bungeana Bl.	1 300~1 800	南北坡	2000 年
98			蒙桑	Morus mongolica（Bur.）Schneid.	1 500~1 700	杂木林中	2000 年
99		桑属 Morus L.	崆峒山蒙桑	Morus mongolica Schneid var. kongtongshanensis W.H.Gao	1 500~1 700	杂木林中	2000 年
100			桑	Morus alba L.	1 500~1 700	阴坡	2000 年
101	桑科 Moraceae		鸡桑	Morus australis Poir.	1 500~1 700	谷地	2000 年
102		构树属 Broussonetia Vent.	构树	Broussonetia papyrifera（L.）Vent.	1 500~1 700	杂木林中	2000 年
103		葎草属 Humulus L.	葎草	Humulus scandens（lour.）Merr.	1 300~2 000	路边，荒地	2000 年
104		大麻属 Cannabis L.	大麻	Cannabis sativa L.	1 400~2 000	向阳坡地	2000 年

续表

序号	科名	属名	中文名	拉丁学名	分布地点 海拔/m	分布地点 生境	最新发现时间
105		荨麻属 Urtica L.	狭叶荨麻	Urtica angustifolia Fisch. ex Hornem.			2010 年
106			麻叶荨麻	Urtica cannabina L.			2010 年
107			宽叶荨麻	Urtica laetevirens Maxim.			2010 年
108			齿叶荨麻	Urtica laetevirens Maxim. subsp. dentata			2010 年
109			甘肃荨麻	Urtica dioica L. subsp. gansuensis C. J. Chen			2010 年
110	荨麻科 Urticaceae		异株荨麻	Urtica dioica L. subsp. dioica			2010 年
111		冷水花属 Pilea Lindl.	透茎冷水花	Pilea pumila (L.) A. Gray			2010 年
112		艾麻属 Laportea Gaudich.	珠芽艾麻	Laportea bulbifera (Sieb.et Zucc.) Wedd.			2010 年
113			螫麻	Laportea bulbifera (Sieb. et Zucc.) Wedd.	1 300~1 800	山坡林下阴湿处	2000 年
114			艾麻	Laportea cuspidata (Wedd.) Friis	1 300~1 800	林下阴湿处	2000 年
115	檀香科 Santalaceae	百蕊草属 Thesium L.	百蕊草	Thesium chinense Turcz.	1 300	草坡、林缘、水库岸边	2000 年
116	桑寄生科 Loranthaceae	桑寄生属 Loranthus Jacq.	北桑寄生	Loranthus tanakae Franch. et Sav.	1 800	见于各台地	2000 年
117		槲寄生属 Viscum L.	槲寄生	Viscum coloratum (Kom.) Nakai	1 800	中台区的大果榆、白杜、辽东栎树上寄生	2000 年

续表

序号	科名	属名	中文名	拉丁学名	分布地点 海拔 /m	生境	最新发现时间
118			圆穗蓼	*Polygonum macrophyllum* D. D	1 600~1 800	向阳坡地、草地	2000 年
119			西伯利亚蓼	*Polygonum sibiricum* Laxm.		水渠边，为碱性土壤指示植物	2000 年
120			支柱蓼	*Polygonum suffultum* Maxim.	1 600~1 800	山沟湿地、林缘	2000 年
121			红蓼	*Polygonum orientale* L.		山上、山下栽培或野生	2000 年
122			酸模叶蓼	*Polygonum lapathifolia* L.	1 300~2 000	水渠边、潮湿地、路边	2000 年
123			绵毛酸模叶蓼	*Polygonum lapathifolia* var. *salicifolium* Sihbth.			2000 年
124	蓼科 Polygonaceae	蓼属 *Polygonum* L.	萹蓄	*Polygonum aviculare* L.	1 300~2 000	路边、荒地、田边、沟边湿地	2000 年
125			尼泊尔蓼	*Polygonum nepalense*（Meisn.）H. Gross	1 800~2 000	塬边、山坡、水沟边草丛湿地上	2000 年
126			杠板归	*Polygonum perfoliatum*（L.）H. Gross	1 400	路边、荒沙土中	2000 年
127			珠芽蓼	*Polygonum viviparum*（L.）Gray			2010 年
128			水蓼	*Polygonum hydropiper*（L.）Spach			2010 年
129			火炭母	*Polygonum chinense*（L.）H. Gross			2010 年
130			头花蓼	*Polygonum capitatum* Buch.-Ham. ex D. Don			2010 年

续表

序号	科名	属名	中文名	拉丁学名	海拔 /m	分布地点 生境	最新发现时间
131	蓼科 Polygonaceae	何首乌属 Fallopia Adans.	何首乌	Fallopia multiflora (Thunb.) Harald.	1 300~1 800	山坡灌丛及草地，平凉各地有栽培	2000 年
132			篱蓼	Fallopia dumetorum (L.) Holub	1300~1 801	山坡路边	2010 年
133			木藤蓼	Fallopia aubertii (L. Henry) Holub	1 300~1 800	山坡路边	2000 年
134			卷茎蓼	Fallopia convolvulus (L.) Love	1 300~1 800	山谷、田边，缠绕于灌丛或草上	2000 年
135		酸模属 Rumex L.	酸模	Rumex acetosa L.	1 300~1 803	山谷、田边，缠绕于灌丛或草上	2010 年
136			宽被毛脉酸模	Rumex gmelinii var. latus A.J.Li ex J.Q.Fu	1 300~1 804	山谷、田边，缠绕于灌丛或草上	2010 年
137			皱叶酸模	Rumex crispus L.	1 300~2 000	台地、湿地、村边	2000 年
138			巴天酸模	Rumex patientia L.	1 300~2 000	水边、路边、田边、荒地潮湿处	2000 年
139			齿果酸模	Rumex dentatus L.		水边、路边、田边、荒地潮湿处	2010 年
140			水生酸模	Rumex aquaticus L.		水边、路边、田边、荒地潮湿处	2010 年
141		大黄属 Rheum L.	药用大黄	Rheum officinale Baill.			2000 年
142			掌叶大黄	Rheum Palmatum L.			2000 年
143			单脉大黄	Rheum uninerve Maxim.			2010 年
144			波叶大黄	Rheum rhabarbarum Linnaeus			2010 年

续表

序号	科名	属名	中文名	拉丁学名	海拔 /m	生境	最新发现时间
145		驼绒藜属 Krascheninnikovia Gueldenst.	华北驼绒藜	*Krascheninnikovia arborescens*（Losina-Losinskaja） Czerepanov			2010 年
146		滨藜属 *Atriplex* L.	西伯利亚滨藜	*Atriplex sibirica* L.			2010 年
147		虫实属 *Corispermum* L.	蒙古虫实	*Corispermum mongolicum* Iljin			2010 年
148	藜科 Chenopodiaceae	藜属 *Chenopodium* L.	刺藜	*Chenopodium aristatum* L.	1 300~2 000	山坡、田间及荒地	2000 年
149			菊叶香藜	*Chenopodium foetidum* Schrad.	1 300	路边、荒地	2000 年
150			灰绿藜	*Chenopodium glaucum* L.	1 300~2 000	田边、路边、村边、田野	2000 年
151			藜	*Chenopodium album* L.	1 300~2 000	路边、荒地、田间，为常见成虫或幼虫食叶	2000 年
152			香藜	*Chenopodium botrys* L. Mosyakin & Clemants			2000 年
153			杂配藜	*Chenopodium hybridum*（L.） S. Fuentes Uotila & Borsch	1 300~2 000	山上、山下	2000 年
154		地肤属 *Kochia*	地肤	*Kochia scoparia*（L.） Schrad.	1 300~2 000	田边、路边、荒地	2000 年
155			碱地肤	*Kochia scoparia*（L.） Schrad. var. *sieversiana*（Pall.）Ulbr. ex Aschers et Graebn.	1 300~2 000	田边、路边、荒地	2010 年
156			扫帚菜	*Kochia scoparia* f. *trichophylla*（Hort.） Schinz. et Thell.	1 300~2 000		2000 年

续表

序号	科名	属名	中文名	拉丁学名	海拔/m	分布地点 生境	最新发现时间
157	藜科 Chenopodiaceae	碱蓬属 Suaeda Forsk. ex J. F. Gmel.	碱蓬	Suaeda glauca (Bunge) Bunge			2010 年
158		猪毛菜属 Kali Mill.	猪毛菜	Kali collinum (Pall.) Akhani & Roalson	1 300~2 000	路边荒地	2000 年
159			刺沙蓬	Kali tragus Scop.			2010 年
160	苋科 Amaranthaceae	苋属 Amaranthus L.	反枝苋	Amaranthus retroflexus L.		山谷、沟边、路旁、荒地	2000 年
161			腋花苋	Amaranthus graecizans subsp. thellungianus (Nevski ex Vassilcz.) Gusev			2010 年
162	商陆科 Phytolaccaceae	商陆属 Phytolacca L.	商陆	Phytolacca acinosa Roxb.			2000 年
163	马齿苋科 Portulacaceae	马齿苋属 Portulaca L.	马齿苋	Portulaca oleracea L.	1 300~2 000	菜地、荒地和潮湿	2000 年
164			大花马齿苋	Portulaca grandiflora Hook.			2000 年
165	石竹科 Caryophyllaceae	繁缕属 Stellaria L.	繁缕	Stellaria media (L.) Villars	1 300~2 000	田野、路边、林缘草地	2000 年
166			沼生繁缕	Stellaria palustris Retzius	1 800	林下、河边、草地	2000 年
167			箐姑草	Stellaria vestita Kurz.			2010 年
168			中国繁缕	Stellaria chinensis Regel.			2010 年
169			柳叶繁缕	Stellaria saliciifolia Y. W. Tsui ex P. Ke			2010 年

续表

序号	科名	属名	中文名	拉丁学名	分布地点 海拔 /m	分布地点 生境	最新发现时间
170		繁缕属 Stellaria L.	禾叶繁缕	Stellaria graminea L.（新增）			2021 年
171		无心菜属 Arenaria L.	无心菜	Arenaria serpyllifolia Linn.	1 300~1 500	河边湿地，路边荒地，石质山坡	2000 年
172		薄蒴草属 Lepyrodiclis Fenzl	薄蒴草	Lepyrodiclis holosteoides （C. A. Meyer） Fenzl. ex Fisher et C. A. Meyer			2000 年
173		拟漆姑属 Spergularia（Pers.）J. et C. Presl	拟漆姑	Spergularia salina J. et C. Presl.	1 500	林缘、路边、河边	2000 年
174		蝇子草属 Silene	坚硬女娄菜	Silene firma Sieb. et Zucc.			2000 年
175			女娄菜	Silene aprica Turcx. ex Fisch. et Mey.	1 300~2 000	山坡草地，山谷湿地	2000 年
176			米瓦罐	Silene conoidea L.	1 300~2 000	麦田，荒地	2000 年
177			蔓茎蝇子草	Silene repens Patr.	1 300~1 800	山坡草地，林下，山谷地	2000 年
178	石竹科 Caryophyllaceae	蝇子草属 Silene L.	石缝蝇子草	Silene foliosa Maxim.		沟谷地	2000 年
179			高雪轮	Silene armeria L.			2000 年
180			麦瓶草	Silene conoidea L.			2010 年
181			蝇子草	Silene gallica L.	1 300~1 500	山坡或山谷草地	2010 年
182			鹤草	Silene fortune Vis.			2010 年
183			绢毛蝇子草	Silene gracilicaulis C. L. Tang			2010 年

续表

序号	科名	属名	中文名	拉丁学名	海拔 /m	分布地点 生境	最新发现时间
184		鲥子草属 Silene L.	疏毛女娄菜	Silene firma Sieb. et Zucc. var. pubescens (Makino) S. Y. He			2010 年
185		狗筋蔓属 Cucubalus L.	狗筋蔓	Silene baccifera (Linnaeus) Roth			2000 年
186		孩儿参属 Pseudostellaria Pax	蔓孩儿参	Pseudostellaria davidii (Franch.) Pax	1 700~2 000	山地、林下、灌丛、林缘、路边	2000 年
187			细叶孩儿参	Pseudostellaria sylvatica (Maxim.) Pax	1 800	林下阴湿处	2000 年
188	石竹科 Caryophyllaceae	鹅肠菜属 Myosoton Moench.	鹅肠菜	Stellaria aquatica (L.) Scop.	1 300~2 000	水边、湿地、很普遍	2000 年
189		石头花属 Gypsophila L.	细叶石头花	Gypsophila licentiana Hand.- Mazz.	1 500	岩石上	2010 年
190			长蕊石头花	Gypsophila oldhamiana Miq.	1 300~1 500	山坡干燥地、岩石上	2000 年
191			丝石竹	Gypsophila acutifolia Fisch.			2000 年
192		石竹属 Dianthus L.	五彩石竹	Dianthus barbatus Linn .			2000 年
193			瞿麦	Dianthus superbus L.			2000 年
194			石竹	Dianthus chinensis L.	1 900	向阳山坡草地、林缘、灌丛间	2000 年
195		麦蓝菜属 Vaccaria Wolf	麦蓝菜	Gypsophila vaccaria (L.) Sm.	1 300~2 000	太统山、崆峒山麦田	2000 年
196		牛漆姑属 Spergularia	牛漆姑	Spergularia salina	1 500	林缘、路边、河边	2000 年

续表

序号	科名	属名	中文名	拉丁学名	分布地点 海拔/m	生境	最新发现时间
197	睡莲科 Nymphaeaceae	睡莲属 Nymphaea L.	睡莲	Nymphaea tetragona Georgi			2000 年
198	金鱼藻科 Ceratophyllaceae	金鱼藻属 Ceratophyllum L.	金鱼藻	Ceratophyllum demersum L.			2000 年
199	毛茛科 Ranunculaceae	芍药属 Paeonia L.	牡丹	Paeonia suffruticosa Andr.			2000 年
200			紫斑牡丹	Paeonia rockii (S. G. Haw & Lauener) T. Hong & J. J. Li			2000 年
201			美丽芍药	Paeonia mairei Lévl.			2010 年
202			草芍药	Paeonia obovata Maxim.	1 900~2 000	山坡草地、林缘、杂木林下	2000 年
203		毛茛属 Ranunculus L.	圆叶毛茛	Ranunculus indivisus (Maxim.) Hand.-Mazz.		阴湿草地	2000 年
204			毛茛	Ranunculus japonicus Thunb.	1 300~2 000	水边湿地、山坡草丛	2000 年
205			茴茴蒜	Ranunculus chinensis Bunge.	1 300~1 800	溪边、水旁	2000 年
206		升麻属 Cimicifuga L.	升麻	Actaea cimicifuga L.	1 400~1 500	林下、林缘、路边	2000 年
207		类叶升麻属 Actaea L.	类叶升麻	Actaea asiatica Hara			2010 年
208		乌头属 Aconitum L.	松潘乌头	Aconitum henryi Pritz.	1 800~1 900	山坡灌丛、林下	2000 年
209			西伯利亚乌头	Aconitum barbatum var. hispidum (DC.) Seringe	1 500~1 800	农田地埂草丛	2000 年

续表

序号	科名	属名	中文名	拉丁学名	分布地点		最新发现时间
					海拔 /m	生境	
210		乌头属 Aconitum L.	牛扁	*Aconitum barbatum* var. *puberulum* Ledeb.			2010 年
211			高乌头	*Aconitum sinomontanum* Nakai	1 590~1 700	沟谷草地	2000 年
212			铁棒锤	*Aconitum pendulum* Busch	1 500~2 000	山坡草地、灌木草地	2000 年
213			毛叶乌头	*Aconitum carmichaeli* var. *pubescens* W. T. Wang & P. K. Hsiao			2000 年
214			聚叶花葶乌头	*Aconitum scaposum* var. *vaginatum* (Pritz.) Rapaics			2010 年
215	毛茛科 Ranunculaceae		甘青乌头	*Aconitum tanguticum* (Maxim.) Stapf			2010 年
216			毛果甘青乌头	*Aconitum tanguticum* (Maxim.) Stapf			2010 年
217		铁筷子属 Helleborus L.	铁筷子	*Helleborus thibetanus* Franch.	1 400~1 800	林下、山坡	2000 年
218		翠雀属 Delphinium L.	弯距翠雀花	*Delphinium campylocentrum* Maxim.	1 700~1 800	山坡草地	2000 年
219			白蓝翠雀花	*Delphinium albocoeruleum* Maxim.	1 400~2 000	草坡、山地、田埂、路边	2000 年
220			翠雀	*Delphinium grandiflorum* L.			2000 年
221		耧斗菜属 Aquilegia L.	耧斗菜	*Aguilegia viridiflora* Pall.	1 400~1 800	林下岩石缝隙	2000 年
222			华北耧斗菜	*Aquilegia yabeana* Kitag.			2010 年
223			甘肃耧斗菜	*Aquilegia oxysepala* var. *kansuensis* Bruhl（新增）			2021 年

续表

序号	科名	属名	中文名	拉丁学名	分布地点		最新发现时间
					海拔/m	生境	
224		唐松草属 Thalictrum L.	丝叶唐松草	Thalictrum foeniculaceum Bunge.	1 300~1 800	干燥山坡、沙地	2000 年
225			绢毛唐松草	Thalictrum brevisericeum W.T.Wang et S.H.Wang	1 400~1 800	山谷灌丛	2000 年
226			长喙唐松草	Thalictrum macrorhynchum Franch.	1 400~1 800	山谷、山坡、路旁及林下	2000 年
227			瓣蕊唐松草	Thalictrum petaloideum L.	1 400	山坡草地、田埂	2000 年
228			短梗箭头唐松草	Thalictrum simplex L. var. brevipes Hara	1 340~1 500	河岸边坡地	2000 年
229			东亚唐松草	Thalictrum minus var. hypoleucum（Sieb. et Zucc.）Miq.	1 400~1 800	林缘、山坡草地	2000 年
230	毛茛科 Ranunculaceae		贝加尔唐松草	Thalictrum baicalense Turcz	1 400~1 800	林下、草坡	2000 年
231			唐松草	Thalictrum aquilegifolium Linn. var. sibiricum Regel et Tiling			2010 年
232		银莲花属 Anemone L.	阿尔泰银莲花	Anemone altaica Fisch.	1 500~1 800	山坡草地、林下湿润环境	2000 年
233			大火草	Anemone tomentosa（Maxim.）Pei	1 300~2 000	山坡、荒地、路边	2000 年
234			疏齿银莲花	Anemone geum subsp. ovalifolia（Bruhl）R. P. Chaudhary		山坡湿地、林地、草坡、河边	2000 年
235			小花草玉梅	Anemone rivularis Buch.-Ham. var. floreminore Maxim.	1 300~1 500		2000 年

续表

序号	科名	属名	中文名	拉丁学名	分布地点 海拔/m	生境	最新发现时间
236		白头翁属 Pulsatilla Adans.	白头翁	*Pulsatilla chinensis* (Bunge) Regel	1 500~1 800	山坡草地	2000年
237			蒙古白头翁	*Pulsatilla ambigua* (Turcz. ex Pritz.)			2000年
238		山蓼属 Oxyria Hill	山蓼	*Oxyria digyna* (L.) Hill.			2000年
239			长瓣铁线莲	*Clematis macropetala* Ledeb			2000年
240			甘青铁线莲	*Clematis tangutica* (Maxim.) Korsh.	1 400	山谷、草滩	2000年
241			黄花铁线莲	*Clematis intricata* Bunge.	1 400~1 800	草滩、路边	2000年
242			秦岭铁线莲	*Clematis obscura* Maxim.	1 400~1 700	山坡灌丛、谷地、路边	2000年
243	毛茛科 Ranunculaceae	铁线莲属 Clematis L.	粗齿铁线莲	*Clematis grandidentata* (Rehder & E. H. Wilson) W. T. Wang	1 400~1 700	山坡杂木林、山沟灌丛中	2000年
244			短尾铁线莲	*Clematis brevicaudata* DC.	1 400~1 700	山坡、林内、路边	2000年
245			芹叶铁线莲	*Clematis aethusifolia* Turcz.			2010年
246			灌木铁线莲	*Clematis fruticosa* Turcz			2010年
247			甘川铁线莲	*Clematis akebioides* (Maxim.) Veitch （新增）			2021年
248		侧金盏花属 Adonis L.	短柱侧金盏花	*Adonis davidii* Franchet	1 800	山谷林下、阴湿草地	2000年
249			甘青侧金盏花	*Adonis bobroviana* Sim.			2010年

续表

序号	科名	属名	中文名	拉丁学名	分布地点		最新发现时间
					海拔/m	生境	
250		碱毛茛属 *Halerpestes* Green（增加）（水葫芦苗属）	水葫芦苗	*Halerpestes cymbalaria*（Pursh）Green	1 346	河岸淤泥中	2000 年
251			长叶碱毛茛	*Halerpestes ruthenica*（Jacq.）Ovcz.			2010 年
252	毛茛科 Ranunculaceae	驴蹄草属 *Caltha* L.	驴蹄草	*Caltha palustris* L.			2010 年
253			空茎驴蹄草	*Caltha palustris* var. *barthei* Hance（新增）			2021 年
254		水毛茛属 *Batrachium* S. F. Gray	水毛茛	*Batrachium bungei*（Steud.）L. Liou			2010 年
255		南天竹属 *Nandina* Thunb.	南天竹	*Nandina domestica* Thunb.			2000 年
256			短柄小檗	*Berberis brachypoda* Maxim.			2000 年
257			首阳小檗	*Berberis dielsiana* Fedde	1 500~1 800	山坡、山谷灌丛中	2000 年
258			豪猪刺	*Berberis julianae* Schneid			2000 年
259			秦岭小檗	*Berberis circumserrata*（Schneid.）Schneid.			2010 年
260	小檗科 Berberidaceae	小檗属 *Berberis* L.	多弯小檗	*Berberis circumserrata* var. *occidentalior* Ahrendt			2010 年
261			直穗小檗	*Berberis dasystachya* Maxim.			2010 年
262			甘肃小檗	*Berberis kansuensis* Schneid.			2010 年
263			匙叶小檗	*Berberis vernae* Schneid.			2010 年
264			鲜黄小檗	*Berberis diaphana* Maxin.			2010 年

续表

序号	科名	属名	中文名	拉丁学名	海拔/m	分布地点	生境	最新发现时间
265	小檗科 Berberidaceae	淫羊藿属 Epimedium L.	柔毛淫羊藿	*Epimedium pubescens* Maxim.				2010年
266			淫羊藿	*Epimedium brevicornu* Maxim.				2010年
267			三枝九叶草	*Epimedium sagittatum* (Sieb. et Zucc.) Maxim.				2010年
268		红毛七属 *Caulophyllum* Michx	红毛七	*Caulophyllum robustum* Maxim.	1 300~1 500	林下及阴湿山沟		2000年
269	防己科 Menispermaceae	蝙蝠葛属 *Menispermum* L.	蝙蝠葛	*Menispermum dauricum* DC.	1 300~1 500	山坡、路边		2000年
270	木兰科 Magnoliaceae	五味子属 *Schisandra* Michx.	华中五味子	*Schisandra sphenanthera* Rehd. et Wils.	1 600~1 700	谷底、林缘、潮湿的地方		2000年
271	樟科 Lauraceae	木姜子属 *Litsea* Lam.	秦岭木姜子	*Litsea tsinlingensis* Yang et P. H. Huang	1 700~1 800	山沟灌木丛中		2010年
272			木姜子	*Litsea pungens* Hemsl.	1 700~1 800	山沟灌木丛中		2010年
273			娟毛木姜子	*Litsea sericea* (Nees) Hook. f.	1 700~1 800	山沟灌木丛中		2000年
274	罂粟科 Papaveraceae	罂粟属 *Papaver* L.	野罂粟	*Papaver nudicaule* L.				2010年
275			长白山罂粟	*Papaver radicatum* Rottb. var. *pseudoradicatum* (Kitag.) Kitag.				2010年
276		秃疮花属 *Dicranostigma* Hook. f. & Thomson	秃疮花	*Dicranostigma leptopodum* (Maxim.) Fedde	1 300~1 700	农田埂、路边、草地		2000年
277		荷青花属 *Hylomecon* Maxim.	荷青花	*Hylomecon japonica* (Thunb.) Prantl et Kundig	1 500~1 700	林下、阴湿山坡		2000年
278		白屈菜属 *Chelidonium* L.	白屈菜	*Chelidonium majus* L.	1 400~1 600	山野、路边、草滩		2000年

续表

序号	科名	属名	中文名	拉丁学名	海拔/m	分布地点 生境	最新发现时间
279		角茴香属 Hypecoum L.	角茴香	*Hypecoum erectum* L.	1 500~1 700	荒地，田野，沙地	2000 年
280			细果角茴香	*Hypecoum leptocarpum* Hook. f.et.Thoms	1 500~1 700	山坡草地，路边	2000 年
281			地丁草	*Corydalis bungeana* Turcz	1 400~1 500	荒地，田野	2000 年
282			紫堇	*Corydalis edulis* Maxim.	1 400~1 600	林下，林缘，荒地	2000 年
283	罂粟科 Papaveraceae	紫堇属 *Corydalis* DC.	小黄紫堇	*Corydalis raddeana* Regel	1 400~1 700	林缘	2000 年
284			灰绿黄堇	*Corydalis adunca* Maxim.	1 400~1 700	干旱山坡，河谷滩地及石缝间	2000 年
285			泾源紫堇	*Corydalis jingyuanensis* C. Y. Wu et H. Chuang	1 400~1 700	干旱山坡，河谷滩地及石缝间	2010 年
286			齿瓣延胡索	*Corydalis turtschaninovii* Bess.	1 400~1 500	山坡林下腐殖土中	2000 年
287			北京延胡索	*Corydalis gamosepala* Maxim.	1 400~1 500	山坡林下腐殖质土中	2010 年
288		博落回属 *Macleaya* R. Br.	博落回	*Macleaya cordata* (Willd.) R. Br.			2010 年
289		芝麻菜属 *Eruca* Mill.	芝麻菜	*Eruca vesicaria* subsp. *sativa* (Miller) Thellung	1 300~2 000	向阳路边	2000 年
290	十字花科 Brassicaceae		独行菜	*Lepidium apetalum* Willd.	1 300~2 000	山坡，山沟，庭院	2000 年
291		独行菜属 *Lepidium* L.	碱独行菜	*Lepidium cartilagineum* (J. Mayer.) Thellung.	1 300~2 000	山坡，山沟，庭院	2010 年
292			宽叶独行菜	*Lepidium latifolium* Linnaeus.	1 300~2 000	山坡，山沟，庭院	2010 年
293			光果宽叶独行菜	*Lepidium latifolium* L. var. *affine* C. A. Mey.	1 300~2 000	山坡，山沟，庭院	2010 年

续表

序号	科名	属名	中文名	拉丁学名	分布地点		最新发现时间
					海拔/m	生境	
294	十字花科 Brassicaceae	群心菜属 Cardaria Desv.	球果群心菜	Lepidium chalepense L.			2010年
295		菘蓝属 Isatis L.	菘蓝	Isatis tinctoria Linnaeus			2010年
296		菥蓂属 Thlaspi L.	菥蓂	Thlaspi arvense L.	1 300~2 000	草地、村边	2000年
297		荠属 Capsella Medik	荠菜	Capsella bursa-pastoris (L.) Medic.	1 300~2 000	草地、耕地	2000年
298		葶苈属 Draba L.	葶苈	Draba nemorosa L.	1 300~2 000	山坡、草地	2000年
299			光果葶苈	Draba nemorosa var. leiocarpa Lindbl.	1 300~2 000	山坡、草地	2010年
300			毛葶苈	Draba eriopoda Turcz.	1 300~2 000	山坡、草地	2010年
301		蔊菜属 Rorippa Scop	风花菜	Rorippa globosa (Turcz.) Hayek	1 300~1 400	湿地、路边、田边	2010年
302			沼生蔊菜	Rorippa palustris (Linnaeus) Besser	1 300~1 400	湿地、路边、田边	2000年
303		大蒜芥属 Sisymbrium L.	垂果大蒜芥	Sisymbrium heteromallum C. A. Mey.			2010年
304		碎米荠属 Cardamine L.	白花碎米荠	Cardamine leucantha (Tausch.) O.E.Schulz	1 500~1 800	林下阴湿谷地	2000年
305			紫花碎米荠	Cardamine tangutorum O.E.Schulz	1 500~1 800	山谷、林下	2000年
306		播娘蒿属 Descurainia Webb & Berth.	播娘蒿	Descurainia sophia (L.) Webb ex Prantl	1 400~2 000	荒地、路边	2000年
307		南芥属 Arabis L.	垂果南芥	Catolobus pendulus (L.) Al-Shehbaz	2 000~2 100	山坡、草地	2000年
308		离子草属 Chorispora R. Br. ex DC	离子草	Chorispora tenella (Pall.) DC.	1 300~2 000	山坡、山谷农田	2000年

续表

序号	科名	属名	中文名	拉丁学名	分布地点 海拔/m	分布地点 生境	最新发现时间
309	十字花科 Brassicaceae	涩荠属 Malcolmia R.Br.	涩荠	Malcolmia africana (L.) R.Br.	1 300~2 000	田野、路边、荒地	2000 年
310			刚毛涩荠	Malcolmia hispida Litw.	1 300~2 000	田野、路边、荒地	2010 年
311		念珠芥属 Neotorularia Hedge & J. Léonard	蚓果芥	Braya humilis (C. A. Mey.) B. L. Rob.	1 400~1 500	路边、山坡	2000 年
312		糖芥属 Erysimum L.	桂竹糖芥	Erysimum cheiranthoides L.	1 300~1 500	草坡、路边	2000 年
313	景天科 Crassulaceae	瓦松属 Orostachys (DC.) Fisch.	瓦松	Orostachys fimbriatus (Turczaninow) A. Berger	1 300~2 000	瓦房屋顶、雷声峰岩石上	2000 年
314			黄花瓦松	Orostachys spinosus (Linnaeus) Sweet	1 300~2 000	瓦房屋顶、雷声峰岩石上	2010 年
315		红景天属 Rhodiola L.	小丛红景天	Rhodiola dumulosa (Franch.) S. H. Fu			2010 年
316		八宝属 Hylotelephium H. Ohba	八宝	Hylotelephium erythrostictum (Miq.) H. Ohba			2010 年
317			轮叶八宝	Hylotelephium verticillatum (L.) H. Ohba			2010 年
318		景天属 Sedum L.	平叶景天	Sedum planifolium K.T. Fu	1 500~1 900	的岩石上	2000 年
319			藓状景天	Sedum polytrichoides Hemsl.			2010 年
320			费菜	Sedum aizoon L.	1 400~1 500	山地阴湿处、灌丛间、石质山坡	2000 年
321			狭叶费菜	Sedum aizoon L.var.aizoom f.angustifolium Franch.	1 400~1 500	山坡地、碎石之中	2000 年

续表

序号	科名	属名	中文名	拉丁学名	分布地点 海拔/m	分布地点 生境	最新发现时间
322		鬼灯檠属 Rodgersia A.Gray	七叶鬼灯檠	Rodgersia aesculifolia Batalin	1 400~1 800	林下阴湿腐殖土深厚处	2000年
323		落新妇属 Astilbe Buch.-Ham. ex D. Don	落新妇	Astilbe chinensis（Maxim.）Franch. et Sav.	1 400~1 800	山谷湿地、林下	2000年
324		虎耳草属 Saxifraga Tourn. ex L.	虎耳草	Saxifraga stolonifera Curt.	1 400~1 600	山谷林下	2000年
325		黄水枝属 Tiarella L.	黄水枝	Tiarella polyphylla D. Don			2010年
326		金腰属 Chrysosplenium Tourn. ex L.	秦岭金腰	Chrysosplenium biondianum Engl.	1 700	林下阴湿的地方	2000年
327	虎耳草科 Saxifragaceae	梅花草属 Parnassia L.	梅花草	Parnassia palustris L.			2010年
328		山梅花属 Philadelphus L.	山梅花	Philadelphus incanus Koehne	1 600~1 800	谷地杂木林中或林下	2000年
329			甘肃山梅花	Philadelphus kansuensis（Rehd.） S. Y. Hu			2010年
330			太平花	Philadelphus pekinensis Rupr.（新增）			2021年
331		绣球属 Hydrangea L.	圆锥绣球	Hydrangea paniculata Sieb.			2010年
332			东陵绣球	Hydrangea bretschneideri Dippel.	1 800	林缘、山坡、林下	2000年
333		茶藨子属 Ribes Linm.	美丽茶藨子	Ribes pulchellum Turcz.	1 400~1 600	山坡或山谷林下	2000年
334			腺毛茶藨子	Ribes longeracemosum var. davidii Janczewski	1 400~1 600	杂木灌丛中	2000年
335			宝兴茶藨子	Ribes moupinense Franch.	1 400~1 600	山坡或山谷林下	2000年

续表

序号	科名	属名	中文名	拉丁学名	分布地点 海拔 /m	分布地点 生境	最新发现时间
336	虎耳草科 Saxifragaceae	茶藨子属 Ribes L.	东北茶藨子	Ribes mandshuricum (Maxim.) Kom.	1 800~2 000	山谷林下	2000 年
337			细枝茶藨子	Ribes tenue Jancz.	1 400	山谷灌木林内	2000 年
338	杜仲科 Eucommiaceae	杜仲属 Eucommia Oliv	杜仲	Eucommia ulmoides Oliv.			2000 年
339	蔷薇科 Rosaceae		长芽绣线菊	Spiraea longigemmis Maxim.	1 500~1 700	山谷林下	2000 年
340			绣球绣线菊	Spiraea blumei G. Don	1 800	阴坡或岩石缝隙上	2000 年
341			麻叶绣线菊	Spiraea cantoniensis Lour.	1 800	阴坡或岩石缝隙上	2000 年
342		绣线菊属 Spiraea L.	土庄绣线菊	Spiraea pubescens Turcz.	1 400~1 800	向阳滩地、坡地	2000 年
343			疏毛绣线菊	Spiraea hirsuta (Hemsl.) Schneid.	1 500	山坡灌丛	2000 年
344			蒙古绣线菊	Spiraea mongolica Maxim.			2010 年
345			三裂绣线菊（新增）	Spiraea trilobata L.			2021 年
346		假升麻属 Aruncus L.	假升麻	Aruncus sylvester Kostel.	2 000	山坡林下	2010 年
347		珍珠梅属 Sorbaria (Ser.) A. Braun	高丛珍珠梅	Sorbaria arborea Schneid.	1 700	山谷下	2000 年
348			华北珍珠梅	Sorbaria kirilowii (Regel) Maxim.			2010 年
349		栒子属 Cotoneaster Medik.	西北栒子	Cotoneaster zabelii Schneid.	1 500~1 800	山坡或杂木林中	2000 年
350			灰栒子	Cotoneaster acutifolius Turcz.	1 500~1 800	山谷草坡	2000 年

续表

序号	科名	属名	中文名	拉丁学名	海拔/m	分布地点 生境	最新发现时间
351	蔷薇科 Rosaceae	枸子属 Cotoneaster Medik.	水枸子	*Cotoneaster multiflorus* Bunge	1 300~2 000	路边杂木林	2000 年
352			毛叶水枸子	*Cotoneaster submultiflorus* Popov			2010 年
353			匍匐枸子	*Cotoneaster adpressus* Bois			2010 年
354			细弱枸子	*Cotoneaster gracilis* Rehd. et Wils.（新增）			2021 年
355			准格尔枸子	*Cotoneaster soongoricus*（Regel et Herd.）Popov（新增）			2021 年
356		山楂属 *Crataegus* L.	甘肃山楂	*Crataegus kansuensis* Wils.	1 900	杂木林中	2000 年
357			山楂	*Crataegus pinnatifida* Bunge	1 900	山谷丛林	2000 年
358			华中山楂	*Crataegus wilsonii* Sarg.	1 900	山谷丛林	2000 年
359		花楸属 *Sorbus* L.	水榆花楸	*Sorbus alnifolia*（Sieb et Zucc.）K. Koch	1 800~1 900	山地杂木林中	2000 年
360			陕甘花楸	*Sorbus koehneana* Schneid.			2010 年
361		木瓜属 *Pseudocydonia*（C. K. Schneid.）C. K. Schneid.	贴梗海棠	*Chaenomeles speciosa*（Sweet）Nakai.	1 500~1 800	平原或山坡	2000 年
363		梨属 *Pyrus* L.	木梨	*Pyrus xerophila* Yü	1 500~1 800	路边、林缘、杂木林	2000 年

续表

序号	科名	属名	中文名	拉丁学名	分布地点 海拔/m	分布地点 生境	最新发现时间
364		苹果属 Malus Mill	陇东海棠	Malus kansuensis (Batal.) Schneid	1 500~1 800	平原或山坡	2000年
365			山荆子	Malus baccata (L.) Bdrkh.	1 500~1 900	山坡杂木林中	2000年
366			海棠花	Malus spectabilis (Ait.) Borkh	1 500~1 800	坡地	2000年
367			花叶海棠	Malus transitoria (Batal) Schneid.			2010年
368			花红	Malus asiatica Nakai.			2000年
369			楸子	Malus prunifolia (Willd.) Borkh	海拔1 400~1 700	向阳坡地	2000年
370	蔷薇科 Rosaceae	悬钩子属 Rubus L.	陕西悬钩子	Rubus piluliferus Focke	1 400~1 700	山坡台地或林下、灌丛中	2000年
371			喜阴悬钩子	Rubus mesogaeus Focke	1 600~1 800	林下、山坡	2000年
372			西藏悬钩子	Rubus thibetanus Franch.			2010年
373			茅莓	Rubus parvifolius L.	1 400~1 600	向阳田埂、路边	2000年
374			腺花茅莓	Rubus parvifolius var. adenochlamys (Focke) Migo			2010年
375			菰帽悬钩子	Rubus pileatus Focke	1 700	山谷密林灌丛或草丛中	2000年
376			秀丽莓	Rubus amabilis Focke	1 600~1 800	山谷丛林，山坡	2000年
377			插田泡	Rubus coreanus Miq.			2010年
378		路边青属 Geum L.	路边青	Geum aleppicum Jacq.	1 300~2 000	洼地、林缘、水边	2000年

续表

序号	科名	属名	中文名	拉丁学名	海拔/m	分布地点 生境	最新发现时间
379	蔷薇科 Rosaceae	委陵菜属 Potentilla L.	小叶金露梅	*Potentilla parvifolia* (Fisch. ex Lehm.) Juz.	1 400~2 000	林下、林缘、路边	2000 年
380			绢毛匍匐委陵菜	*Potentilla reptans* L.var.sericophylla Franch.	1 300~1 500	湿地、水边、路边	2000 年
381			鹅绒委陵菜	*Potentilla anserina* (L.) Rydb.	1 400	田边湿地、河滩沙地	2000 年
382			朝天委陵菜	*Potentilla supina* L.	1 300~2 000	田边、路边、荒滩、林缘	2000 年
383			委陵菜	*Potentilla chinensis* Ser.	1 400~1 600	荒地、山坡、路边	2000 年
384			多茎委陵菜	*Potentilla multicaulis* Bge.	1 400~1 600	山坡、田边、路边	2000 年
385			西山委陵菜	*Potentilla sischanensis* Bge. ex Lehm.	1 400~1 600	干旱山坡、河边滩地	2000 年
386			莓叶委陵菜	*Potentilla fragarioides* L.			2010 年
387			星毛委陵菜	*Potentilla acaulis* L.			2010 年
388			二裂委陵菜	*Potentilla bifurca* L.	1 300~2 000	山坡、路边、荒滩	2000 年
389			皱叶委陵菜	*Potentilla ancistrifolia* Bge.	1 400	田边湿地、河滩沙地	2000 年
390			莓叶委陵菜	*Potentilla fragarioides* L.	1 300~2 000	山坡草地或林下	2000 年
391			菊叶委陵菜	*Potentilla tanacetifolia* Willd. ex Schlecht.			2010 年
392			三叶委陵菜	*Potentilla freyniana* Bornm.			2010 年
393			银露梅	*Potentilla glabra* (G. Lodd.) Soják			2010 年

续表

序号	科名	属名	中文名	拉丁学名	分布地点 海拔/m	分布地点 生境	最新发现时间
394		委陵菜属 Potentilla L.	钉柱委陵菜	Potentilla saundersiana Royle			2010年
395		山莓草属 Sibbaldia L.	伏毛山莓草	Sibbaldia adpressa (Bunge) Juz.			2010年
396		地蔷薇属 Chamaerhodos Bunge	地蔷薇	Chamaerhodos erecta (L.) Bunge			2010年
397		草莓属 Fragaria L.	东方草莓	Fragaria orientalis Lozinsk.	1 600	山谷林下	2000年
398		蔷薇属 Rosa L.	扁刺蔷薇	Rosa sweginzowii Koehne	1 400~1 700	干旱山坡灌丛	2000年
399			黄蔷薇	Rosa hugonis Hemsl.	1 400~1 700	干旱山坡灌丛	2000年
400			红花蔷薇	Rosa moyesii Hemsl.	1 400~1 700	林缘、路边、灌丛	2000年
401	蔷薇科 Rosaceae		钝叶蔷薇	Rosa sertata Rolfe	1 400~2 000	山谷、山坡灌丛或林下	2000年
402			拟木香	Rosa banksiopsis Baker	1 000~2 100	山坡林下或灌丛	2010年
403			多花蔷薇	Rosa multiflora Thunb.	1 400~1 700	林缘、路边、灌丛	2000年
404			美蔷薇	Rosa bella Rehd. et Wils	1 400~1 700		2010年
405			粉团蔷薇	Rosa multiflora var.cathayensis Rehd. et Wils.	1 400~1 700	林缘、路边、灌丛	2000年
406			七姐妹	Rosa multiflora f. platyphylla (Thory) Rehder et E. H. Wilson			2000年
407			黄刺玫	Rosa xanthina Lindl.			2000年

续表

序号	科名	属名	中文名	拉丁学名	海拔/m	生境	最新发现时间
408	蔷薇科 Rosaceae	蔷薇属 Rosa L.	单瓣黄刺玫	Rosa xanthina f. normalis Rehder. & E.H. Wilson			2000年
409			西北蔷薇	Rosa davidii Crép.			2010年
410		龙芽草属 Agrimonia L.	龙芽草	Agrimonia pilosa Ledeb.	1 400~2 000	山坡、谷地、草丛、河边、路旁	2000年
411		地榆属 Sanguisorba L.	地榆	Sanguisorba officinalis L.	1 400~2 100	1400~2100m	2000年
412			长叶地榆	Sanguisorba officinalis var. longifolia（Bertol.）Yü et Li			2010年
413		扁核木属 Prinsepia Royle	蕤核	Prinsepia uniflora Batal.			2000年
414		桃属 Amygdalus L.	山桃	Amygdalus davidiana（Carrière） de Vos ex Henry.	1 300~2 000	向阳山坡	2000年
415			桃	Amygdalus persica L.			2000年
416			榆叶梅	Amygdalus triloba Lindl.			2000年
417		杏属 Armeniaca Mill.	野杏	Armeniaca vulgaris Lam.var. ansu（Maxim.）Yü et Lu			2000年
418		李属 Prunus L.	李	Prunus salicina Lindl			2000年
419			灰毛樱桃	Prunus canescens Bois			2000年
420		樱属 Cerasus Mill.	毛叶欧李	Cerasus dictyoneura（Diels）Yu et Li	1 500~1 700	滩地、路边	2000年
421			托叶樱桃	Cerasus stipulacea（Maxim.）Yü et Li			2000年
422			东京樱花	Cerasus yedoensis（Matsum.）Yu et Li			2000年

续表

序号	科名	属名	中文名	拉丁学名	分布地点 海拔/m	分布地点 生境	最新发现时间
423			毛樱桃	*Cerasus tomentosa*（Thunb.）Wall.	1 400~1 800	林缘	2000 年
424			锥腺樱桃	*Cerasus conadenia*（Koehne）Yü et Li			2010 年
425		樱属 *Cerasus* Mill.	郁李	*Cerasus japonica*（Thunb.）Lois.			2010 年
426			四川樱桃	*Cerasus szechuanica*（Batal.）Yü et Li			2000 年
427			刺毛樱桃	*Cerasus setulosa*（Batal.）Yü et Li	1 600~1 800	山谷林下或杂木林中	2000 年
428	蔷薇科 Rosaceae		长腺樱桃	*Cerasus claviculata* Yu et Li			2021 年
429		臭樱属 *Maddenia* Hook. f. et Thoms.	臭樱	*Maddenia hypoleuca* Koehne			2000 年
430			稠李	*Padus racemosa*（Lam.）Gilib.	1 400~1 700	杂木林中	2010 年
431		稠李属 *Padus* Miller	毛叶稠李	*Padus racemosa*（Lam.）Gilib. var. *pubescens*（Regel et Tiling）Schneid.			2000 年
432		绣线梅属 *Neillia* D. Don	中华绣线梅	*Neillia sinensis* Oliv.			2010 年
433			苦豆子	*Sophora alopecuroides* L.（新增）			2021 年
434	豆科 Fabaceae	槐属 *Styphnolobium* Schott	苦参	*Sophora flavescens* Ait.	1 400	向阳坡地、路边、草丛	2000 年
435			国槐	*Styphnolobium japonicum* L.			2000 年
436			白刺花	*Sophora davidii*（Franch.）Skeels	1 500~1 600	向阳坡地	2000 年
437		野决明属 *Thermopsis* R.Br.	披针叶黄华	*Thermopsis lanceolata* R.Br.	1 400~1 800	草地、沙丘、路边、田边	2000 年

续表

序号	科名	属名	中文名	拉丁学名	分布地点 海拔/m	分布地点 生境	最新发现时间
439	豆科 Fabaceae	紫荆属 Cercis L.	紫荆	Cercis chinensis Bunge.			2000年
439		刺槐属 Robinia L.	刺槐	Robinia pseudoacacia L.			2000年
440		苦马豆属 Sphaerophysa DC.（新）	苦马豆	Sphaerophysa salsula （Pall.） DC.			2010年
441		木蓝属 Indigofera L.	多花木蓝	Indigofera amblyantha Craib			2000年
442			陕甘木蓝	Indigofera bungeana Walp			2010年
443			河北木蓝	Indigofera bungeana Walp.			2000年
444		杭子梢属 Campylotropis Bunge	杭子梢	Campylotropis macrocarpa （Bunge） Rehd.			2000年
445		胡枝子属 Lespedeza Michx	胡枝子	Lespedeza bicolor Turcz.	1 400~1 800	山坡、台地、林缘	2000年
446			截叶铁扫帚	Lespedeza cuneata （Dum.cours.） G.Don.	1 400~1 600	山坡、路边、田边、草地	2000年
447			兴安胡枝子	Lespedeza davurica （laxm.） Schindl.	1 400~1 600	山坡草地、草丛、田边、路边、荒滩	2000年
448			多花胡枝子	Lespedeza floribunda Bunge.	1 400~1 600	山坡草地、山谷、林下、路边	2000年
449			美丽胡枝子	Lespedeza Formosa （Vog.） H.Ohashi			2010年
450			牛枝子	Lespedeza potaninii Vass.			2010年
451		紫穗槐属 Amorpha L.	紫穗槐	Amorpha fruticosa L.			2000年

续表

序号	科名	属名	中文名	拉丁学名	分布地点 海拔/m	分布地点 生境	最新发现时间
452			柄荚锦鸡儿	*Caragana stipitata* Kom.			2000 年
453			甘蒙锦鸡儿	*Caragana opulens* Kom.	1 600	山坡或路边、林缘	2000 年
454			普氏锦鸡儿	*Caragana purdomii* Rehd.	1 600	山坡或路边、林缘	2000 年
455			青甘锦鸡儿	*Caragana tangutica* Maxim.ex Kom.	2 000	山坡，人迹罕至的地方	2000 年
456		锦鸡儿属 *Caragana* Fabr.	红花锦鸡儿	*Caragana rosea* Turcz ex Maxim.			2010 年
457			鬼箭锦鸡儿	*Caragana jubata*（Pall.）Poir.			2010 年
458			矮脚锦鸡儿	*Caragana brachypoda* Pojark.			2010 年
459	豆科 Fabaceae		狭叶锦鸡儿	*Caragana stenophylla* Pojark.			2010 年
460			柠条锦鸡儿	*Caragana korshinskii* Kom.			2010 年
461			小叶锦鸡儿	*Caragana microphylla* Lam.			2010 年
462			直立黄芪	*Astragalus laxmannii* Pall.	1 400~1 600	山坡草地	2000 年
463			地八角	*Astragalus bhotanensis* Baker	1 400~1 800	山坡、路边、草丛	2000 年
464		黄芪属 *Astragalus* L.	草珠黄芪	*Astragalus capillipes* Fisch ex Bunge	1 400~1 600	山坡、荒地、草丛、灌丛	2000 年
465			蔓黄芪	*Astragalus complanatus* Bunge	1 900	向阳草地、路边、灌丛	2000 年
466			达乌里黄芪	*Astragalus dahuricus*（Pall）DC.	1 400~1 600	向阳坡地、路边及沙地	2000 年

续表

序号	科名	属名	中文名	拉丁学名	分布地点 海拔/m	分布地点 生境	最新发现时间
468	豆科 Fabaceae	黄芪属 Astragalus L.	鸡峰山黄芪	Astragalus kifonsanicus Ulbr.	1 400~1 600	山坡灌丛	2000 年
469			草木樨状黄芪	Astragalus melilotoides Pall.	1 400~1 600	山坡草地、路边、荒地	2000 年
470			细叶黄芪	Astragalus melilotoides Pall. var. tenuis Ledeb.			2010 年
471			膜荚黄芪	Astragalus membranaceus（Fisch.）Bunge	1 400~1 600	向阳山坡、草地、林缘、灌丛	2000 年
472			糙叶黄芪	Astragalus scaberrimus Bunge	1 400~2 000	山坡、路边、河滩沙地、干旱坡地	2000 年
473			多枝黄芪	Astragalus polycladus Bur. et Franch.			2010 年
474			肾形子黄芪	Astragalus skythropos Bunge			2000 年
475			灰叶黄芪	Astragalus discolor Bunge ex Maxim.			2010 年
476			变异黄芪	Astragalus variabilis Bunge ex Maxim.			2010 年
477			边向花黄芪	Astragalus moellendorffii Bunge（新增）			2021 年
448			莲花山黄芪	Astragalus moellendorffii Bunge var. kansuensis Pet.-Stib.（新增）			2021 年
479		棘豆属 Oxytropis DC.	二色棘豆	Oxytropis bicolor Bge.			2000 年
480			黄毛棘豆	Oxytropis ochrantha Turcz			2000 年
481			硬毛棘豆	Oxytropis hirta Bunge			2010 年
482			狐尾藻棘豆	Oxytropis myriophylla（Pall.）DC.			2010 年

续表

序号	科名	属名	中文名	拉丁学名	分布地点 海拔/m	分布地点 生境	最新发现时间
483			缘毛棘豆	*Oxytropis ciliata* Turcz.			2010 年
484			急弯棘豆	*Oxytropis deflexa*（Pall.）DC.			2010 年
485		棘豆属 *Oxytropis* DC.	小花棘豆	*Oxytropis glabra* DC.			2010 年
486			黄花棘豆	*Oxytropis ochrocephala* Bunge			2010 年
487			六盘山棘豆	*Oxytropis ningxiaensis* C. W. Chang			2010 年
488			甘肃棘豆	*Oxytropis kansuensis* Bunge			2010 年
489		百脉根属 *Lotus* L.	百脉根	*Lotus corniculatus* L.			2010 年
490	豆科 Fabaceae	米口袋属 *Gueldenstaedtia* Fisch	少花米口袋	*Gueldenstaedtia verna*（Georgi）Boriss.			2000 年
491			狭叶米口袋	*Gueldenstaedtia stenophylla* Bunge	1 300~2 000	台地、草地、路边	2000 年
492			甘肃米口袋	*Gueldenstaedtia verna*（Georgi）Boriss			2010 年
493		甘草属 *Glycyrrhiza* L.	刺果甘草	*Glycyrrhiza pallidiflora* Maxim.			2000 年
494			红花岩黄芪	*Hedysarum multijugum* Maxim.	1 400~1 600	阳坡、峡谷	2000 年
495		岩黄芪属 *Hedysarum* L.	拟蚕豆岩黄芪	*Hedysarum ussuriense* Schischkin & Komarov	1 400~1 601	山坡、草地、林缘	2000 年
496			多序岩黄芪	*Hedysarum polybotrys* Hand.-Mazz.			2010 年

续表

序号	科名	属名	中文名	拉丁学名	分布地点 海拔/m	生境	最新发现时间
497	豆科 Fabaceae	野豌豆属 Vicia L.	山野豌豆	Vicia amoena Fisch. ex DC.			2000 年
498			窄叶野豌豆	Vicia sativa subsp. nigra Ehrhart			2000 年
499			三齿野豌豆	Vicia bungei Ohwi			2000 年
500			广布野豌豆	Vicia cracca L.			2000 年
501			歪头菜	Vicia unijuga A.Br.			2000 年
502			毛苕子	Vicia villosa Roth.			2000 年
503		兵豆属 Lens Mill.	兵豆	Vicia lens（L.）Coss. et Gern. .			2010 年
504		山黧豆属 Lathyrus L.	矮香豌豆	Lathyrus humilis（Ser.）Spreng.			2000 年
505			牧地香豌豆	Lathyrus pratensis L.			2000 年
506			山黧豆	Lathyrus quinquenervius（Miq）Litv.			2010 年
507		草木犀属 Melilotus Mill.	白花草木犀	Melilotus albus Medic.ex Desr.	1 300~2 000	田边，路边草丛	2000 年
508			草木犀	Melilotus officinalis（L.）Pall.	1 300~2 000	田边、地埂、路边、草地	2000 年
509		苜蓿属 Medicago L.	青海苜蓿	Medicago archiducis-nicolai Sirj.			2000 年
510			野苜蓿	Medicago falcata L.			2000 年
511			天蓝苜蓿	Medicago lupulina L.			2000 年

续表

序号	科名	属名	中文名	拉丁学名	分布地点 海拔 /m	分布地点 生境	最新发现时间
512	豆科 Fabaceae	苜蓿属 Medicago L.	花苜蓿	Medicago ruthenica（L.）Trautv.	1 400	草丛、荒地、路边、地边	2000 年
513			紫苜蓿	Medicago sativa L.	1 300~2 000		2000 年
514			白车轴草	Trifolium repens L.			2000 年
515	酢浆草科 Oxalidaceae	酢浆草属 Oxalis L.	山酢浆草	Oxalis acetosella ver griffithii（Edgew. et Hk. f.）Hara	1 500~1 700	林下潮湿的地方	2000 年
516			铜锤草	Oxalis corymbosa DC.			2000 年
517	牻牛儿苗科 Geraniaceae	牻牛儿苗属 Erodium L.	牻牛儿苗	Erodium stephanianum Willd		山坡、草地、路边	2000 年
518		老鹳草属 Geranium L.	粗根老鹳草	Geranium dahuricum DC.	2 123	林缘、灌丛	2000 年
519			毛蕊老鹳草	Geranium platyanthum Duthie	1 300~1 800	潮湿草地、灌丛	2000 年
520			鼠掌老鹳草	Geranium sibiricum L.	1 300~2 000	山谷草地、河岸草丛、村庄住宅附近	2000 年
521		天竺葵属 Pelargonium L' Her.	天竺葵	Pelargonium hortorum Bailey			2000 年
522		熏倒牛属 Biebersteinia Steph. ex Fisch.	熏倒牛	Biebersteinia heterostemon Maxim.			2010 年
523	亚麻科 Linaceae	亚麻属 Linum L.	野亚麻	Linum stelleroides Planch	1 400~2 000	干燥山坡、草地或路边	2000 年
524			宿根亚麻	Linum perenne L.			2010 年

续表

序号	科名	属名	中文名	拉丁学名	分布地点 海拔 /m	生境	最新发现时间
525		白刺属 Nitraria L.	小果白刺	Nitraria sibirica Pall.			2010 年
526	蒺藜科 Zygophyllaceae	骆驼蓬属 Peganum L.	骆驼蓬	Peganum harmala L.	1 300~1 500	干旱草地、荒地	2000 年
527			多裂骆驼蓬	Peganum multisectum（Maxim.）Bobr.（新增）			2021 年
528		蒺藜属 Tribulus L.	蒺藜	Tribulus terrestris L.	1 300~2 000	荒野、田间、河床沙地，常为田间杂草	2000 年
529		花椒属 Zanthoxylum L.	毛叶花椒	Zanthoxylum bungeanum Maxim. var. pubescens Huang			2010 年
530	芸香科 Rutaceae	拟芸香属 Haplophyllum A. Juss.	北芸香	Haplophyllum dauricum（L.）G. Don			2010 年
531		吴茱萸属 Tetradium Sweet	臭檀吴萸	Tetradium daniellii（Benn.）T. G.			2000 年
532		白鲜属 Dictamnus L.	白鲜	Dictamnus dasycarpus Turcz.	1 400~1 900	林下、草地	2000 年
533	苦木科 Simaroubaceae	臭椿属 Ailanthus Desf.	臭椿	Ailanthus altissima（Mill.）Swingle	1 300~2 000	路边、村边、崖头	2000 年
534		苦木属 Picrasma B1	苦木	Picrasma quassioides（D.Don）Benn.	1 400~1 900	山谷灌丛、杂木林中	2000 年
535	楝科 Meliaceae	楝属 Melia L.	苦楝	Melia azedarach L.			2000 年
536			川楝	Melia azedarach L.			2000 年

续表

序号	科名	属名	中文名	拉丁学名	分布地点 海拔 /m	生境	最新发现时间
537	远志科 Polygalaceae	远志属 Polygala L.	远志	*Polygala tenuifolia* Willd.	1 400~1 900	山坡草地、路边、林缘及灌丛	2000 年
538			西伯利亚远志	*Polygala sibirica* L.	1 400~1 900	山坡草地、灌丛、林缘	2000 年
539			瓜子金	*Polygala japonica* Houtt.		山坡、路边、草地	2000 年
540	大戟科 Euphorbiaceae	大戟属 *Euphorbia* L.	乳浆大戟	*Euphorbia esula* L.	1 600~1 900	山坡草地、谷地、路边、林下	2000 年
541			地锦	*Euphorbia humifusa* Willd. ex Schlecht.	1 300~2 100	田间、地边、河滩、岸边	2000 年
542			甘肃大戟	*Euphorbia kansuensis* Prokh.			2010 年
543			钩腺大戟	*Euphorbia sieboldiana* Morr. et Decne			2010 年
544			甘遂	*Euphorbia kansui* T. N. Liou ex S. B. Ho			2010 年
545		铁苋菜属 *Acalypha* L.	铁苋菜	*Acalypha australis* L.			2010 年
546		白饭树属 *Flueggea* Willd.	一叶萩	*Flueggea suffruticosa*（Pall.）Baill.			2000 年
547		地构叶属 *Speranskia* Baill.	地构叶	*Speranskia tuberculata*（Bge.）Baill.			2000 年
548		石栗属 *Aleurites* J.R.et G.Forst	木油桐	*Aleurites montana*（Lour.）Wils			2000 年
549		蓖麻属 *Ricinus* L.	蓖麻	*Ricinus communis* L.			2000 年

续表

序号	科名	属名	中文名	拉丁学名	分布地点 海拔/m	生境	最新发现时间
550	小叶黄杨科 Buxaceae	黄杨属 Buxus L.	小叶黄杨	Buxus sinica（Rehd. et Wils.）Cheng subsp. sinica var. parvifolia M. Cheng			2000 年
551	漆树科 Anacardiaceae	漆树属 Toxicodendron（Tourn.）Mill.	漆树	Toxicodendron verniciflfluum（Tourn.）F.A.Barkley	1 600~1 800	杂木林	2000 年
552		盐麸木属 Rhus（Tourn.）L. emend. Moench	盐麸木	Rhus chinensis Mill.			2010 年
553	卫矛科 Celastraceae	卫矛属 Euonymus L.	卫矛	Euonymus alatus（Thanb.）Sieb	1 800~1 900	山谷、林缘、灌丛	2000 年
554			矮卫矛	Euonymus nanus Bieb.			2010 年
555			白杜	Euonymus maackii Rupr.	1 800~1 900	路边、林缘、杂木林	2000 年
556			纤齿卫矛	Euonymus giraldii Loes.	1 800~1 900	山坡、路边灌丛	2000 年
557			冬青卫矛	Euonymus japonicus Thunb.			2000 年
558			栓翅卫矛	Euonymus phellomanus Loes.	1 800~1 900	路边、林缘、杂木林	2000 年
559			中华瘤枝卫矛	Euonymus verrucosus Scop. var. chinensis Maxim.			2000 年
560			毛脉西南卫矛	Euonymus hamiltonianus Wall. ex Roxb. f. lanceifolius			2000 年
561			小卫矛	Euonymus nanoides Loes.et Rehd.			2010 年

续表

序号	科名	属名	中文名	拉丁学名	海拔/m	分布地点	生境	最新发现时间
562	卫矛科 Celastraceae	卫矛属 Euonymus L.	疣点卫矛	Euonymus verrucosoides Loes.（新增）	1 800~1 900	路边、林缘、杂木林、林下		2021 年
563			石枣子	Euonymus sanguineus Loes.（新增）				2021 年
564		南蛇藤属 Celastrus L.	南蛇藤	Celastrus orbiculatus Thunb.				2010 年
565			大芽南蛇藤	Celastrus gemmatus Loes.				2000 年
566	省沽油科 Staphyleaceae	省沽油属 Staphylea L.	膀胱果	Staphylea holocarpa Hemsl.	1 800	山谷杂木林中		2010 年
567	槭树科 Aceraceae	槭树属 Acer L.	青榨槭	Acer davidii Franch.	1 600~2 000	山坡林中		2000 年
568			茶条槭	Acer ginnala Maxim.	1 600~2 000	坡地、林缘、杂木林		2000 年
569			色木槭	Acer mono Maxim.				2000 年
570			元宝槭	Acer truncatum Bunge	1 600~2 000	杂木林中		2000 年
571			梣叶槭	Acer negundo L.				2000 年
572			五裂槭	Acer oliverianum Pax.				2010 年
573	无患子科 Sapindaceae	栾树属 Koelreuteria Laxm.	栾树	Koelreuteria paniculata Laxm.	1 500~1 800	沿水库峡、紫霄宫区		2000 年
574		文冠果属 Xanthoceras Bunge	文冠果	Xanthoceras sorbifolium Bunge	1 400~1 600	黄土崖头		2000 年
575	清风藤科 Sabiaceae	泡花树属 Meliosma Bl.	泡花树	Meliosma cuneifolia Franch.	1 600~1 800	杂木林		2000 年

续表

序号	科名	属名	中文名	拉丁学名	分布地点 海拔 /m	分布地点 生境	最新发现时间
576	凤仙花科 Balsaminaceae	凤仙花属 Impatiens	水金凤	Impatiens noli-tangere Linm.			2000 年
577			西固凤仙花	Impatiens notolopha Maxim.（新增）			2021 年
578		雀梅藤属 Sageretia Brongn.	少脉雀梅藤	Sageretia paucicostata Maxim.			2000 年
579		鼠李属 Rhamnus L.	鼠李	Rhamnus davurica Pall.			2010 年
580			圆叶鼠李	Rhamnus globosa Bunge			2010 年
581	鼠李科 Rhamnaceae		小叶鼠李	Rhamnus parvifolia Bunge.	1 600~2 100	山坡、林缘、灌丛	2000 年
582			皱叶鼠李	Rhamnus rugulosa Hemsl.	1 500~1 700	杂木林	2000 年
583			冻绿	Rhamnus utilis Decne.	1 500~1 700	山地灌丛	2000 年
584			甘青鼠李	Rhamnus tangutica J. Vass.（新增）			2021 年
585		枣属 Ziziphus Mill.	酸枣	Ziziphus jujuba Mill. var. spinosa Hu ex H. F. Chow	1 600	向阳山坡、路边	2000 年
586		地锦属 Parthenocissus Planch.	五叶地锦	Parthenocissus quinquefolia (L.) Planch.			2000 年
587			地锦	Parthenocissus tricuspidata (Sieb. et Zucc.) Planch			2000 年
588	葡萄科 Vitaceae	蛇葡萄属 Ampelopsis Michx	掌裂草葡萄	Ampelopsis aconitifolia Bunge var. palmiloba (Carr.) Rehd	1 400	矮生灌木丛	2000 年
589			三裂叶蛇葡萄	Ampelopsis delavayana Planch.	1 800~2 000	坡地、沟边、林缘、杂木中	2000 年

序号	科名	属名	中文名	拉丁学名	分布地点		最新发现时间
					海拔 /m	生境	
590	葡萄科 Vitaceae	葡萄属 Vitis L.	变叶葡萄	Vitis piasezkii Maxim.var. pagnucii（Planch）Rehd.	1 800~1 900	沟谷丛林中	2000 年
591	椴树科 Tiliaceae	椴树属 Tilia L.	少脉椴	Tilia paucicostata Maxim.	1 800	林缘、杂木林中	2000 年
592			红皮椴	Tilia paucicostata Maxim.var.dictyoneura（V.Engl.）H.T.Chang	1 800~1 900	台地、林缘、杂木林	2000 年
593	锦葵科 Malvaceae	锦葵属 Malva L.	圆叶锦葵	Malva rotundifolia L.			2000 年
594			冬葵	Malva crispa L.	1 300~2 100	荒地、村落附近、田边、路边	2000 年
595			野葵	Malva verticillata Linn.（新增）			2021 年
596			中华野葵	Malva verticillata Linn. chinensis（Miller）S. Y. Hu（新增）			2021 年
597		蜀葵属 Alhaea L.	蜀葵	Alcea rosea（L.）Cavan.			2000 年
598		木槿属 Hibiscus L.	野西瓜苗	Hibiscus trionum L.	1 300~2 100	路边、田埂、荒坡、旷野	2000 年
599	猕猴桃科 Actinidiaceae	猕猴桃属 Actinidia Lindl	狗枣猕猴桃	Actinidia kolomikta（Maxim. et Rupr.）Planch.	1 600~1 800	杂木林	2000 年
600			四萼猕猴桃	Actinidia tetramera Maxim.	1 600~1 800	杂木林	2000 年
601	藤黄科 Clusiaceae	金丝桃属 Hypericum L.	突脉金丝桃	Hypericum przewalskii Maxim.			2010 年
602			黄海棠	Hypericum ascyron L.	1 600	灌丛林缘、林下	2000 年

续表

序号	科名	属名	中文名	拉丁学名	海拔 /m	生境	最新发现时间
603	柽柳科 Tamaricaceae	柽柳属 Tamarix L.	柽柳	Tamarix chinensis Lour.			2000 年
604			甘蒙柽柳	Tamarix austromongolica Nakai			2010 年
605	堇菜科 Violaceae	堇菜属 Viola L.	鸡腿堇菜	Viola acuminata Ledeb.	1 300~2 100	杂木林下，山坡草地、河谷湿地	2000 年
606			裂叶堇菜	Viola dissecta Ledeb.			2010 年
607			斑叶堇菜	Viola variegata Fisch ex Link			2010 年
608			白花地丁	Viola patrinii DC.ex Ging.	1 300~2 100	路边，山坡草地、荒地	2000 年
609			紫花地丁	Viola philippica Cav. Icons et Descr.	1 300~2 100	路边，山坡草地、荒地	2000 年
610			球果堇菜	Viola collina Bess.			2010 年
611			早开堇菜	Viola prionantha Bunge.			2010 年
612			三色堇	Viola tricolor L.			2000 年
613			双花堇菜	Viola biflora L.			2010 年
614			东北堇菜	Viola mandshurica W. Beck.			2000 年
615			南山堇菜	Viola chaerophylloides（Regel.）W. Beck.	1 400~1 800	林下，路边、坡地、草地	2000 年

续表

序号	科名	属名	中文名	拉丁学名	分布地点 海拔/m	生境	最新发现时间
616		仙人掌属 Opuntia Miller	仙人掌	Opuntia dillenii Haw.var.dillenii（Ker-Gawl.）Benson			2000 年
617			白毛掌	Opuntia microdasys			2000 年
618		仙人指属 Schlumbergera Lem.	蟹爪兰	Schlumbergera truncata Moran			2000 年
619	仙人掌科 Cactaceae	昙花属 Epiphyllum Haw.	昙花	Epiphyllum oxypetalum Haw.			2000 年
620		令箭荷花属 Nopalxochia Britt. et Rose.	令箭荷花	Nopalxochia ackermannii Kunth.			2000 年
621		仙人仗属 Nyctocereus Britt et Rose	仙人仗	Nyctocereus serpentinus Britt et Rose.			2000 年
622		仙人球属 Echinopsis Zucc.	仙人球	Echinopsis multipl Zucc.			2000 年
623		仙人柱属 Cereus Mill.	山影拳	Cereus pitajaya DC.			2000 年
624		瑞香属 Daphne L.	黄瑞香	Daphne giraldii Nitsche, Beitr.			2010 年
625	瑞香科 Thymelaeaceae	荛花属 Wikstroemia Endl.	河蒴荛花	Wikstroemia chamaedaphne Meisn.	1 600	低山灌丛	2000 年
626		狼毒属 Stellera L.	狼毒	Stellera chamaejasme L.	1 600	干燥山坡，路边	2000 年
627	胡颓子科 Elaeagnaceae	胡颓子属 Elaeagnus L.	牛奶子	Elaeagnus umbellata Thunb.	2 123	向阳坡地及灌木林	2000 年
628			沙枣	Elaeagnus angustifolia L.			2000 年
629		沙棘属 Hippophae L.	中国沙棘	Hippophae rhamnoides L.subsp.sinensis Rousi	1 600~2 100	向阳坡地，台地	2000 年

续表

序号	科名	属名	中文名	拉丁学名	分布地点 海拔/m	分布地点 生境	最新发现时间
630	千屈菜科 Lythraceae	千屈菜属 Lythrum L.	千屈菜	*Lythrum salicaria* L.			2010 年
631	柳叶菜科 Onagraceae	露珠草属 Circaea L.	牛泷草	*Circaea cordata* Royle			2000 年
632		柳兰属 *Epilobium* (Raf.) Raf. ex Holub	柳兰	*Epilobium angustifolium*（Linnaeus）Holub	1 600	山坡碎石	2000 年
633			柳叶菜	*Epilobium hirsutum* L.	1 300~1 600	湿地、柳湖	2000 年
634			小花柳叶菜	*Epilobium parviflorum* Schreber	1 300~1 600	湿地	2000 年
635	五加科 Araliaceae	五加属 *Acanthopanax* Miq.	红毛五加	*Acanthopanax giraldii* Harms	1 400~1 800	灌丛	2000 年
636			糙叶五加	*Acanthopanax henryi*（Oliv.）Harms	1 800	林下、灌木丛	2000 年
637			倒卵叶五加	*Acanthopanax obovatus* G.Hoo.	1 400~1 800	灌丛、山坡、路边	2000 年
638			蜀五加	*Acanthopanax setchuenensis* Harms ex Diels			2010 年
639		楤木属 *Aralia* L.	楤木	*Aralia chinensis* L.	1 400~1 800	灌丛、林缘	2000 年
640		人参属 *Panax* L.	珠子七	*Panax transitrorius* Hoo.	1 800	林下、阴坡地	2000 年
641			大叶三七	*P. pseudoginsing* Wall.var. *japonicus*（C.A.Mey.）Hoo et Tseng	1 800	林下、阴坡地	2010 年
642	伞形科 Apiaceae	变豆菜属 *Sanicula* L.	首阳变豆菜	*Sanicula giraldii* H.Wolff			2000 年

续表

序号	科名	属名	中文名	拉丁学名	分布地点		最新发现时间
					海拔/m	生境	
643		峨参属 Anthriscus (Pers.) Hoffm.	峨参	Anthriscus sylvestris (L.) Hoffm.Gen	1400~1600	林缘、草地、山沟、溪边	2000年
644		窃衣属 Torilis Adans.	窃衣	Torilis japonica (Houtt) DC.	1300~2100	山坡、地埂、路边及荒地	2000年
645		芫荽属 Coriandrum L.	芫荽	Coriandrum sativum L.			2000年
646		棱子芹属 Pleurospermum	松潘棱子芹	Pleurospermum franchetianum Hemsl.			2000年
647			鸡冠棱子芹（新增）	Pleurospermum cristatum de Boiss.			2021年
648	伞形科 Apiaceae	羌活属 Notopterygium de Boiss.	宽叶羌活	Notopterygium forbesii de Boiss.			2010年
649			红柴胡	Bupleurum scorzonerifolium Willd.			2010年
650			北柴胡	Bupleurum chinense DC.			2000年
651		柴胡属 Bupleurum L.	黑柴胡	Bupleurum smithii Wolff	1400~1900	山坡草地、山谷阴湿的地方	2000年
652			金黄柴胡	Bupleurum aureum Fisch.	1400~1900	山坡灌丛、路边、林中	2000年
653			紫花大叶柴胡	B. longradiafum Turcz.var. porphyranthum Shan et Y.Li	1400~1900	下、灌丛、草丛	2010年
654		葛缕子属 Carum L.	田葛缕子	Carum buriaticum Turcz.			2000年
655			葛缕子	Carum carvi L.			2000年

续表

序号	科名	属名	中文名	拉丁学名	分布地点		最新发现时间
					海拔/m	生境	
656		茴芹属 Pimpinella L.	锐叶茴芹	Pimpinella arguta Diels			2000 年
657		水芹属 Oenanthe Roxb	水芹	Oenanthe javanica (Bl.) DC.			2000 年
658		蛇床属 Cnidium Cuss.	蛇床	Cnidium monnieri (L.) Cuss.			2010 年
659		藁本属 Ligusticum L.	藁本	Conioselinum anthriscoides (H. Boissieu) Pimenov & Kljuykov			2010 年
660	伞形科 Apiaceae	胀果芹属 Phlojodicarpus Turcz. ex Bess.	胀果芹	Phlojodicarpus sibiricus (Steph. ex Spreng.) K.-Pol.			2010 年
661		独活属 Heracleum L.	独活	Heracleum hemsleyanum Diels			2010 年
662		防风属 Saposhnikovia	防风	Saposhnikovia divaricata (Turcz) Schischk.			2000 年
663		前胡属 Peucedanum L.	毛前胡	Peucedanum praeruptorum Dunn			2000 年
664		梾木属 Swida Opiz	梾木	Swida macrophplla (Wall.) Sojak	1 800~1 900	山谷、山坡杂木林中	2000 年
665	山茱萸科 Cornaceae		沙梾	Swida bretschneideri (L. Hemry) Sojak	1 800~1 900	杂木林	2000 年
666			红瑞木	Cornus alba Linnaeus			2010 年
667		山茱萸属 Cornus L.	山茱萸	Cornus officinalis Sieb. et Zucc.			2010 年
668	杜鹃花科 Ericaceae	鹿蹄草属 Pyrola L.	鹿蹄草	Pyrola calliantha H. Andr.			2010 年

续表

序号	科名	属名	中文名	拉丁学名	海拔 /m	生境	最新发现时间
					分布地点		
669			报春花	*Primula malacoides* Franch.			2000 年
670			藏报春	*Primula sinensis* Sabine ex Lindl.			2000 年
671			多脉报春	*Primula polyneura* Franch.			2000 年
672			鄂报春	*Primula obconica* Hance.			2000 年
673		报春花属 *Primula* L.	宝兴报春	*Primula moupinensis* Franch.			2010 年
674			粉报春	*Primula farinosa* L.			2010 年
675	报春花科 Primulaceae		胭脂花	*Primula maximowiczii* Regel			2010 年
676			散布报春	*Primula conspersa* I. B. Balfour & Purdom（新增）			2021 年
677		点地梅属 *Androsace*	点地梅	*Androsace umbellata*（Lour.）Merr.	1 400	山坡草地	2000 年
678			西藏点地梅	*Androsace mariae* Kanitz			2010 年
679			白花点地梅	*Androsace incana* Lam.			2010 年
680		珍珠菜属 *Glaux* L.	海乳草	*Glaux maritima* L.			2010 年
681		珍珠菜属 *Lysimachia* L.	狭叶珍珠菜	*Lysimachia pentapetala* Bge.	1 400	山坡，路边	2000 年
682			狼尾巴花	*Lysimachia barystachys* Bunge.	1 600~1 900	山坡灌丛、路边	2000 年

序号	科名	属名	中文名	拉丁学名	分布地点		最新发现时间
					海拔/m	生境	
683			二色补血草	Limonium bicolor (Bunge.) O.Kuntze	1 300~1 400	坡地、崖头、地埂	2000年
684	白花丹科 Plumbaginaceae	补血草属 Limonium Mill.	黄花补血草	Limonium aureum (L.) Hill.			2010年
685			星毛补血草	L. aureum (L.) Hill. var. potaninii (Ik.-Gal.) Peng			2010年
686		鸡娃草属 Plumbagella Spach	小蓝雪花	Plumbagella micrantha (Ledeb) Spach			2010年
687		雪柳属 Fontanesia Labill.	雪柳	Fontanesia fortunei Carr.			2000年
688		梣属 Fraxinus L.	白蜡树	Fraxinus chinensis Roxb.	1 300~2 100	杂木林	2000年
689			大叶白蜡树	Fraxinus rhynchophylla Hce.	1 400~1 900	阔叶林	2000年
690		连翘属 Forsythia Vahl	连翘	Forsythia suspensa (Thunb) Vahl			2000年
691			秦岭连翘	Forsythia giraldiana Lingelsh.			2010年
692	木犀科 Oleaceae		羽叶丁香	Syringa pinnatifolia Hemsl.			2010年
693		丁香属 Syringa L.	暴马丁香	Syringa reticulata Blume var. amurensis (Rupr.) Pringle			2000年
694			小叶丁香	S. microphylla Diels	1 400	山坡、沟谷	2000年
695			北京丁香	S. pekinensis Rupr.			2000年
696			紫丁香	S. oblata Lindl			2000年

续表

序号	科名	属名	中文名	拉丁学名	海拔/m	生境	最新发现时间
697		丁香属 Syringa L.	白丁香	S. oblata 'Alba'			2000年
698			短管丁香	S. vulgaris L. var. pingliangensis W. H. Gao.			2000年
699	木犀科 Oleaceae	茉莉花属 Jasminum Lindl	迎春花	Jasminum nudiflorum Lindl			2000年
700		女贞属 Ligustrum L.	小叶女贞	Ligustrum quihoui Carr.			2000年
701	玄参科 Scrophulariaceae	醉鱼草属 Buddleja L.	巴东醉鱼草	Buddleja albiflora Hemsl.			2000年
702			互叶醉鱼草	Buddleja alternifolia Maxim.	1 400~1 900	坡地、林缘、灌丛	2000年
703			管花秦艽	Gentiana siphonantha Maxim.ex Kusnez.			2010年
704			鳞叶龙胆	Gentiana squarrosa Ledeb.			2010年
705			刺芒龙胆	Gentiana aristata Maxim.			2000年
706	龙胆科 Gentianaceae	龙胆属 Gentiana L.	达乌里龙胆	Gentiana dahurica Fisch.	1 300~2 100	山坡草地	2000年
707			笔龙胆	Gentiana zollingeri Fawcett			2010年
708			秦艽	Gentiana macrophylla Pall.	2 123	林缘、草坡、湿地	2000年
709			假水生龙胆	Gentiana pseudoaquatica Kusnez.	1 400~1 800	山坡、草地	2000年
710		花锚属 Halenia Borkh	椭圆叶花锚	Halenia elliptica D.Don	2 123	林下、草地、地埂	2000年
711		獐牙菜属 Swertia L.	歧伞獐牙菜	Swertia dichotoma L.			2000年

续表

序号	科名	属名	中文名	拉丁学名	分布地点 海拔/m	生境	最新发现时间
712			獐牙菜	S. bimaculata（Sieb. et Zucc.）Hook. f. et Thoms. ex C. B. Clarke			2010 年
713		獐牙菜属 Swertia L.	红直獐牙菜	Swertia erythrosticta Maxim.			2010 年
714			北方獐牙菜	Swertia diluta（Turcz.）Benth. et Hook. f.			2000 年
715	龙胆科 Gentianaceae		扁蕾	Gentianopsis barbata（Froel.）Ma	1 406~2 076	向阳坡地、草丛	2000 年
716		扁蕾属 Gentianopsis Ma.	湿生扁蕾	Gentianopsis paludosa（Hook. f.）Ma			2010 年
717			卵叶扁蕾	Gentianopsis ovatodeltoidea（Burk.）Ma ex T. N. Ho			2010 年
718		翼萼蔓属 Pterygocalyx Maxim.	翼萼蔓	Pterygocalyx volubilis Maxim.	1 846~1 856	林下、坡地	2000 年
719		杠柳属 Periploca L.	杠柳	Periploca sepium Bunge.	1 400~1 500	沟谷、林缘、荒坡灌丛、河边、路边	2000 年
720	夹竹桃科 Apocynaceae		大理白前	Cynanchum forrestii Schltr.	1 600~2 100	灌木林缘、草地、沟谷、路边、河岸、水边	2000 年
721		鹅绒藤属 Cynanchum L.	白首乌	Cynanchum bungei Decne	1 400~1 800	山谷、路边、河岸、灌丛	2000 年
722			鹅绒藤	Cynanchum chinense R.Br.	1 400~1 800	山坡、路边、灌丛、河边	2000 年
723			戟叶鹅绒藤	Cynanchum sibiricum Willd.	1 300~1 500	坡地、水边	2000 年

续表

序号	科名	属名	中文名	拉丁学名	分布地点 海拔/m	分布地点 生境	最新发现时间
724	夹竹桃科 Apocynaceae	鹅绒藤属 Cynanchum L.	峨眉牛皮消	Cynanchum giraldii Schltr	1 600~1 800	林下、灌丛、路边	2000 年
725			地梢瓜	Cynanchum thesioides (Freyn) K. Schum.			2010 年
726			雀瓢	C.thesioides (Freyn) K. Schum. var. australe (Maxim.) Tsiang et P. T. Li			2010 年
727		萝藦属 Metaplexis R.Br.	萝藦	Metaplexis japonica (Thunb) Makino	1 500~1 800	林缘、路边、灌丛	2000 年
728		打碗花属 Calystegia R.Br.	打碗花	Calystegia hederacea Wall	1 400~2 100	路边、荒地、田间	2000 年
729			打硬碗花	Calystegia sepium (L.) R.Br.	1 400~2 100	路边、林缘、草地	2000 年
730		旋花属 Convolvulus L.	田旋花	Convolvulus arvensis L.	1 300~2 100	耕地、荒地、路边	2000 年
731			银灰旋花	Convolvulus ammannii Desr.			2010 年
732	旋花科 Convolvulaceae	牵牛属 Pharbitis Choisy	圆叶牵牛	Pharbitis purpurea (L.) Voisgt			2010 年
733			牵牛（牵牛花）	Pharbitis nil (L.) Choisy			2000 年
734		菟丝子属 Cuscuta L.	菟丝子	Cuscuta chinensis Lam.	1 300~2 100	路边、田埂、山坡、豆田、寄生于豆科、菊科等多种植物上	2000 年
735			日本菟丝子	Cuscuta japonica Choisy	1 400~2 100	阴坡、中台等台地、陡坡	2000 年

续表

序号	科名	属名	中文名	拉丁学名	分布地点 海拔/m	生境	最新发现时间
736	花荵科 Polemoniaceae	花荵属 Polemonium L.	花荵	Polemonium coeruleum L.			2010年
737			中华花荵	Polemonium coeruleum L. var. chinense Brand			2010年
738		软紫草属 Arnebia Forssk.	黄花软紫草	Arnebia guttata Bunge			2010年
739		狼紫草属 Lycopsis L.	狼紫草	Lycopsis orientalis L.	1 496~2 076	田野、地边、草地	2000年
740		附地菜属 Trigonotis Stev.	附地菜	Trigonotis peduncularis （Trev.） Benth	1 300~2 100	田野、路边、荒地	2000年
741		齿缘草属 Eritrichium Schrad.	石生齿缘草	Eritrichium rupestre （Pall.） Bge.			2010年
742	紫草科	微孔草属 Microula Benth.	微孔草	Microula sikkimensis （Clarke） Hemsl.			2010年
743	Boraginaceae	鹤虱属 Lappula V. Wolf	鹤虱	Lappula myosotis V. Wolf			2010年
744			卵盘鹤虱	Lappula redowskii （Hornem.） Greene			2010年
745		斑种草属 Bothriospermum Bge.	狭苞斑种草	Bothriospermum kusnezowii Bge.	1 400~1 800	山坡、草地	2000年
746		琉璃草属 Cynoglossum L.	琉璃草	Cynoglossum zeylanicum （Vahl） Thunb. ex Lehm.			2010年
747	柿树科 Ebenaceae	柿树属 Diospyros L.	君迁子（黑枣）	Diospyros lotus L.			2000年
748			柿树	Diospyros kaki Thunb. var. Kaki			2010年

续表

序号	科名	属名	中文名	拉丁学名	分布地点 海拔 /m	分布地点 生境	最新发现时间
749		莸属 Caryopteris Bunge	叉枝莸	Caryopteris divaricata（Sieb.et Zucc.）Maxim.	1 846~1 856	林下、路边	2000 年
750			蒙古莸	Caryopteris mongholica Bunge			2010 年
751		筋骨草属 Ajuga L.	筋骨草	Ajuga ciliata Bunge.	1 496~2 076	林下、山坡、草丛	2000 年
752		水棘针属 Amethystea L.	水棘针	Amethystea caerulea L.	1 300~2 100	田边、河岸路边、溪边	2000 年
753		黄芩属 Scutellaria L.	甘肃黄芩	Scutellaria rehderiana Diels			2000 年
754			并头黄芩	Scutellaria scordifolia Fisch.ex Schrank			2000 年
755	唇形科 Labiatae	夏至草属 Lagopsis Bung ex Benth.	夏至草	Lagopsis supina（Steph.）Ik-Gal. ex Knorr.			2000 年
756		藿香属 Agastache Clayt	藿香	Agastache rugosa（Fisch et Mey.）O.Kitze			2000 年
757		裂叶荆芥属 Schizonepeta Briq.	裂叶荆芥	Schizonepeta tenuifolia（Benth.）Briq.			2010 年
758			多裂叶荆芥	Schizonepeta multifida（L.）Briq.			2010 年
759		荆芥属 Nepeta L.	康藏荆芥	Nepeta prattii Levl			2010 年
760			大花荆芥	Nepeta sibirica L.			2010 年
761		活血丹属 Glechoma	白透骨消	Glechoma biondiana（Diels.）C.Y.Wu et C.Chen			2000 年

续表

序号	科名	属名	中文名	拉丁学名	海拔/m	分布地点 生境	最新发现时间
762	唇形科 Labiatae		毛建草	Dracocephalum rupestre Hance			2010年
763		青兰属 Dracocephalum L.	甘青青兰	Dracocephalum tanguticum Maxim.	1900~2100	草地、林缘、山坡	2000年
764			光萼青兰	Dracocephalum argunense Fisch ex Link	1900~2100	山坡草地、灌丛	2000年
765			香青兰	Dracocephalum moldavica L.	1900~2100	干燥山坡、山谷、河滩、路边	2000年
766			白花枝子花	Dracocephalum heterophyllum Benth.			2000年
767		夏枯草属 Prunella L.	夏枯草	Prunella vulgaris L.			2010年
768		糙苏属 Phlomis L.	串铃草	Phlomis mongolica Turcz.			2000年
769			糙苏	Phlomis umbrosa Turcz.			2000年
770			尖齿糙苏	Phlomis dentosa Franch.			2010年
771		鼬瓣花属 Galeopsis L.	鼬瓣花	Galeopsis bifida Boenn.			2010年
772		野芝麻属 Lamium L.	宝盖草	Lamium amplexicaule L.	1300~2100	林缘、田野、阴湿草地	2000年
773			野芝麻	Lamium barbatum Sieb.et Zucc.	1400	路边、水边、荒坡	2000年
774			短柄野芝麻	Lamium album L.	1400~1600	林缘、路边湿地、草丛	2000年

续表

序号	科名	属名	中文名	拉丁学名	分布地点 海拔/m	分布地点 生境	最新发现时间
775	唇形科 Labiatae	益母草属 Leonurus L.	益母草	*Leonurus japonicus* Houtt	1 300~2 000	路边、山坡、草丛	2000 年
776			细叶益母草	*Leonurus sibiricus* L.	1 300~1 900	路边、草地、山坡、林下	2000 年
777		脓疮草属 *Panzerina* Moench	脓疮草	*Panzeria alashanica* Kupr			2000 年
778		鼠尾草属 *Salvia* Linn.	荫生鼠尾草	*Salvia umbratica* Hance			2000 年
779			黄鼠狼花	*Salvia tricuspis* Franch.			2000 年
780		水苏属 *Stachys* L.	甘露子	*Stachys sieboldii* Miq.			2000 年
781		风轮菜属 *Clinopodium* L.	麻叶风轮菜	*Clinopodium urticifolium*（Hance） C. Y. Wu et Hsuan			2000 年
782		百里香属 *Thymus* L.	百里香	*Thymus mongolicus* Ronn.			2000 年
783		薄荷属 *Mentha* L.	薄荷	*Mentha haplocalyx* Briq.	2 000	水边、湿地	2000 年
784		紫苏属 *Perilla* L.	紫苏	*Perilla frutescens*（L.）Britton			2000 年
785		香薷属 *Elsholtzia* Willd	木本香薷	*Elsholtzia stauntonii* Benth			2000 年
786			香薷	*Elsholtzia ciliata*（Thunb.） Hyland.	1 300~1 900	山坡、路边、荒地、溪边	2000 年
787			密花香薷	*Elsholtzia densa* Benth.	1 400	山坡林缘、路边	2000 年
788			穗状香薷	*Elsholtzia stachyodes*（Link） C. Y. Wu			2010 年

续表

序号	科名	属名	中文名	拉丁学名	分布地点 海拔/m	分布地点 生境	最新发现时间
789	唇形科 Labiatae	香茶菜属 Rabdosia Bl.	溪黄草	*Rabdosia serra* (Maxim.) Hara	1 700~1 900	林下、草丛	2000 年
790			鄂西香茶菜	*Rabdosia henryi* (Hemsl) Hara	1 700~1 900	山坡、路边、林下、各沟渠、灌丛	2000 年
791		枸杞属 *Lycium* L.	中宁枸杞	*Lycium barbarum* L.	1 300~1 900	田埂、路边、宅旁	2000 年
792			枸杞	*Lycium chinense* Mill.			2010 年
793			北方枸杞	*L. chinense* Mill.var. *potaninii* (Pojark.) A. M. Lu			2010 年
794		灯笼果属 *Physalis* L.	酸浆	*Physalis alkekengi* L. var. *franchatii* (Mast.) Makino			2000 年
795		天仙子属 *Hyoscyamus* L.	天仙子	*Hyoscyamus niger* L.	1 400	山坡、路边、河岸沙地	2000 年
796	茄科 Solanaceae	茄属 *Solanum* L.	龙葵	*Solanum nigrum* L.	1 300~2 100	田边、路边、庄边	2000 年
797			青杞	*Solanum septemlobum* Bunge var. Septemlobum			2010 年
798			单叶青杞	*Solanum septemlobum* Bunge var. *subintegrifolium* C. Y. Wu et S. C. Huang			2010 年
799			茄子蒿	*S. septemlobum* Bunge var. *indutum* Hand.-Mzt.			2010 年
800			白英	*S. lyratum* Thunb.			2010 年

续表

序号	科名	属名	中文名	拉丁学名	分布地点 海拔/m	分布地点 生境	最新发现时间
801	茄科 Solanaceae	茄属 Solanum L.	珊瑚樱	*S. pseudocapsicum* L.			2000 年
802			珊瑚樱	*S. pseudocapsicum* L. var. *diflorum* (Vell.) Bitter			2010 年
803			野茄	*S. undatum* Lamarck.	1 300~2 100	山坡、林下、路边	2000 年
804		曼陀罗属 Datura L.	曼陀罗	*Datura stramonium* L.			2000 年
805		泡桐属 Paulownia Sieb. et Zucc.	毛泡桐	*Paulownia tomentosa* (Thunb.) Steud.			2010 年
806		玄参属 Scrophularia L.	砾玄参	*Scrophularia incisa* Weinm.			2010 年
807			甘肃玄参	*Scrophularia kansuensis* Batal.			2010 年
808		通泉草属 Mazus Lour.	通泉草	*Mazus japonicus* (Thunb.) O. Kuntze var. Japonicus			2010 年
809		柳穿鱼属 Linaria Mill.	欧洲柳穿鱼	*Linaria vulgaris* Mill.			2000 年
810	车前科 Plantaginaceae	地黄属 Rehmannia Libosch.	地黄	*Rehmannia glutinosa* Libosch.			2000 年
811		草灵仙属 Veronicastrum Heist. ex Farbic.	腹水草	*Veronicastrum stenostachyum* (Hemsl.) Yamazaki			2010 年
812			草本威灵仙	*Veronicastrum sibiricum* (L.) Pennell			2010 年
813		婆婆纳属 Veronica L.	水莒青	*Veronica linariifolia* Pall.ex Link.subsp. *dilatata* (Nakai et kitag.) Hong			2000 年

续表

序号	科名	属名	中文名	拉丁学名	分布地点 海拔/m	生境	最新发现时间
814			细叶婆婆纳	Veronica linariifolia Pall. ex Link			2010 年
815		婆婆纳属 Veronica L.	四川婆婆纳	Veronica szechuanica Batal.			2010 年
816			光果婆婆纳	Veronica rockii Li			2010 年
817			北水苦荬	Veronica anagallis-aquatica L.			2010 年
818		松蒿属 Phtheirospermum Bunge	松蒿	Phtheirospermum japonicum (Thunb.) Kanitz	1 700~2 100	山地、灌丛、山坡	2000 年
819		火焰草属 Castilleja Mutis ex L. F.	火焰草	Castilleja pallida (L.) Kunth			2010 年
820	车前科 Plantaginaceae	小米草属 Euphrasia L.	小米草	Euphrasia pectinata Ten.			2010 年
821			短茎马先蒿	Pedicularis artselaeri Maxim.	1 400~2 100	岩石薄土层、林下、路边	2000 年
822			穗花马先蒿	Pedicularis spicata Pall.	1 400~1 800	林缘、路边、林下、草地	2000 年
823		马先蒿属 Pedicularis L.	红纹马先蒿	Pedicularis striata Pall.	1 400~1 800	山坡、林缘、林下、草地	2000 年
824			藓生马先蒿	Pedicularis muscicola Maxim.	1 400~2 100	林下、草丛、谷底	2000 年
825			甘肃马先蒿	Pedicularis kansuensis Maxim.			2010 年
826		阴行草属 Siphonostegia Benth	阴行草	Siphonostegia chinensis Benth			2000 年

续表

序号	科名	属名	中文名	拉丁学名	海拔/m	分布地点、生境	最新发现时间
827		芯芭属 Cymbaria L.	蒙古芯芭	Cymbaria mongolica Maxim.			2010 年
828		金鱼草属 Antirrhinum L.	金鱼草	Antirrhinum majus L.			2000 年
829			平车前	Plantago depressa Willd.	1 300~2 100	路边、田野、村庄附近	2000 年
830	车前科 Plantaginaceae	车前草属 Plantago L.	条叶车前	Plantago lessingii Fisch. et Mey.	1 300~2 100	山坡、路边、荒滩	2000 年
831			大车前	Plantago major L.	1 300~2 100	山谷、路边潮湿的地方	2000 年
832			车前	Plantago asiatica L.	1 300~2 100	田野、河边、草地	2000 年
833			疏花车前	Plantago asiatica L. subsp. erosa (Wall.) Z. Y. Li			2010 年
834	紫葳科 Bignoniaceae	角蒿属 Incarvillea Juss	角蒿	Incarvillea sinensis Lam.	1 400	河滩、山地、林缘	2000 年
835			黄花角蒿	Incarvillea variabilis Batalin var. laxifolia Batalin	1 400~1 800	坡地、草丛、河滩、地埂	2000 年
836	列当科 Orobanchaceae	列当属 Orobanche L.	列当	Orobanche coerulescens Steph	1 500	向阳山坡、林缘、路边、草地	2000 年
837	茜草科 Rubiaceae	猪殃殃属 Galium L.	猪殃殃	Galium aparine var. leiospermum (Wallr.) Cuf.	1 300~2 100	山坡、田埂、路边	2000 年

续表

序号	科名	属名	中文名	拉丁学名	分布地点 海拔/m	分布地点 生境	最新发现时间
838		猪殃殃属 Galium L.	硬毛四叶葎	Galium bungei var.hispidum (Kitag.) Cuf.	1 400~1 800	山沟、路边、草地	2000 年
839			蓬子菜	Galium verum L.	1 500~2 100	草坡、地埂、路边、林缘	2000 年
840	茜草科 Rubiaceae		北方拉拉藤	Galium boreale L.	1 900~2 100	山坡、草地、路边	2000 年
841			小叶猪殃殃	Galium trifidum L.			2000 年
842		茜草属 Rubia L.	茜草	Rubia cordifolia L.	1 300~2 100	山坡林下	2000 年
843			中国茜草	Rubia chinensis Regel et Maack	1 600~1 900	林下、坡地	2000 年
844		接骨木属 Sambucus L.	接骨草	Sambucus chinensis Lindl.	1 700~1 800	山坡林下、草丛	2000 年
845			接骨木	Sambucus williamsii Hance	1 700~1 900	林缘、杂木林	2000 年
846			聚花荚蒾	Viburnum glomeratum Maxim.			2010 年
847			桦叶荚蒾	Viburnum betulifolium Batal.			2010 年
848	忍冬科 Caprifoliaceae	荚蒾属 Viburnum L.	鸡树条	Viburnum opulus subsp. calvescens (Rehder) Sugim.	1 900	杂木林	2000 年
849			蒙古荚蒾	Viburnum mongolicum (Pall.) Rehd.			2000 年
850			陕西荚蒾	Viburnum schensianum Maxim.	1 400~1 900	山坡灌丛	2000 年
851			甘肃荚蒾	Viburnum kansuense Batal.			2010 年

续表

序号	科名	属名	中文名	拉丁学名	分布地点 海拔/m	分布地点 生境	最新发现时间
852		荚蒾属 Viburnum L.	醉鱼草状荚蒾	Viburnum buddleifolium C. H. Wright（新增）			2021 年
853		莛子藨属 Triosteum L.	莛子藨	Triosteum pinnatifidum Maxim.			2000 年
854		六道木属 Zabelia（Rehder）Makino	六道木	Abelia biflora（Turcz.）Makino			2000 年
855			南方六道木	Abelia dielsii（Graebn.）Makino			2000 年
856		双盾木属 Dipelta Maxim.	双盾木	Dipelta floribunda Maxim.			2010 年
857	忍冬科 Caprifoliaceae	忍冬属 Lonicera L.	盘叶忍冬	Lonicera tragophylla Hemsl.			2000 年
858			葱皮忍冬	Lonicera ferdinandi Franch.	1 500~2 100	山坡灌丛，杂木林中	2000 年
859			金银忍冬	Lonicera maackii（Rupr.）Maxim.			2000 年
860			短梗忍冬	Lonicera graebneri Rehd.			2000 年
861			岩生忍冬	Lonicera rupicola Hook. f. et Thoms.	2 123	路边，山坡草地	2000 年
862			红花岩生忍冬	Lonicera rupicola Hook. f. et Thoms. var. syringantha（Maxim.）Zabel			2010 年
863			毛药忍冬	Lonicera serreana Hand.-Mazz.	1 500~1 900	山坡或灌丛	2000 年
864			北京忍冬	Lonicera elisae Franch.	1 700~1 900	林下坡地，灌丛	2000 年
865			陇塞忍冬	Lonicera tangutica Maxim.			2000 年

续表

序号	科名	属名	中文名	拉丁学名	分布地点		最新发现时间
					海拔/m	生境	
866	忍冬科 Caprifoliaceae	忍冬属 Lonicera L.	淡红忍冬（巴东忍冬）	Lonicera acuminata Wall.			2010 年
867			刚毛忍冬	Lonicera hispida Pall. ex Roem. et Schult.			2010 年
868			苦糖果	Lonicera fragrantissima var. lancifolia（Rehder）Q. E. Yang			2010 年
869			金花忍冬	Lonicera chrysantha Turcz.			2010 年
870	败酱科 Valerianaceae	败酱属 Patrinia Juss.	异叶败酱	Patrinia heterophylla Bge.			2000 年
871			糙叶败酱	Patrinia scabra Bunge	1 600~2 000	山坡、路边、草丛	2000 年
872	川续断科 Dipsacaceae	双参属 Triplostegia Wall.ex DC.	双参	Triplostegia glandulifera Wall. ex DC.			2010 年
873		川续断属 Dipsacus L.	日本续断	Dipsacus japonicus Miq.	1 400~2 100	山地潮湿的地方	2000 年
874		蓝盆花属 Scabiosa L.	华北蓝盆花	Scabiosa tschiliensis var. superba（Grun.）S.Y.He	1 600~1 900	山坡草地、灌丛	2000 年
875	葫芦科 Cucurbitaceae	土贝母属 Bolbostemma Franquet	土贝母	Bolbostemma paniculatum （Maxim）Franquet			2000 年
876		赤瓟属 Thladiantha Bunge	赤瓟	Thladiantha dubia Bunge.	1 300~2 100	山地草丛	2000 年

续表

序号	科名	属名	中文名	拉丁学名	分布地点 海拔/m	分布地点 生境	最新发现时间
877		党参属 Codonopsis Wall.	党参	Codonopsis pilosula (Franch.) Nannf.	1 700~2 100	山地林下及灌丛	2000 年
878			缠绕党参	C. pilosula (Franch) Nannf.var. volubilis (Nannf.) L.T.Shen	1 200~2 000	山坡草地或林缘	2000 年
879		风铃草属 Campanula L.	紫斑风铃草	Campanula punctata Lam.	1 700~2 100	山地林缘、灌丛、阴湿坡地	2000 年
880			秦岭沙参	Adenophora petiolata Pax et Hoffm.	1 700~2 000	灌丛、林下	2000 年
881			石沙参	Adenophora polyantha Nakai	1 600~1 900	山坡草地、林下、灌丛	2000 年
882	桔梗科 Campanulaceae		细叶沙参	Adenophora paniculata Nannf.	1 600~1 900	山坡草地、林缘	2000 年
883			崆峒山沙参	Adenophora kongtongshanensis W.H.Gao	1 600~1 760	山坡草地	2000 年
884		沙参属 Adenophora Fisch.	长柱沙参	Adenophora stenanthina (Ledeb.) Kitag.	1 600~1 900	山坡草地	2000 年
885			泡沙参	Adenophora potaninii Korsh.	1 600~1 900	山坡草地、疏林、灌丛	2000 年
886			心叶沙参	Adenophora cordifolia Hong	1 700	山坡阴湿处、林缘、路边	2000 年
887			多歧沙参	Adenophora wawreana Zahlbr.	1 600~1 900	草地、灌丛	2000 年
888	菊科 Compositae	泽兰属 Eupatorium L.	林泽兰	Eupatorium lindleyanum DC.			2010 年
889		马兰属 Kalimeri Cass.	山马兰	Kalimeris lautureana (Debx.) Kitam.			2000 年

续表

序号	科名	属名	中文名	拉丁学名	分布地点 海拔/m	生境	最新发现时间
890			蒙古马兰	*Kalimeris mongolica*（Franch.）Kitam.			2000 年
891			马兰	*Kalimeris indica*（L.）Sch.-Bip.			2000 年
892		马兰属 *Kalimeri* Cass.	纤细马兰	*Kalimeris indica*（L.）Sch.-Bip. f. gracilis J.Q.Fu			2000 年
893			全叶马兰	*Kalimeris integrifolia* Turcz. ex DC.			2000 年
894			裂叶马兰	*Kalimeris incisa*（Fisch.）DC.			2010 年
895	菊科 Compositae	狗娃花属 *Heteropappus* Less.	阿尔泰狗娃花	*Heteropappus altaicus*（Willd.）Novopokr.			2000 年
896			狗娃花	*Heteropappus hispidus*（Thunb.）Less.			2010 年
897			紫菀	*Aster tataricus* L. F.			2010 年
898		紫菀属 *Aster* L.	高山紫菀	*Aster alpinus* L.			2000 年
899			三褶脉紫菀	*Aster ageratoides* Turcz.			2000 年
900			三脉紫菀	*Aster ageratoides* Turcz.			2000 年
901		紫菀木属 *Asterothamnus* Novopokr.	中亚紫菀木	*Asterothamnus centraliasiaticus* Novopokr.			2000 年
902		飞蓬属 *Erigeron* L.	飞蓬	*Erigeron acris* L.			2000 年
903			堪察加飞蓬	*Erigerom kamtschaticus* DC.			2000 年

续表

序号	科名	属名	中文名	拉丁学名	分布地点 海拔/m	生境	最新发现时间
904		白酒草属 Eschenbachia Moench	小蓬草（小白酒草）	Conyza canadensis（L.）Cronq.			2000年
905			白酒草	Conyza japonica（Thunb.）Less.			2010年
906		火绒草属 Leontopodium R. Br. ex Cass.	火绒草	Leontopodium leontopodioides（Willd.）Beauv.	1 400~1 600	山区草地、石砾地	2000年
907			薄雪火绒草	Leontopodium japonicum Miq.	1 300~1 600	灌丛、草地、林缘	2000年
908			川甘火绒草	Leontopodium chuii Hand.-Mazz.	1 300~1 600	山坡灌丛	2000年
909			矮火绒草	Leontopodium nanum（Hook. f. et Thoms.）Hand.-Mazz.			2010年
910	菊科 Compositae	香青属 Anaphialis DC.	乳白香青	Anaphalis lactea Maxim.	1 300~1 900	草地、林下	2000年
911			二色香青	Anaphalis bicolor（Franch.）Diels			2000年
912			香青	Anaphalis sinica Hance			2000年
913			黄腺香青	Anaphialis aureopunctata Lingelsh et Borza	1 400~1 600	林下、林缘、草地、河滩	2000年
914			铃铃香青	Anaphalis hancockii Maxim.	1 400~1 600	山坡草地	2000年
915			珠光香青线叶变种	Anaphalis margaritacea var. japonica（Schultz Bipontinus）Makino（新增）			2021年
916		水飞蓟属 Silybum Vaill. ex Adans.	水飞蓟	Silybum marianum（L.）Gaertm.			2000年

续表

序号	科名	属名	中文名	拉丁学名	分布地点 海拔/m	生境	最新发现时间
917	菊科 Compositae	旋覆花属 Inula L.	旋覆花	Inula japonica Thunb.			2000年
918			水朝阳旋覆花	Inula helianthus-aquatilis C. Y. Wu ex Y. Ling（新增）			2021年
919		天名精属 Carpesium L.	大花金挖耳	Carpesium macrocephalum Franch. et Sav.			2000年
920			毛暗花金挖耳	Carpesium triste var.sinense Diels			2000年
921			烟管头草	Carpesium cernuum L.			2000年
922		和尚菜属 Adenocaulon Hook.	和尚菜	Adenocaulon himalaicum Edgew.			2000年
923		苍耳属 Xanthium L.	苍耳	Xanthium strumarium Patrin.ex Widder			2000年
924		百日菊属 Zinnia L.	百日菊	Zinnia elegans Jacq.			2000年
925		豨莶属 Sigesbeckia L.	腺梗豨莶	S. pubescens Makino f. eglandulosa Ling et Hwang			2010年
926		金光菊属 Rudbeckia L.	重瓣金光菊	Rudbeckia laciniata var.hortensia L. H. Bailey			2000年
927		金鸡菊属 Coreopsis L.	大花金鸡菊	Coreopsis grandiflora Hogg.			2000年
928		鬼针草属 Bidens L.	狼把草	Bidens tripartita L.			2000年
929			鬼针草	Bidens pilosa L.			2000年
930			小花鬼针草	Bidens parviflora Willd.			2000年

续表

序号	科名	属名	中文名	拉丁学名	分布地点 海拔/m	生境	最新发现时间
931	菊科 Compositae	春黄菊属 Anthemis L.	春黄菊	*Anthemis tinctoria* L.			2000 年
932		蓍属 Achillea L.	云南蓍	*Achillea wilsoniana* Heimerl ex Hand.-Mazz.			2000 年
933		蒿属 Glebionis Cass.	蒿子秆	*Chrysanthemum carinatum* Schousb.			2000 年
934		菊属 *Dendranthema*（DC.）DesMoul	菊花	*Chrysanthemum morifolium*（Ramat.）Tzvel.			2000 年
935			野菊	*Dendranthema indicum*（L.）Des Moul.			2000 年
936			甘菊	*Dendranthema lavandulifolium*（Fisch. Ex Trautv.）Ling et Shih			2000 年
937			小红菊	*Dendranthema chanetii*（Levl.）Shih.			2000 年
938			紫花野菊	*Dendranthema zawadskii*（Herb.）Tzvel.			2000 年
939			细叶菊	*Dendranthema maximowiczii*（Kom.）Tzvel.			2000 年
940		亚菊属 Ajania Poljak.	丝裂亚菊	*Ajania nematoloba*（Hand.-Mazz.）Ling et Shih			2010 年
941			柳叶亚菊	*Ajania salicifolia*（Mattf.）Poljak.			2010 年
942			异叶亚菊	*Ajania variifolia*（Chang）Tzvel.			2010 年
943			多裂亚菊	*Ajania tripinnatisecta* Ling et Shih			2010 年

续表

序号	科名	属名	中文名	拉丁学名	分布地点		最新发现时间
					海拔/m	生境	
944		亚菊属 Ajania Poljak.	铺散亚菊	Ajania khartensis (Dunn) Shih (新增)			2021年
945			秦岭蒿	Artemisia qinlingensis Ling ex Y. R. Ling	1400~2100	山坡、林缘	2000年
946			牛尾蒿	Artemisia dubia Wall. ex Bess.	1400~2100	山坡林缘、沟谷草地、路边	2000年
947			蒙古蒿	Artemisia mongolica (Fisch. ex Bess.) Nakai	1400~2100	山坡、荒野、路边、沟谷	2000年
948			线叶蒿	Artemisia subulata Nakai	1400~2100	山坡、林缘	2000年
949	菊科 Compositae	蒿属 Artemisia L.	白叶蒿	Artemisia leucophylla (Turcz. ex.Bess.) C.B. Clarke	1300~2000	山坡、草地、河岸	2000年
950			艾蒿	Artemisia argyi Levl.et Vant.	1300~2100	农田、山坡、林缘、路边	2000年
951			野艾蒿	Artemisia lavandulaefolia DC.	1400~2000	山坡、路边、河边、农田	2000年
952			甘青蒿	Artemisia tangutica Pamp.	1400~2000	山坡草地	2000年
953			裂叶蒿	Artemisia tanacetifolia L.	1400~1600	山坡草地、林缘、灌丛	2000年
954			白莲蒿	Artemisia sacrorum Ledeb.	1400~2100	山坡草地、灌丛	2000年
955			甘新青蒿	Artemisia polybotryoidea Y. R. Ling.	2123	山坡草地	2000年

续表

序号	科名	属名	中文名	拉丁学名	海拔/m	分布地点	生境	最新发现时间
956			甘肃蒿	Artemisia gansuensis Ling et Y. R. Ling	1 600~2 000		干旱山坡、草地、路边	2000 年
957			牡蒿	Artemisia japonica Thunb.	2 000		山坡草地、路边	2000 年
958			茵陈蒿	Artemisia capillaris Thunb.	1 300~2 100		荒坡、路边、田边	2000 年
959			大籽蒿	Artemisia sieversiana Ehrhart ex Willd.				2000 年
960			黄花蒿	Artemisia annua L.				2000 年
961		蒿属 Artemisia L.	臭蒿	Artemisia hedinii Ostenf. et Pauls.	1 400		山谷草地、河边、路边	2000 年
962	菊科 Compositae		猪毛蒿	Artemisia scoparia Waldst. et Kit.	1 300~2 100		山坡草地、田边、路边、荒滩、河滩	2000 年
963			莳萝蒿	Artemisia anethoides Mattf.	1 300~2 100		草地、河滩、路边	2000 年
964			冷蒿	Artemisia frigida Willd.				2010 年
965			紫花冷蒿	Artemisia frigida var. atropurpurea Pamp.				2010 年
966			毛莲蒿	Artemisia vestita Wall. ex Bess.				2010 年
967			狭裂白蒿	Artemisia kanashiroi Kitam.（新增）				2021 年
968		华蟹甲属 Sinacalia H. Robins. et Brettel	华蟹甲	Sinacalia tangutica（Maxim.）B. Nord.	1 500~2 000		山坡地、林缘、沟谷、路边	2000 年

续表

序号	科名	属名	中文名	拉丁学名	分布地点 海拔/m	分布地点 生境	最新发现时间
969			蛛毛蟹甲草	*Parasenecio roborowskii*（Maxim.）Y. L. Chen	1 600~1 900	林下、灌丛	2000 年
970			翠雀叶蟹甲草	*Paraaenecio delphiniphyllus*（Levl.）Y. L. Chen			2000 年
971		蟹甲草属 *Parasenecio* W. W. Smith et J. Small	太白山蟹甲草	*Parasenecio pilgerianus*（Diels）Y. L. Chen	1 600~1 900	林下、山谷阴湿	2000 年
972			山尖子	*Parasenecio hastatus*（L.）H.Koyama			2010 年
973			无毛山尖子	*Parasenecio hastatus*（L.）H. Koyama var. *glaber*（Ledeb.）Y. L.			2010 年
974	菊科 Compositae	兔儿伞属 *Syneilesis* Maxim.	兔儿伞	*Syneilesis aconitifolia*（Bunge）Maxim.			2010 年
975		款冬属 *Tussilago* L.	款冬	*Tussilago farfara* L.	1 600~1 900	山阴坡	2000 年
976		狗舌草属 *Tephroseris*（Reichenb.）Reichenb.	红轮狗舌草	*Tephroseris flammea*（Turcz. ex DC.）Holub			2010 年
977			狗舌草	*Tephroseris kirilowii*（Turcz. ex DC.）Holub			2010 年
978			橙舌狗舌草	*Tephroseris rufa*（Hand.-Mazz.）B. Nord.（新增）			2021 年
979		千里光属 *Senecio* L.	额河千里光	*Senecio argunensis* Turcz.			2000 年

续表

序号	科名	属名	中文名	拉丁学名	分布地点 海拔/m	生境	最新发现时间
980		千里光属 Senecio L.	北千里光	Senecio dubitabilis C. Jeffrey et Y. L. Chen			2010 年
981			天山千里光	Senecio thianschanicus Regel et Schmalh.			2010 年
982		橐吾属 Ligularia Cass.	掌叶橐吾	Ligularia przewalskii (Maxim.) Diels	1 800~2 000	林下、草地	2000 年
983			黄帚橐吾	Ligularia virgaurea (Maxim.) Mattf.			2010 年
984			蹄叶橐吾	Ligularia fischeri (Ledeb.) Turcz.			2010 年
985			箭叶橐吾	Ligularia sagitta (Maxim.) Mattf.			2010 年
986	菊科 Compositae	金盏花属 Calendula L.（栽培种）	金盏花	Calendula officinalis L.	1 800	山谷林下、阴湿草地	2010 年
987		蓝刺头属 Echinops L.	蓝刺头	Echinops sphaerocephalus L.	1 700	山坡草地	2000 年
988			砂蓝刺头	Echinops gmelinii Turcz.			2000 年
989		鳍蓟属 Olgaea Iljin.	青海鳍蓟	Olgaea tangutica Iljin			2000 年
990		牛蒡属 Arctium L.	牛蒡	Arctium lappa L.	1 300~2 100	山地、草地	2000 年
991		蓟属 Cirsium Miller	刺儿菜	Cirsium setosum (Willd.) MB.	1 300~2 100	荒地、田间、路边	2000 年
992			线叶蓟	Cirsium lineare (Thunb.) Sch.-Bip.	1 600~2 100	山坡草地、灌丛	2000 年
993			魁蓟	Cirsium leo Nakai et Kitag.	1 400	山坡草地	2000 年

续表

序号	科名	属名	中文名	拉丁学名	海拔/m	分布地点 生境	最新发现时间
994		蓟属 Cirsium Miller	葵花大蓟	Cirsium souliei (Franch.) Mattf.			2000年
995			野蓟	Cirsium maackii Maxim.			2010年
996			马刺蓟	Cirsium monocephalum (Vant.) Levl.			2010年
997			莲座蓟	Cirsium esculentum (Sievers) C. A. Mey.			2010年
998		飞廉属 Carduus L.	丝毛飞廉	Carduus crispus L.	1300~2100	荒野、路边、田边、溪边	2000年
999	菊科 Compositae	泥胡菜属 Hemistepta Bunge	泥胡菜	Hemistepta lyrata (Bunge) Fischer & C. A. Meyer			2010年
1000		风毛菊属 Saussurea DC.	美花风毛菊	Saussurea pulchella Fisch.	1600~1900	林缘、灌丛、草地	2000年
1001			风毛菊	Saussurea japonica (Thunb.) DC.	1600~1900	山坡草地、路边、林缘	2000年
1002			草地风毛菊	Saussurea amara (L.) DC.	1600~1900	山坡草地、路边、林缘	2000年
1003			陕西风毛菊	Saussurea dutaillyana Franch var. shensiensis Pai	1600~1900	山坡草地、路边、林缘	2000年
1004			川西风毛菊	Saussurea dzeurensis Franch.	1600~1900	山坡草地、路边、林缘	2000年
1005			折苞风毛菊	Saussurea recurvata (Maxim.) Lipsch.	1600~1900	山坡草地、路边、林缘	2000年

续表

序号	科名	属名	中文名	拉丁学名	分布地点 海拔/m	分布地点 生境	最新发现时间
1006	菊科 Compositae	风毛菊属 Saussurea DC.	蒙古风毛菊	Saussurea mongolica (Franch.) Franch.	1 600~1 900	山坡草地、路边、林缘	2000 年
1007			篦苞风毛菊	Saussurea pectinnata Bunge	1 600~1 900	山坡草地、路边、林缘	2010 年
1008			破血丹	Saussurea acrophila Diels			2000 年
1009			尾尖风毛菊	Saussurea saligna Franch.			2010 年
1010			小花风毛菊	Saussurea parviflora (Poir.) DC.			2010 年
1011			紫苞风毛菊	Saussurea purpurascens Y. L. Chen et S. Y. Liang			2010 年
1012			大耳叶风毛菊	Saussurea macrota Franch.			2010 年
1013			乌苏里风毛菊	Saussurea ussuriensis Maxim.			2010 年
1014			柳叶菜风毛菊	Saussurea epilobioides Maxim.			2010 年
1015		麻花头属 Serratula	钟苞麻花头	Serratula cupuliformis Nakai et Kitag.	1 400	山坡草地、疏林下	2000 年
1016			麻花头	Serratula centauroides L.	1 400	路边、荒地	2000 年
1017			多花麻花头	Serratula polycephala Iljin	1 400~1 800	路边	2000 年
1018			缢苞麻花头	Serratula stranglata Iljin	1 400	路边、荒地	2010 年
1019		顶羽菊属 Acroptilon Cass.	顶羽菊	Acroptilon repens (L.) DC.			2000 年

续表

序号	科名	属名	中文名	拉丁学名	分布地点		最新发现时间
					海拔/m	生境	
1020		漏芦属 Stemmacantha	漏芦	*Stemmacantha uniflora*（L.）Dittrich	1 700	向阳山坡、灌丛、林缘	2000 年
1021		大丁草属 Gerbera Cass.	大丁草	*Gerbera anandria*（L.）Sch.-Bip.	1 400~2 100	阴湿地方、林缘、路边	2000 年
1022			华北鸦葱	*Scorzonera albicaulis* Bunge.			2000 年
1023			拐轴鸦葱	*Scorzonera divaricata* Turcz.			2010 年
1024		鸦葱属 Scorzonera L.	紫花拐轴鸦葱	*S. divaricata* Turcz. var. *sublilacina* Maxim.			2010 年
1025			鸦葱	*Scorzonera austriaca* Willd.			2010 年
1026	菊科 Compositae	毛连菜属 Picris L.	日本毛连菜	*Picris japonica* Thunb.			2000 年
1027		蒲公英属 Taraxacum Weber	蒲公英	*Taraxacum mongolicum* Hand.-Mazz.	1 300~2 100	路边、荒地	2000 年
1028			华蒲公英	*Taraxacum borealisinense* Kitam.	1 300~2 100	草地、荒地	2000 年
1029		苦苣菜属 Sonchus L.	苣荬菜	*Sonchus arvensis* L.	1 300~2 100	田野、村舍附近、荒地	2010 年
1030			苦苣菜	*Sonchus oleraceus* L.	1 300~2 100	田野、路边、荒地	2000 年
1031		小苦荬属 Ixeridium（A. Gray）Tzvel.	中华小苦荬	*Ixeridium chinense*（Thunb.）Tzvel.			2010 年
1032			精细小苦荬	*Ixeridium elegans*（Franch.）Shih（新增）			2021 年
1033		苦荬菜属 Ixeris Cass.	抱茎苦荬菜	*Ixeris sonchifolia*（Bge.）Hance.			2000 年

续表

序号	科名	属名	中文名	拉丁学名	海拔 /m	生境	最新发现时间
1034		苦荬菜属 Ixeris Cass.	苦荬菜	Ixeris polycephala Cass.			2010 年
1035			丝叶苦荬菜	Ixeridis chinense（Thunb.）Tzvel.			2000 年
1036	菊科 Compositae	乳苣属 Mulgedium Cass.	乳菊	Mulgedium tataricum（L.）DC.			2010 年
1037		山柳菊属 Hieracium L.	山柳菊	Hieracium umbellatum L.	1 600~1 800	草地，林缘、林下	2000 年
1038		福王草属 Prenanthes L.	多裂福王草	Prenanthes macrophylla Franch.（新增）			2021 年
1039	香蒲科 Typhaceae	香蒲属 Typha L.	小香蒲	Typha minima Funk.			2010 年
1040			达香蒲	Typha davidiana（Kronf.）Hand.-Mazz.			2010 年
1041	黑三棱科 Sparganiaceae	黑三棱属 Sparganiun L.	黑三棱	Sparganiun stoloniferum（Graebn.）Buch.-Ham. ex Juz.			2000 年
1042			狭叶黑三棱	Sparganiun stenophyllum Maxim. ex Meinsh.			2000 年
1043	眼子菜科 Potamogetonaceae	眼子菜属 Potamogeton L.	篦齿眼子菜（龙须眼子菜）	Potamogeton pectinatus L.			2010 年
1044			铺散眼子菜	Potamogeton pectinatus L. var. diffusus Hagstrom			2010 年
1045			眼子菜	Potamogeton distinctus A.Benn.			2010 年

续表

序号	科名	属名	中文名	拉丁学名	分布地点 海拔/m	分布地点 生境	最新发现时间
1046	水麦冬科 Juncaginaceae	水麦冬属 Triglochin L.	水麦冬	Triglochin palustre L.		沟谷浅水处或湿地	2010 年
1047	泽泻科 Alismataceae	泽泻属 Alisma L.	泽泻	Alisma plantago-aquatica L.			2010 年
1048			草泽泻	Alisma gramineum Lej.			2010 年
1049			东方泽泻	Alisma orientale (Samuel.) Juz.			2010 年
1050		箭竹属 Fargesia Franch.	箭竹	Fargesia spathacea Franch.	1 300~2 100	山坡、林缘、疏林中	2000 年
1051		芦苇属 Phragmites Trin.	芦苇	Phragmites australis (Cav.) Trin. ex Steud.	1 300~2 100	河岸、小溪边	2000 年
1052			远东羊茅	Festuca extremiorientalis Ohwi	1 400~1 900	林下、沟谷阴湿处	2000 年
1053		羊茅属 Festuca L.	苇状羊茅	Festuca aeundinacea Schreb.			2000 年
1054	禾本科 Gramineae		素羊茅	Festuca modesta Steud.			2010 年
1055			日本羊茅	Festuca japonica Makino			2010 年
1056			早熟禾	Poa annua L.	1 300~2 100	草地、路边阴湿处	2000 年
1057		早熟禾属 Poa L.	硬质早熟禾	Poa sphondylodes Trin.	1 300~1 800	山坡、路边、荒地、草地	2000 年
1058			草地早熟禾	Poa pratensis L.			2000 年
1059			细叶早熟禾	Poa angustifolia L.			2010 年

续表

序号	科名	属名	中文名	拉丁学名	分布地点 海拔 /m	生境	最新发现时间
1060		早熟禾属 Poa L.	蒙古早熟禾	Poa mongolica（Rendle）Keng ex Shan Chen			2010 年
1061			林地早熟禾	Poa nemoralis L.			2010 年
1062			垂枝早熟禾	Poa declinata Keng ex L. Liu			2010 年
1063		臭草属 Melica L.	甘肃臭草	Melica przewalskyi Roshev.	1 300~2 100	路边，田野干旱地带	2000 年
1064			臭草	Melica scabrosa Trin.	1 300~2 100	山野，空地，荒地	2000 年
1065	禾本科 Gramineae	黑麦草属 Lolium L.	黑麦草	Lolium perenne L.		引种	2000 年
1066		雀麦属 Bromus L.	旱雀麦	Bromus tectorum L.	1 400~2 000	草地，路边，土屋、废墟	2000 年
1067			无芒雀麦	Bromus inermis Leyss			2010 年
1068			毗邻雀麦	Bromus confinis Nees ex Steud.			2010 年
1069		短柄草属 Brachypodium Beauv.	细株短柄草	Brachypodium sylvaticum var. gracile（Weigel）Keng	1 400~1 800	草地，山坡	2000 年
1070		披碱草属 Elymus L.	披碱草	Elymus dahuricus Turcz.	1 600~2 100	山坡，草地，路边	2000 年
1071			垂穗披碱草	Elymus nutans Griseb.			2010 年
1072			短芒披碱草	Elymus breviaristatus（Keng）Keng f.			2010 年
1073			圆柱披碱草	Elymus cylindricus（Franch.）Honda			2010 年

续表

序号	科名	属名	中文名	拉丁学名	分布地点 海拔 /m	分布地点 生境	最新发现时间
1074		赖草属 Aneurolepidium Nevski	赖草	Leymus secalinus （Georgi） Tzvel.	1 300~2 123	山地、坡地、草地	2000 年
1075		大麦属 Hordeum L.	大麦	Hordeum vulgare L.			2000 年
1076		黑麦属 Secale L.	黑麦	Secale cereale L.			2000 年
1077			大燕草	Roegaeria stricta Keng. f. major Keng			2000 年
1078		鹅冠草属 Roegneria Ronji.	紫穗鹅观草	Roegneria purpurascens Keng			2000 年
1079			垂穗鹅观草	Roegneria nutans （Keng） Keng			2010 年
1080			秋鹅观草	Roegneria serotina Keng			2010 年
1081	禾本科 Gramineae	偃麦草属 Elytrigia Desv.	偃麦草	Elytrigia repens （L.） Desr			2010 年
1082			冰草	Agropyron cristatum （L.） Gaertn.			2010 年
1083		冰草属 Agropyron Gaertn.	多花冰草	Agropyron cristatum （L.） Gaertn. var. pluriflorum H. L. Yang			2010 年
1084			光穗冰草	Agropyron cristatum var. pectinatum （M. Bieberstein） Roshevitz ex B. Fedtschenko			2010 年
1085		溚草属 Koeleria Pers.	溚草	Koeleria cristata （L.） Pers.		山坡、草地、路边	2000 年
1086		燕麦属 Avena L.	野燕麦	Avena fatua L.	1 300~2 123	田野、麦地、草地	2000 年
1087		野青茅属 Deyeuxia Beauv	野青茅	Deyeuxia arundinacea （L.） Beauv.	1 400~1 900	山坡、草地较阴湿的地方	2000 年

续表

序号	科名	属名	中文名	拉丁学名	分布地点 海拔/m	生境	最新发现时间
1088		拂子茅属 Calamagrostis Adans	假苇拂子茅	*Calamagrostis pseudophragmites* (Hall.f.) Koel.	1 300~1 800	山坡、河滩、沟谷、沙地、林缘	2000 年
1089		剪股颖属 Agrostis L.	巨序剪股颖	*Agrostis gigantea* Roth.			2000 年
1090			甘青剪股颖	*Agrostis hugoniana* Rendle			2010 年
1091		菵草属 Beckmannia Host.	菵草	*Beckmannia syzigachne* (Steud.) Fernald.	1 300~1 600	水边潮湿的地方	2000 年
1092		看麦娘属 Alopecurus L.	大看麦娘	*Alopecurus pratensis* L.	1 300~1 600	潮湿草地	2000 年
1093	禾本科 Gramineae		长芒草	*Stipa bungeana* Trin. ex Bge.	1 300~2 123	干燥山坡、荒地、草地	2000 年
1094			阿尔泰针茅	*Stipa krylovii* Roshev	1 300~2 123	干燥山坡上	2000 年
1095			西北针茅	*Stipa sareptana* Becher var. *krylovii*			2010 年
1096			甘青针茅	*Stipa przewalskyi* Roshev.			2010 年
1097		针茅属 Stipa L.	大针茅	*Stipa grandis* P. Smirn.			2010 年
1098			异针茅	*Stipa aliena* Keng			2010 年
1099			丝颖针茅	*Stipa capillacea* Keng			2010 年
1100			短花针茅	*Stipa breviflora* Griseb.			2010 年
1101			狼针草	*Stipa baicalensis* Roshev.			2010 年
1102			戈壁针茅	*Stipa tianschanica* Roshev. var. *gobica*			2010 年

续表

序号	科名	属名	中文名	拉丁学名	海拔 /m	生境	最新发现时间
1103	禾本科 Gramineae	落芒草属 Oryzopsis Michx	中华落芒草	Oryzopsis chinensis Hitchc.	1 400~2 100	山坡、草地、路边、疏林、林缘	2000 年
1104		细柄茅属 Ptilagrostis Griseb.	细柄茅	Ptilagrostis mongholica (Turcz. ex Trin.) Griseb.			2010 年
1105			太白细柄茅	Ptilagrostis concinna (Hook. f.) Roshev.			2010 年
1106			中亚细柄茅	Ptilagrostis pelliotii (Danguy) Grub.			2010 年
1107			双叉细柄茅	Ptilagrostis dichotoma Keng ex Tzvel.			2010 年
1108			小花细柄茅	Ptilagrostis dichotoma Keng var. roshevitsiana Tzvel.			2000 年
1109		芨芨草属 Achnatherum Beauv	远东芨芨草	Achnatherum extremiorientale (Hara) Keng ex P. C. Kuo	1 400~2 000	山坡、草地、疏林、路边	2000 年
1110			羽茅	Achnatherum sibiricum (L.) Keng	1 400~2 000	山坡、草地	2000 年
1111			醉马草	Achnatherum inebrians (Hance) Keng			2010 年
1112			短芒芨芨草	Achnatherum breviaristatum Keng et P. C. Kuo			2010 年
1113			细叶芨芨草	Achnatherum chingii (Hitchc.) Keng ex P. C. Kuo			2010 年
1114			林阴芨芨草（变种）	Achnatherum chingii (Hitchc.) Keng var. laxum S. L. Lu			2000 年

续表

序号	科名	属名	中文名	拉丁学名	分布地点 海拔/m	分布地点 生境	最新发现时间
1115		画眉草属 Eragrostis Beauv	无毛画眉草	Eragrostis pilosa (L.) Beauv. var. Imberbis Franch	1 300~2 100	田间，田埂、路边、荒地	2000年
1116			小画眉草	Eragrostis minor Host			2010年
1117		隐子草属 Cleistogenes Keng,	长花隐子草	Cleistogenes longiflora Keng	1 500~2 100	干旱山坡、路边	2000年
1118			无芒隐子草	Cleistogenes songorica (Roshev.) Ohwi.	1 500~2 100	干燥山坡、疏林下、路边	2000年
1119			中华隐子草	Cleistogenes chinensis (Maxim.) Keng			2010年
1120	禾本科 Gramineae	穇属 Eleusine Gaertn	牛筋草	Eleusine indica (L.) Gaertn			2000年
1121		虎尾草属 Chloris Sw.	虎尾草	Chloris virgata Swartz	1 600	路边、荒野、地埂、大田	2000年
1122		隐花草属 Crypsis Aiton	蔺状隐花草	Crypsis schoenoides (L.) Lam.	1 300~1 800	砂质土上	2000年
1123		乱子草属 Muhlenbergia Schreber	乱子草	Muhlenbergia hugelii Trin.	1 400~1 800	山谷、河边潮湿处	2000年
1124		三芒草属 Aristida L.	三芒草	Aristida adscensionis L.			2010年
1125		粟草属 Milium L.	粟草	Milium effusum L.			2000年

续表

序号	科名	属名	中文名	拉丁学名	海拔 /m	生境	最新发现时间
1126			稗	Echinochloa crusgalli (L.) Beauv	1 300~1 700	宅旁、耕地、水渠旁	2000 年
1127		稗属 Echinochloa P. Beauv.	西来稗	Echinochloa crus-galli var. zelayensis (Kunth) Hitchcock			2010 年
1128			无芒稗	Echinochloa crus-galli var. mitis (Pursh) Petermann			2010 年
1129			止血马唐	Digitaria Ischaemum (Schreb.) Schreb.	1 500~1 700	路边、草地、水边	2000 年
1130		马唐属 Digitaria Hall.	马唐	Digitaria sanguinalis (L.) Scop.	1 300~2 100	田间、田埂、路边	2000 年
1131			毛马唐	Digitaria chrysoblephara Flig. et De Not.	1 300~2 100	路边、荒野	2000 年
1132	禾本科 Gramineae		金色狗尾草	Setaria glauca (L.) Beauv.	1 300~2 123	路边、荒地、草地	2000 年
1133			狗尾草	Setaria viridis (L.) Beauv.	1 300~2 123	路边、山野、荒地	2000 年
1134		狗尾草属 Setaria P. Beauv.	巨大狗尾草	Setaria viridis subsp. pycnocoma (Steud.) Tzvel.			2010 年
1135			紫穗狗尾草	Setaria viridis (L.) Beauv. var. purpurascens Maxim.			2010 年
1136			狼尾草	Pennisetum alopecuroides (L.) Spreng.	1 400~2 123	山坡、荒地阴湿处	2000 年
1137		狼尾草属 Pennisetum Rich.	白草	Pennisetum centrasiaticum Griseb.	1 400~1 900	沙地、坡地、田野、撂荒地	2000 年
1138		白茅属 Imperata Cyr.	白茅	Imperata cylindrica (L.) Beauv.	1 400~1 700	山坡、草地、路边	2000 年

续表

序号	科名	属名	中文名	拉丁学名	分布地点 海拔/m	分布地点 生境	最新发现时间
1139			荩草	*Arthraxon hispidus*（Thunb.）Makino			2010 年
1140		白茅属 *Imperata* Cyr.	中亚荩草	*Arthraxon hispidus var. centrasiaticus*（Grisb.）Honda			2010 年
1141	禾本科 Gramineae		同荩草				2010 年
1142		大油芒属 *Spodiopogon* Trin.	大油芒	*Spodiopogon sibiricus* Trin.			2010 年
1143		牧草属 *Bothriochloa* Kuntze.	白羊草	*Bothriochloa ischaemum*（L.）Keng	1 400~1 600	向阳地方	2000 年
1144			寸草	*Carex duriuscula* C. A. Mey.			2010 年
1145			白颖薹草	*Carex duriuscula* subsp. *rigescens*（Franch）S.Y.Liang et Y.C.Tang			2010 年
1146	莎草科 Cyperaceae	薹草属 *Carex* L.	细叶薹草	*Carex duriuscula* subsp. *stenophylloides*（V. I. Kreczetowicz）S. Yun Liang & Y. C. Tang			2010 年
1147			大拨针薹草	*Carex lanceolata* Boott			2010 年
1148			异穗薹草	*Carex heterostachya* Bge.			2010 年
1149			短芒薹草	*Carex breviaristata* K. T. Fu			2010 年
1150			暗褐薹草	*Carex atrofusca* Schkuhr			2010 年

续表

序号	科名	属名	拉丁学名	中文名	分布地点 海拔/m	分布地点 生境	最新发现时间
1151		薹草属 Carex L.	Carex atrofusca subsp. minor（Boott）T. Koyama	黑褐穗薹草			2010 年
1152			Bolboschoenus planiculmis（F. Schmidt）T. V. Egorova	扁秆藨草			2000 年
1153	莎草科 Cyperaceae		Scirpus triqueter（Linnaeus）Palla	藨草			2000 年
1154		藨草属 Scirpus L.	Scirpus setaceus（Linnaeus）R. Brown	细秆藨草			2010 年
1155			Scirpus sylvaticus L. var. maximowiczii Ohwi	朔北林生藨草			2010 年
1156			Scirpus validus（C. C. Gmelin）Palla	水葱			2010 年
1157		马蹄莲属 Zantedeschia Spr.	Zantedeschia aethiopica（L.）Spreng	马蹄莲			2000 年
1158			Arisaema lobatum Engl.	浅裂南星			2000 年
1159			Arisaema heterophyllum Blume	天南星	1 700~1 900	林下阴湿地	2000 年
1160	天南星科 Araceae	天南星属 Arisaema Mart.	Arisaema brevipes Engl	短柄南星	1 700~1 900	林下阴湿地	2000 年
1161			Arisaema erubescens（Wall.）Schott（新增）	一把伞南星			2021 年
1162		半夏属 Pinellia Ten.	Pinellia ternata（Thunb.）Breit.	半夏			2010 年

续表

序号	科名	属名	中文名	拉丁学名	海拔 /m	生境	最新发现时间
1163	浮萍科 Lemnaceae	浮萍属 Lemna L.	品藻	*Lemna trisulca* L.			2000 年
1164			浮萍	*Lemna minor* L			2000 年
1165		紫萍属 Spirodela Schleid.	紫萍	*Spirodela polyrhiza*（L.）Schleid.			2000 年
1166	灯心草科 Juncaceae	灯心草属 Juncus L.	灯心草	*Juncus effusus* L.			2010 年
1167			小灯心草	*Juncus bufonius* L.	1 400	水边或潮湿地上	2000 年
1168			小花灯心草	*Juncus articulatus* L.	1 400	河岸、水边潮湿处	2000 年
1169			葱状灯心草	*Juncus allioides* Franch.			2010 年
1170	百合科 Liliaceae	菝葜属 Smilax L.	鞘柄菝葜	*Smilax stans* Maxim.			2000 年
1171		天门冬属 Asparagus	羊齿天门冬	*Asparagus filicinus* Ham. ex D.Don	1 800~2 000	林下、灌丛	2000 年
1172			长花天门冬	*Asparagus longiflorus* Franch.	2 123	山坡、田边、林缘、灌丛	2000 年
1173			石刁柏	*Asparagus officinalis* L.			2010 年
1174			戈壁天冬	*Asparagus gobicus* Ivan. ex Grubov			2010 年
1175		重楼属 Paris L.	七叶一枝花	*Paris polyphylla* Sm.	1 700~1 900	林下阴湿处	2000 年
1176		铃兰属 Convallaria L.	铃兰	*Convallaria majalis* L.	1 700~1 900	山坡、林下阴湿处	2000 年
1177		万年青属 Rohdea Roth.	万年青	*Rohdea japonica*（Thunb.）Roth			2000 年

续表

序号	科名	属名	中文名	拉丁学名	分布地点		最新发现时间
					海拔/m	生境	
1178		萱草属 Hemerocallis L.	小黄花菜	Hemerocallis minor Mill.	1700~1900	林下草地、坡地	2000年
1179		沿阶草属 Ophiopogon Ker-Gawl	麦冬	Ophiopogon japonicus (L.f.) Ker-Gawl.			2000年
1180		油点草属 Tricyrtis Wall.	黄花油点草	Tricyrtis maculata Wallich			2000年
1181			卷叶黄精	Polygonatum cirrhifolium (Wall.) Royle	1700~1900	林下、灌丛	2000年
1182			距药黄精	Polygonatum franchetii Hua			2000年
1183		黄精属 Polygonatum Adans	细根茎黄精	Polygonatum gracile P. Y. Li	1700~2000	林下、阴湿处	2000年
1184	百合科 Liliaceae		大苞黄精	Polygonatum megaphyllum P. Y. Li	1700~1900	林下	2000年
1185			玉竹	Polygonatum odoratum (Mill.) Druce	1700~1900	林下、灌丛	2000年
1186			黄精	Polygonatum sibiricum Delar. ex Redoute	1700~1900	林下、灌丛、山坡	2000年
1187		舞鹤草属 Maianthemum F. H. Wigg.	舞鹤草	Maianthemum bifolium (L.) F. W. Schmidt	1800	山地阴坡林下、泉边	2000年
1188		鹿药属 Smilacina Desf.	管花鹿药	Smilacina henryi (Baker) Wang et Tang			2000年
1189			鹿药	Smilacina japonicum A. Gray	1700~1900	林下阴湿处	2000年
1190		葱属 Allium L.	薤白	Allium macrostemon Bunge.			2000年

续表

序号	科名	属名	中文名	拉丁学名	分布地点 海拔 /m	生境	最新发现时间
1191			多叶韭	*Allium plurifoliatum* Rendle		生于山坡、草地、路边	2000 年
1192			青甘韭	*Allium przewalskianum* Regel	1 700~1 900	山坡石缝中	2000 年
1193			碱韭	*Allium polyrhizum* Turcz. ex Regel			2000 年
1194			蓝花韭	*Allium beesianum* W. W. Sm.			2010 年
1195			卵叶韭	*Allium ovalifolium* Hand.-Mzt.（新增）			2021 年
1196			矮韭	*Allium anisopodium* Ledeb.			2010 年
1197		葱属 *Allium* L.	糙葶韭	*Allium anisopodium* var. *zimmermannianum*			2010 年
1198			野葱（黄花韭）	*Allium chrysanthum* Regel			2010 年
1299			野黄韭	*Allium rude* J. M. Xu			2010 年
1200			细叶韭	*Allium tenuissimum* L.			2010 年
1201			野韭	*Allium ramosum* L.			2010 年
1202			山韭	*Allium senescens* L.			2010 年
1203			茖葱	*Allium victorialis* L.			2000 年
1204	百合科 Liliaceae	藜芦属 *Veratrum* L.	藜芦	*Veratrum nigrum* L.	1 700~1 900	林下、草丛	2000 年

续表

序号	科名	属名	中文名	拉丁学名	分布地点 海拔/m	分布地点 生境	最新发现时间
1205		涟瓣花属 Lloydia Reichenbach	尖果涟瓣花	Lloydia oxycarpa Franch.			2000年
1206		顶冰花属（Gagea Salisb.）（新增）	少花顶冰花	Gagea pauciflora Turcz.（新增）			2021年
1207	百合科 Liliaceae	百合属 Lilium L.	山丹	Lilium pumilum DC.			2000年
1208			卷丹	Lilium lancifolium Thunb.			2000年
1209		大百合属 Cardiocrinum (Endl.) Lindl.	大百合	Cardiocrinum giganteum (Wall.) Makino	1 700	山坡林下阴湿处腐殖质土	2010年
1210	薯蓣科 Dioscoreaceae	薯蓣属 Dioscorea L.	穿龙薯蓣	Dioscorea nipponica Makino	1 400~1 900	山坡灌丛	2000年
1211		唐菖蒲属 Gladiolus L.	唐菖蒲	Gladiolus gandavensis Van Houtte			2000年
1212		射干属 Belamcanda Adans.	射干	Belamcanda chinensis （L.）DC.	1 700	岩石缝隙、林缘、路边	2000年
1213	鸢尾科 Iridaceae	鸢尾属 Iris L.	野鸢尾	Iris dichotoma Pall.			2010年
1214			马蔺	Iris lactea Pall.			2000年
1215			大苞鸢尾	Iris bungei Maxim.			2010年
1216			矮紫苞鸢尾	Iris ruthenica Ker-Gawl. var. nana Maxim.	1 800~2 000	阴湿山坡草地、路边	2000年

序号	科名	属名	中文名	拉丁学名	分布地点		最新发现时间
					海拔 /m	生境	
1217			锐果鸢尾	Iris goniocarpa Baker			2010 年
1218	鸢尾科 Iridaceae	鸢尾属 Iris L.	薄叶鸢尾	Iris leptophylla Lingelsheim			2010 年
1219			细叶鸢尾	Iris tenuifolia Pall.	1 500~1 900	山坡、沙丘、草地	2000 年
1220		杓兰属 Cypripedium L.	毛杓兰	Cypripedium franchetii E. H. Wilson		生于疏林、灌丛、草地	2000 年
1221		火烧兰属 Epipactis Zinn.	火烧兰	Epipactis helleborine（L.）Crantz	1 800~2 100	林下阴湿坡地、路边	2000 年
1222		对叶兰属 Listera R. Br.	对叶兰	Neottia puberula Maxim.			2000 年
1223		斑叶兰属 Goodyera R.Br.	小斑叶兰	Goodyera repens（L.）R.Br.	1 900~2 100	林下阴湿处、岩石缝隙	2000 年
1224	兰科 Orchidaceae	绶草属 Spiranthes Rich.	绶草	Spiranthes sinensis（Pers.）Ames	1 700~2 000	林下、阴湿坡地、路边、草丛	2000 年
1225		舌唇兰属 Platanthera Rich	二叶舌唇兰	Platanthera chlorantha Cust. ex Rchb.	1 800~2 100	山坡林下、草丛中	2000 年
1226			对耳舌唇兰	Platanthera finetiana Schltr.	1 800~2 000	林下、路边、草丛	2000 年
1227		凹舌兰属 Coeloglossum Hartm.	凹舌兰	Coeloglossum viride（L.）Hartm.var. bracteatum（Willd）Richt.	1 900~2 100	坡地、林缘、林间草地	2000 年
1228		角盘兰属 Herminium Guett.	角盘兰	Herminium monorchis R.Br.	1 800	山坡草地	2000 年
1229			叉唇角盘兰	Herminium lanceum（Thunb. ex Sw.）Vuijk	1 800	林下、山坡草丛	2000 年

续表

序号	科名	属名	中文名	拉丁学名	海拔/m	分布地点/生境	最新发现时间
1230	兰科 Orchidaceae	兜被兰属 Neottianthe Schltr.	二叶兜被兰	*Neottianthe cucullata* (L.) Schltr.	1 800~1 900	林下，岩石缝潮湿的地方	2000 年
1231		头蕊兰属 Cephalanthera Rich.	长叶头蕊兰	*Cephalanthera longifolia* (L.) Fritsch	1 800	林下、路边、灌丛	2010 年

注：植物最新发现时间为2000年植被数据来源于李嘉钰、谢忭义主编的甘肃太统—崆峒山自然保护区科学考察；发现时间为2010年的植物数据来源于马正学主编的甘肃太统—崆峒山国家级自然保护区维管植物和脊椎植物多样性与保护；发现时间为2021年和2022年为此次实地考察调查数据与前两者比对后新增植物。

附录 2　自然保护区植被类型名录

序号	植被型组	植被型	群系	群丛	备注
1	针叶林	寒温性针叶林	云杉林	青扦林	
		温性针叶林	松树林	华山松林	
				油松林	
				华北落叶松林	
2	阔叶林	典型落叶阔叶林	栎林	辽东栎林	
			枫树林	色木槭林	
		山地杨桦林	杨林	山杨林	
			桦林	白桦林	
3	灌丛	落叶阔叶灌丛	蔷薇灌丛	黄刺玫灌丛	
			绣线菊灌丛	土庄绣线菊灌丛	
			沙棘灌丛	中国沙棘灌丛	
			榛灌丛	毛榛灌丛	
			小檗灌丛	甘肃小檗灌丛	
			栒子灌丛	水栒子灌丛	
			杂灌丛		

附录 3　自然保护区哺乳动物名录

序号	目名	科名	物种名	拉丁学名
1		猬科　Erinaceidae	普通刺猬	*Erinaceus europaeus* Linnaeus
2			大耳刺猬	*Hemiechinus* auritus
3	食虫目 Insectivora	鼩鼱科　Soricidae	大水鼩鼱	*Chimarrogale platycephala* Temminek
4			纹背鼩鼱	*Sorex cylindricauda* Milne-Edwards
5		鼹科　Talpidae	麝鼹	*Scaptochirus moschatus* Milne-Edwards
6			甘肃鼹鼹	*Scapanulus oweni*

续表

序号	目 名	科 名	物种名	拉丁学名
7	翼手目 Chiroptera	蝙蝠科 Vespertilionidae	普通长耳蝠	*Plecotus auritus*（Linnaeus）
8			大棕蝠	*Eptesicus serotinus*（Schreber）
9	兔形目 Lagomorpha	鼠兔科 Ochotonidae	达乌尔鼠兔	*Ochotona dauurica* Pallas
10			高山鼠兔	*Ochotona alpina*（Pallas）
11		兔科 Leporidae	蒙古兔	*Lepus tolai* Pallas
12	啮齿目 Rodentia	松鼠科 Sciuridae	隐纹花松鼠	*Tamiops swinhoei* Milne-Edwards
13			花鼠	*Eutamias sibiricus* Laxmann
14			岩松鼠	*Sciurotamias davidianus* Milne-Edwards
15			达乌尔黄鼠	*Spermophilus dauricus*
16		仓鼠科 Cricetidae	大仓鼠	*Cricetulus triton* Winton
17			黑线仓鼠	*Cricetulus barabensis* Pallas
18			灰仓鼠	*Cricetulus migratorius* Pallas
19			长尾仓鼠	*Cricetulus longicaudatus* Milne-Edwards
20			甘肃仓鼠	*Cricetulus canus*
21			中华鼢鼠	*Myospalax fontanieri* Milee-Edwards
22			东北鼢鼠	*Myospalax psilurus*
23			子午沙鼠	*Meriones meridianus*
24			东方田鼠	*Microtus fortis*
25		跳鼠科 Dipodidae	五趾跳鼠	*Allactaga sibirica* Forster
26			三趾跳鼠	*Dipus sagitta*
27		竹鼠科 Rhizomyidae	中华竹鼠	*Rhizomys sinensis* Gray
28		鼠科 Muridae	小家鼠	*Mus musculus* Linnaeus
29			褐家鼠	*Rattus norvegicus*（Berkenkout）
30			针毛鼠	*Rattus fulvescens* Gray
31			社鼠	*Rattus niviventer*（Hodgson）

续表

序号	目 名	科 名	物种名	拉丁学名
32			黑线姬鼠	*Apodemus agrarius* Pallas
33		鼠科　Muridae	中华姬鼠	*Apodemus draco* Barrett-Hamilton
34	啮齿目 Rodentia		大林姬鼠	*Apodemus peninsulae*（Temminck）
35			小林姬鼠	*Apodemus sylvaticus*（Linnaeus）
36		豪猪科 Hystricidae	豪猪	*Hystrix hodgsoni* Grag
37			青鼬	*Martes flavigula*（Boddaert）
38			石貂	*Martes foina* Erxleben
39			虎鼬	*Vormela peregusna* Guldenstaedt
40			黄鼬	*Mustela sibirica* Pallas
41		鼬科　Mustelidae	艾鼬	*Mustela eversmanni* Lesson
42			香鼬	*Mustela altaica*
43			水獭	*Lutra lutra*（Linnaeus）
44	食肉目 Carnivora		狗獾	*Meles meles*（Linnaeus）
45			猪獾	*Arctonyx collaris* T.Cuvier
46			豹	*Panthera pardus* Linnaeus
47		猫科　Telidae	金猫	*Profelis temmincki* Vigors et Horsfield
48			豹猫	*Felis bengalensis*
49		犬科　Canidae	狼	*Canis lupus* Linnaeus
50			赤狐	*Vulpes vulpes* Linnaeus
51		灵猫科 Viverridae	果子狸	*Paguma larvata*
52		猪科　Suidae	野猪	*Sus scrofa* Linnaeus
53	偶蹄目 Artiodatyla	麝科 Moschidae	林麝	*Moschus berezovskii* Flerov
54		鹿科　Cervidae	梅花鹿	*Cervus nippon*
55			狍	*Capreolus capreolus* Linnaeus

附录4　自然保护区鸟类动物名录

序号	目　名	科　名	物种名	拉丁学名
1			石鸡	*Alectoris chukar*
2			大石鸡	*Alectoris magna*
3			斑翅山鹑	*Perdix dauurica*
4	鸡形目 Galliformes	雉科　Phasianidae	鹌鹑	*Coturnix japonica*
5			勺鸡	*Pucrasia macrolopha*
6			环颈雉	*Phasianus colchicus*
7			红腹锦鸡	*Chrysolophus pictus*
8			鸿雁	*Anser cygnoid*
9			豆雁	*Anser fabalis*
10			灰雁	*Anser anser*
11			大天鹅	*Cygnus cygnus*
12			赤麻鸭	*Tadorna ferruginea*
13			鸳鸯	*Aix galericulata*
14			赤膀鸭	*Mareca strepera*
15			赤颈鸭	*Mareca penelope*
16	雁形目 AnseriFormes	鸭科　Anatidae	绿头鸭	*Anas platyrhynchos*
17			斑嘴鸭	*Anas zonorhyncha*
18			绿翅鸭	*Anas crecca*
19			白眉鸭	*Spatula querquedula*
20			红头潜鸭	*Aythya ferina*
21			白眼潜鸭	*Aythya nyroca*
22			凤头潜鸭	*Aythya fuligula*
23			斑头秋沙鸭	*Mergellus albellus*
24			普通秋沙鸭	*Mergus merganser*
25	䴙䴘目 Podicipedtormes	䴙䴘科 Podicipedidae	小䴙䴘	*Tachybaptus ruficollis*

续表

序号	目名	科名	物种名	拉丁学名
26			原鸽	*Columba livia*
27			岩鸽	*Columba rupestris*
28	鸽形目 Columbiformes	鸠鸽科 Columbidae	斑林鸽	*Columba hodgsonii*
29			山斑鸠	*Streptopelia orientalis*
30			灰斑鸠	*Streptopelia decaocto*
31			火斑鸠	*Streptopelia tranquebarica*
32			珠颈斑鸠	*Streptopelia chinensis*
33	雨燕目 Apodiformes	雨燕科 Apodidae	普通雨燕	*Apus apus*
34			白腰雨燕	*Apus pacificus*
35	鹃形目 Strgiformes	杜鹃科 Cuculidae	噪鹃	*Eudynamys scolopaceus*
36			四声杜鹃	*Cuculus micropterus*
37			中杜鹃	*Cuculus saturatus*
38			大杜鹃	*Cuculus canorus*
39	鸨形目 Otidiformes	鸨科 Otidae	大鸨	*Otis tarda*
40	鹤形目 Gruiformes	秧鸡科 Rallidae	普通秧鸡	*Rallus indicus*
41			白胸苦恶鸟	*Amaurornis phoenicurus*
42			黑水鸡	*Gallinula chloropus*
43			白骨顶	*Fulica atra*
44		鹤科 Gruidae	灰鹤	*Grus grus*
45	鸻形目 Charadriiformes	鹮嘴鹬科 Ibidorhynchidae	鹮嘴鹬	*Ibidorhyncha struthersii*
46		鸻科 Charadriidae	凤头麦鸡	*Vanellus vanellus*
47			灰头麦鸡	*Vanellus cinereus*
48			剑鸻	*Charadrius hiaticula*
49			金眶鸻	*Charadrius dubius*
50			环颈鸻	*Charadrius alexandrinus*
51		彩鹬科 Rostratulidae	彩鹬	*Rostratula benghalensis*

续表

序号	目 名	科 名	物种名	拉丁学名
52			丘鹬	*Scolopax rusticola*
53			针尾沙锥	*Gallinago stenura*
54			青脚鹬	*Tringa nebularia*
55	鸻形目 Charadriiformes	鹬科 Scolopacidae	白腰草鹬	*Tringa ochropus*
56			林鹬	*Tringa glareola*
57			矶鹬	*Actitis hypoleucos*
58			青脚滨鹬	*Calidris temminckii*
59			长趾滨鹬	*Calidris subminuta*
60	鸥形目 Lariformes	鸥科 Laridae	普通燕鸥	*Sterna hirundo*
61	鹳形目 Ciconiiformes	鹳科 Ciconiidae	黑鹳	*Ciconia nigra*
62	鲣鸟目 Suliformes	鸬鹚科 Phalacrocoracidae	普通鸬鹚	*Phalacrocorax carbo*
63		鹮科 Threskiornithidae	白琵鹭	*Platalea leucorodia*
64			池鹭	*Ardeola bacchus*
65			牛背鹭	*Bubulcus ibis*
66	鹈形目 Pelecaniformes		苍鹭	*Ardea cinerea*
67		鹭科 Ardeidae	草鹭	*Ardea purpurea*
68			大白鹭	*Ardea alba*
69			中白鹭	*Ardea intermedia*
70			白鹭	*Egretta garzetta*
71			秃鹫	*Aegypius monachus*
72			草原雕	*Aquila nipalensis*
73	鹰形目 Accipitriformes	鹰科 Accipitridae	金雕	*Aquila chrysaetos*
74			雀鹰	*Accipiter nisus*
75			苍鹰	*Accipiter gentilis*
76			白尾鹞	*Circus cyaneus*

续表

序号	目 名	科 名	物种名	拉丁学名
77			黑鸢	*Milvus migrans*
78	鹰形目 Accipitriformes	鹰科 Accipitridae	大鵟	*Buteo hemilasius*
79			普通鵟	*Buteo japonicus*
80			红角鸮	*Otus sunia*
81	鸮形目 Strigiformes	鸱鸮科 Strgidae	雕鸮	*Bubo bubo*
82			纵纹腹小鸮	*Athene noctua*
83			长耳鸮	*Asio otus*
84	犀鸟目 Bucerotiformes	戴胜科 Upupidae	戴胜	*Upupa epops*
85			蓝翡翠	*Halcyon pileata*
86	佛法僧目 Coraciiformes	翠鸟科 Alcedinidae	普通翠鸟	*Alcedo atthis*
87			冠鱼狗	*Megaceryle lugubris*
88			蚁䴕	*Jynx torquilla*
89			星头啄木鸟	*Dendrocopos canicapillus*
90			赤胸啄木鸟	*Dendrocopos cathpharius*
91	䴕形目 Picifomes	啄木鸟科 Picidae	大斑啄木鸟	*Dendrocopos major*
92			灰头绿啄木鸟	*Picus canus*
93			红隼	*Falco tinnunculus*
94			红脚隼	*Falco amurensis*
95	隼形目 Falconiformes	隼科 Falconidae	燕隼	*Falco subbuteo*
96			游隼	*Falco peregrinus*
97		黄鹂科 Oriolidae	黑枕黄鹂	*Oriolus chinensis*
98		山椒鸟科 Campephagidae	暗灰鹃鵙	*Lalage melaschistos*
99	雀形目 Passeriformes		长尾山椒鸟	*Pericrocotus ethologus*
100		卷尾科 Dicruridae	黑卷尾	*Dicrurus macrocercus*
101		王鹟科 Monarchidae	寿带	*Terpsiphone paradisi incei* Gould

续表

序号	目 名	科 名	物种名	拉丁学名
102			牛头伯劳	*Lanius bucephalus*
103			红尾伯劳	*Lanius cristatus*
104		伯劳科 Laniidae	灰背伯劳	*Lanius tephronotus*
105			灰伯劳	*Lanius excubitor*
106			楔尾伯劳	*Lanius sphenocercus*
107			松鸦	*Garrulus glandarius*
108			灰喜鹊	*Cyanopica cyanus*
109			红嘴蓝鹊	*Urocissa erythroryncha*
110			喜鹊	*Pica pica*
111			星鸦	*Nucifraga caryocatactes*
112		鸦科 Corvidae	红嘴山鸦	*Pyrrhocorax pyrrhocorax*
113			寒鸦	*Corvus monedula*
114			达乌里寒鸦	*Corvus dauuricus*
115	雀形目		秃鼻乌鸦	*Corvus frugilegus*
116	Passeriformes		小嘴乌鸦	*Corvus corone*
117			大嘴乌鸦	*Corvus macrorhynchos*
118			黑冠山雀	*Periparus rubidiventris*
119			煤山雀	*Periparus ater*
120			黄腹山雀	*Pardaliparus venustulus*
121			沼泽山雀	*Poecile palustris*
122		山雀科 Paridae	褐头山雀	*Poecile montanus*
123			地山雀	*Pseudopodoces humilis*
124			大山雀	*Parus cinereus*
125			绿背山雀	*Parus monticolus*
126			细嘴短趾百灵	*Calandrella acutirostris*
127		百灵科 Alaudidae	短趾百灵	*Alaudala cheleensis*
128			凤头百灵	*Galerida cristata*
129			云雀	*Alauda arvensis*

续表

序号	目 名	科 名	物种名	拉丁学名
130		百灵科 Alaudidae	小云雀	*Alauda gulgula*
131		苇莺科 Acrocephalidae	大苇莺	*Acrocephalus arundinaceus*
132			东方大苇莺	*Acrocephalus orientalis*
133		燕科 Hirundinidae	家燕	*Hirundo rustica*
134			毛脚燕	*Delichon urbicum*
135			烟腹毛脚燕	*Delichon dasypus*
136			金腰燕	*Cecropis daurica*
137		鹎科 Pycnonotidae	白头鹎	*Pycnonotus sinensis*
138			褐柳莺	*Phylloscopus fuscatus*
139		柳莺科 Phylloscopidae	黄腹柳莺	*Phylloscopus affinis*
140			棕眉柳莺	*Phylloscopus armandii*
141			甘肃柳莺	*Phylloscopus kansuensis*
142	雀形目 Passeriformes		云南柳莺	*Phylloscopus yunnanensis*
143			黄腰柳莺	*Phylloscopus proregulus*
144			暗绿柳莺	*Phylloscopus trochiloides*
145			冠纹柳莺	*Phylloscopus claudiae*
146		树莺科 Cettiidae	远东树莺	*Horornis canturians*
147			强脚树莺	*Horornis fortipes*
148		长尾山雀科 Aegithalidae	银喉长尾山雀	*Aegithalos glaucogularis*
149			银脸长尾山雀	*Aegithalos fuliginosus*
150		莺鹛科 Sylviidae	中华雀鹛	*Fulvetta striaticollis*
151			褐头雀鹛	*Fulvetta cinereiceps*
152			山鹛	*Rhopophilus pekinensis*
153			白眶鸦雀	*Sinosuthora conspicillata*
154			棕头鸦雀	*Sinosuthora webbiana*
155		绣眼鸟科 Zosteropidae	白领凤鹛	*Yuhina diademata*
156			红胁绣眼鸟	*Zosterops erythropleurus*

序号	目 名	科 名	物种名	拉丁学名
157		绣眼鸟科 Zosteropidae	暗绿绣眼鸟	*Zosterops japonicus*
158		噪鹛科 Leiothrichidae	山噪鹛	*Garrulax davidi*
159			白颊噪鹛	*Garrulax sannio*
160			橙翅噪鹛	*Trochalopteron elliotii*
161		䴓科 Sittidae	普通䴓	*Sitta europaea*
162			黑头䴓	*Sitta villosa*
163			红翅旋壁雀	*Tichodroma muraria*
164		椋鸟科 Sturnidae	八哥	*Acridotheres cristatellus*
165			灰椋鸟	*Spodiopsar cineraceus*
166			北椋鸟	*Agropsar sturninus*
167			紫翅椋鸟	*Sturnus vulgaris*
168	雀形目 Passeriformes	鸫科 Turdidae	虎斑地鸫	*Zoothera aurea*
169			灰翅鸫	*Turdus boulboul*
170			乌鸫	*Turdus mandarinus*
171			灰头鸫	*Turdus rubrocanus*
172			赤颈鸫	*Turdus ruficollis*
173			斑鸫	*Turdus eunomus*
174			宝兴歌鸫	*Turdus mupinensis*
175		鹟科 Muscicapidae	红喉歌鸲	*Calliope calliope*
176			白腹短翅鸲	*Luscinia phoenicuroides*
177			红胁蓝尾鸲	*Tarsiger cyanurus*
178			白喉红尾鸲	*Phoenicuropsis schisticeps*
179			赭红尾鸲	*Phoenicurus ochruros*
180			黑喉红尾鸲	*Phoenicurus hodgsoni*
181			北红尾鸲	*Phoenicurus auroreus*
182			红腹红尾鸲	*Phoenicurus erythrogastrus*
183			红尾水鸲	*Rhyacornis fuliginosa*

序号	目　名	科　名	物种名	拉丁学名
184			白顶溪鸲	*Chaimarrornis leucocephalus*
185			紫啸鸫	*Myophonus caeruleus*
186			黑喉石䳭	*Saxicola maurus*
187			沙䳭	*Oenanthe isabellina*
188		鹟科 Muscicapidae	白顶䳭	*Oenanthe pleschanka*
189			白背矶鸫	*Monticola saxatilis*
190			白背矶鸫	*Monticola saxatilis*
191			蓝矶鸫	*Monticola solitarius*
192			栗腹矶鸫	*Monticola rufiventris*
193		岩鹨科 Prunellidae	棕胸岩鹨	*Prunella strophiata*
194		朱鸦科 Urocynchramidae	朱鸦	*Urocynchramus pylzowi*
195	雀形目 Passeriformes	雀科　Fringillidae	山麻雀	*Passer cinnamomeus*
196			麻雀	*Passer montanus*
197			黄鹡鸰	*Motacilla tschutschensis*
198			黄头鹡鸰	*Motacilla citreola*
199		鹡鸰科 Motacillidae	灰鹡鸰	*Motacilla cinerea*
200			白鹡鸰	*Motacilla alba*
201			田鹨	*Anthus richardi*
202			粉红胸鹨	*Anthus roseatus*
203			燕雀	*Fringilla montifringilla*
204			锡嘴雀	*Coccothraustes coccothraustes*
205			灰头灰雀	*Pyrrhula erythaca*
206		燕雀科 Fringillidae	普通朱雀	*Carpodacus erythrinus*
207			酒红朱雀	*Carpodacus vinaceus*
208			长尾雀	*Carpodacus sibiricus*
209			北朱雀	*Carpodacus roseus*

序号	目 名	科 名	物种名	拉丁学名
210		燕雀科 Fringillidae	金翅雀	*Chloris sinica*
211			蓝鹀	*Emberiza siemsseni*
212	雀形目		白头鹀	*Emberiza leucocephalos*
213	Passeriformes	鹀科 Emberizidae	灰眉岩鹀	*Emberiza godlewskii*
214			三道眉草鹀	*Emberiza cioides*
215			小鹀	*Emberiza pusilla*
216			黄喉鹀	*Emberiza elegans*

附录 5　自然保护区爬行动物名录

序号	目 名	科 名	属 名	物种名	拉丁学名
1	龟鳖目 Tesudinata	龟科 Testudinidae	乌龟属 Chinemys	乌龟	*Chinemys reevesii*
2		鳖科 Trionychidae	鳖属 Trionyx	鳖	*Trionyx sinensis*
3		石龙子科 Scincidae	滑蜥属 Scincella	秦岭滑蜥	*Leiolopisma tsinlingensis*
4			石龙子属 Eumeces	黄纹石龙子	*Scincella tsinlingensis*
5			麻蜥属 Eremias	丽斑麻蜥	*Eremias argus*
6		蜥蜴科 Iacertidae		密点麻蜥	*Eremias multiocellata*
7	有鳞目 Squamata		草蜥属 Takydromus	北草蜥	*Takydromus septentrionalis*
8		壁虎科 Gekkonidae	壁虎属 Gekko	无蹼壁虎	*Gekko swinhonis*
9			锦蛇属 Elaphe	双斑锦蛇	*Elaphe bimaculata*
10		游蛇科 Colubridae	颈槽蛇属 Rhabdophis	虎斑颈槽蛇	*Rhobdophis tigrina lateralis*
11				颈槽蛇	*Rhobdophis nuchalis nuchalis*
12			锦蛇属 Elaphe	白条锦蛇	*Elaphe dione*

续表

序号	目 名	科 名	属 名	物种名	拉丁学名
13			游蛇属 Coluber	黄脊游蛇	*Coluber spinalis*
14		游蛇科 Colubridae	脊蛇属 Achalinus	黑脊蛇	*Achalinus spinalis*
15	有鳞目 Squamata		剑蛇属 Sibynophis	黑头剑蛇	*Sibynophis chinensis*
16			斜鳞蛇属 Pseudoxenodon	斜鳞蛇中华亚种	*Pseudoxenodon macrops sinensis*
17			蝮蛇属 Agkistrodon	高原蝮	*Gloydius strauchi*
18		蝰科 Viperidae		蝮蛇	*Agkistrodon halys*
19			烙铁头属 Trimeresurus	菜花烙铁头	*Trimeresurus jerdonii*

附录6 自然保护区两栖动物名录

序号	目 名	科 名	物种名	拉丁学名
1	有尾目 Urodela	隐鳃鲵科 Cryptobranchidae	大鲵	*Megalobatrachus davidianus*
2		小鲵科 Hynobiidae	西藏山溪鲵	*Batrachuperus tibetanus*
3		蟾蜍科 Bufonidae	岷山蟾蜍	*Bufo bufo minshanicus*
4			花背蟾蜍	*Bufo raddei*
5	无尾目 Anura		华西蟾蜍	*Bufo andrewsi*
6		锄足蟾科 Pelobatidae	六盘齿突蟾	*Scutiger liupanensis*
7		蛙科 Ranidae	中国林蛙	*Rana chensinensis*
8			黑斑侧褶蛙	*Pelophylax nigromaculata*

附录 7　自然保护区鱼类动物名录

序号	目　名	科　名	物种名	拉丁学名
1	鲑形目 Salmoniformes	鲑科 Salmonidae	虹鳟	*Salmo gairdneri*
2			秦岭细鳞鲑	*Brachymystax lenok tsinlingensis*
3	鲤形目 Cypriniformes	鳅科　Cobitidae	大鳞副泥鳅	*Paramisgurnus dabryanus*
4			斯氏高原鳅	*Triplophysa stolioczkae*
5			达里湖高原鳅	*Triplophysa dalaica*
6			后鳍高原鳅	*Triplophysa postventralis*
7			背斑高原鳅	*Triplophysa dorsonotata*
8			前鳍高原鳅	*Triplophysa anterodorsalis*
9			陕西高原鳅	*Triplophysa shaanxiensis*
10			泥鳅	*Misgurnus anguillicaudatus*
11		鲤科 Cyprinidae	马口鱼	*Opsariichthys bidens*
12			平鳍鳅鮀	*Gobiobotia homalopteroidea*
13			青鱼	*Mylopharyngodon piceus*
14			草鱼	*Ctenopharyngodon idellus*
15			鲢鱼	*Hypophthalmichthys molitrix*
16			鳙鱼	*Aristichthys nobilis*
17			拉氏鱥	*Phoxinus lagowskii*
18			东北雅罗鱼	*Leuciscus waleckii*
19			鳌条鱼	*Hemiculter laucisculus*
20			中华鳑鲏鱼	*Rhodens sinensis*
21			团头鲂	*Megalobrama amblycephala*
22			麦穗鱼	*Pseudorasbora parva*
23			棒花鱼	*Abbottina rivularis*
24			鲤鱼	*Cyprinus carpio*
25			鲫鱼	*Carassius auratus*
26	鲈形目 Perciformes	虾虎鱼科 Gobiidae	波氏吻虾虎鱼	*Ctenogobius cliffordpopei*
27		塘鳢科 Eleotridae	小黄黝鱼	*Micropercops swinhonis*

附录 8　自然保护区昆虫动物名录

序号	目名	科名	物种名
1	蜻蜓目 Odonata	蟌科 Gaenagridae	豆娘 *Enallagirion hieroglyphicum* Brauer
2		蜓科 Aeshnidae	蜻蜓 *Aeschma melanictera* Selys
3	蜚蠊目 Blattaria	鳖蠊科 Cydiidae	中华地鳖 *Eupolyphaga sinenesis* Walker
4	脉翅目 Neuroptera	草蛉科 Chrysopidae	大草蛉 *Chrysopa septemppuntta* Wesmael
5			叶色草蛉 *Chrysopa phyllochrom* Wesmael
6			丽草蛉 *Chrysopa formosa* Brauer
7			中华草蛉 *Chrysopa sinica* Tjeder
8		蝶角蛉科 Ascalaphidae	黄花蝶角蛉 *Ascalapus sibiricus* Evermann
9		蚁蛉科 Myrmeleontidae	褐纹树蚁蛉 *Dendroleon pantherius* Fabricius
10			中华东蚁蛉 *Euroleon sinicus*（Navas）
11	螳螂目 Mantodae	螳螂科 Mantidae	中华大刀螳 *Tonderaca Sinensis* Saussuer
12	直翅目 Orthoptera	蝗科 Locustidae	中华蚱蜢 *Acrida cinerea* Thunberg
13			红翅皱膝蝗 *Angaracris rhodopa*（Fishe-waldheim）
14			短额负蝗 *Atractomorpha sinensis* Bolivar
15			青海痂蝗 *Bryodema miramae miramae* B.-Bienko
16			黄胫异痂蝗 *Bryodemella holdereri holdereri*（Krauss）
17			赤翅蝗 *Celes skalozubovi* Adel
18			青脊竹蝗 *Ceracris nigriconis nigriconis* Walker
19			华北雏蝗 *Chorthippus brunneus huabeiensis* Xia et Jin
20			白纹雏蝗 *Chorthippus albonemus* Cheng et Tu
21			黑翅雏蝗 *Chorthippus aehalinus*（Zub.）
22			小翅雏蝗 *Chorthippus fallax*（Zub.）
23			中华雏蝗 *Chorthippus chinensis* Tarbinsky
24			东方雏蝗 *Chorthippus intermedius*（B.-Bienko）
25			夏氏雏蝗 *Chorthippus hsiai* Cheng et Tu

续表

序号	目名	科名	物种名
26			大垫尖翅蝗 *Epacromius coerulipes*（Lvan）
27			素色异爪蝗 *Euchorthippus unicolor*（Ikonn）
28			邱氏异爪蝗 *Euchorthippus cheui* Hsia
29			裴氏短鼻蝗 *Filchnerella beicki* Ramme
30			李氏大足蝗 *Gomphocerus licenti*（Chang）
31			方异距蝗 *Heteropternis respondens*（Walker）
32			东亚飞蝗 *Locusta migratoria manilensis*（Meyen）
33		蝗科 Locustidae	日本鸣蝗 *Mongolotettix japonicus*（I.Bol.）
34			黄胫小车蝗 *Oedaleus infernalis* Saussure
35			红腰牧草蝗 *Omocestus haemorrhoidalis*（Sharp）
36	直翅目 Orthoptera		宽翅曲背蝗 *Pararcyptera microptera meridionalis*（Lkonn）
37			长翅草绿蝗 *Parapleurus alliaceus turanicus* Tarbinsky
38			黄翅踵蝗 *Pternoscirta calligiginosa*（De Haan）
39			蒙古束颈蝗 *Sphingonotus mongolicus* Saussure
40			疣蝗 *Trilophidia annulata*（Thunherg）
41			突眼蚱 *Ergatettix dorsiferus*（Walker）
42		菱蝗科 Tetrigidae	日本蚱 *Tetrix japonica*（Bol.）
43			隆背蚱 *Tetrix tartara*（Bol.）
44		蝼蛄科 Gryllotalpidae	非洲蝼蛄 *Gryllotalpa africana* Pal.de Beauvois
45			华北蝼蛄 *Gryllotolpa unispina* Sauss
46		螽斯科 Tettigoniidae	绿螽斯 *Holochlora nawae* Mats et Shiruki
47		蟋蟀科 Gryllidae	油葫芦 *Grylluls testaceus* Walker
48		龟蝽科 Plataspidae	亚铜平龟蝽 *Brachyplatys subaeneu*（Westwood）
49	半翅目 Hemiptera		尖头麦蝽 *Aelia acuminata*（Linnaeus）
50		蝽科 Pentatomidae	红云蝽 *Agronoscelis femoralis* Walker
51			红角辉蝽 *Carbula obtusangule* Reuter
52			斑须蝽 *Dolycoris baccarum*（Linnaeus）

续表

序号	目　名	科　名	物种名
53			宽肩直同蝽 *Elasmostethus humeralis* Jakovlev
54			扁盾蝽 *Eurygaster testudinarius* （Geoffroy）
55			横纹菜蝽 *Eurydema gebleri* Kolenati
56			赤条蝽 *Graphosoma rubrolineata* Westwood
57			黑真蝽 *Pentatoma nigra* Hsiao et Cheng
58			日本真蝽 *Pentatoma japonica* Distant
59			褐真蝽 *Pentatoma armandi* Fallou
60		蝽科 Pentatomidae	红足真蝽 *Pentafoma rufipes* （Linnaeus）
61			腹缘点碧蝽 *Palomena limbata* Jakovlev
62			绒盾蝽 *Irochrotus mongolicus* Jakovlev
63			舌蝽 *Neotiiglossa* sp.
64			益蝽 *Picromerus lewisi* Scott
65			金绿宽盾蝽 *Poecilocori lewisi*（Distant）
66	半翅目		沟盾蝽 *Solenostethium rubropunctatum* （Guerin）
67	Hemiptera		梨蝽 *Urochela falloui* Beuter
68		姬猎蝽科 Nabidae	小姬猎蝽 *Nabis mimoferus* Hsiao
69			短斑普猎蝽 *Oncoephalus confusus* Hsiao
70		猎蝽科 Reduviidae	双环真猎蝽 *Harpactor dauricus* Kiritckeke
71			黑腹猎蝽 *Reduvius fasciatus* Reuter
72		缘蝽科 Coridae	棕长缘蝽 *Megalotomus castaneus* Reuter
73		长蝽科 Lygaeidae	横带红长蝽 *Lygaeus equestris* （Linnaeus）
74			角红长蝽 *Lygaeus hanseni* Jakovlev
75			苜蓿盲蝽 *Adelphocoris lineolatus* （Goeze）
76			三点盲蝽 *Adelphocoris fasiatiollis* Ketter
77		盲蝽科 Miridae	牧草盲蝽 *Lygus pratensis* （Linnaeus）
78			绿草盲蝽 *Lygus lucorum* Meyer-Dur
79			枸杞黑盲蝽 *Lygus* Sp.
80		异蝽科 Urostylidae	短壮异蝽 *Urochela falloui* Rutter

续表

序号	目名	科名	物种名
81	半翅目 Hemiptera	黾蝽科 Gerridae	水黾 *Aquariam paludum* Fabricius
82		尺蝽科 Hydrometridae	尺蝽 *Hydrometra albolineata* Scott
83	同翅目 Homoptera	蝉科 Cicadidae	蚱蝉 *Cryptotympana pustulata* （Fahr.）
84			鸣鸣蝉 *Oncotympana maculicollis* Motsch
85		蜡蝉科 Fulgoroidae	斑衣蜡蝉 *Lycorma delicatula* White
86		沫蝉科 Cercopidae	尖胸柳沫蝉 *Aphrophora costalis* Matsumura
87		叶蝉科 Cicadellidae	大青叶蝉 *Tettigoniella virids* （Linne）
88		象蝉科 Dictyophoridae	中华象蜡蝉 *Dictyophara sinica* Walker
89	毛翅目 Trichoptera	石蛾科 Phrygaeidae	花翅大石蛾 *Neuronia* sp.
90		凤蝶科 Papilionidae	柑橘凤蝶 *Papilio xuthus* Linnaeus
91			黄凤蝶 *Papilio machaon* Linnaeus
92			碧凤蝶 *Papilio bianor* Cramer
93			黑凤蝶 *Papilio bianor* Cramer
94			丝带凤蝶 *Sericenus teamon* Donoven
95		眼蝶科 Satyridae	白眼蝶 *Arge halimede* Menetries
96			黑化白眼蝶 *Arge halimede lagens* Honr
97			珍眼蝶 *Coenonympha amaryllis* Cramer
98			红眶眼蝶 *Erebia alcmene* Gr-Grsh
99			多眼蝶 *Kirinia epaminondes* Staudinger
100			星斗眼蝶 *Lasiommata cetana* Leech
101			斗眼蝶 *Lasiommata deidamia* Fversmam
102			蛇眼蝶 *Minois dryas* Linnaeus
103			链眼蝶 *Neope goschkevitschii* Menetries
104			黑链眼蝶 *Neope agrestis* Oberthur
105			赭带眼蝶 *Satyras hyppolyte* Esper
106			矍眼蝶 *Ypthima baldus* Fabricisu
107			幽矍眼蝶 *Ypthima conjuhcta* Leech
108			云眼蝶 *Zophoessa hella* Leech

续表

序号	目名	科名	物种名
109		眼蝶科 Satyridae	白点艳眼蝶 *Callerebia albipuncta* Leeth
110			苹粉蝶 *Aporia crategi* Linnaeus
111			小襞绢粉蝶 *Aporia hippa* Bremer
112			带纹苹粉蝶 *Aporia venata* Leech
113			豆粉蝶 *Colias hyale* Linnaeus
114			橙黄粉蝶 *Colias electo* Linnaeus
115			丫纹苹粉蝶 *Davidia alticola* Leech
116		粉蝶科 Pieridae	宽边小黄粉蝶 *Eurema hecabe* Linnaeus
117			角翅粉蝶 *Gonepteryx rhamni* Linnaeus
118			尖钩粉蝶 *Gonepteryx mahaguru*（Gistel）
119			条纹小粉蝶 *Leptidea sinapsis* Linnaeus
120			云斑粉蝶 *Pontia daplidice* Linnaeus
121			黑脉粉蝶 *Pieris melete* Menetries
122	毛翅目		菜粉蝶 *Pieris rapae* Linnaeus
123	Trichoptera		鼠李粉蝶 *Gonepteryx rhamini* Linnaeus
124			琉璃灰蝶 *Celastrina argiolus* Linnaeus
125			橙灰蝶 *Chrysopharnus dispar* Haworth
126			艳灰蝶 *Favnius jesoehsis* Matsumua
127			黄灰蝶 *Japonica lutea* Hewitson
128			银线黄灰蝶 *Japonica thespis* Leech
129			珠灰蝶 *Lycaeides argyrognomon* Bergstrasser
130		灰蝶科 lycaenidae	红灰蝶 *Lycaena phlaeas* Linnaeus
131			豆灰蝶 *Plebejus argus* Linnaeus
132			燕灰蝶 *Rapala nissa* Kollar
133			珞灰蝶 *Scolitantides orion* Pallas
134			乌灰蝶 *Strymonidia walbum* Knock
135			线灰蝶 *Thechla eximia* Fixsen
136			红斑线灰蝶 *Thechla valbum* Oberthur

续表

序号	目 名	科 名	物种名
137			荨麻蛱蝶 *Aglais urticae* Linnaeus
138			大闪蛱蝶 *Apatura schrenckii* Menetries
139			柳紫闪蛱蝶 *Apatura ilia* Schiff-Denis
140			绿豹蛱蝶 *Argynnis paphia* Linnaeus
141			斐豹蛱蝶 *Argynnis hyperbius* Linnaeus
142			红豹蛱蝶 *Argyronome ruslana* Motschulsky
143			老豹蛱蝶 *Argyronome laodice* Pall
144			小豹蛱蝶 *Brenthis daphne ochroleuca* Fruhostorfer
145			灰珠蛱蝶 *Clossiana pales polina* Fruhstorfer
146			绿蛱蝶 *Diagora viridis* Leech
147			捷豹蛱蝶 *Fabriana adippe* vorax Butler
148			蟾豹蛱蝶 *Fabriana nerippe* Felder
149			灿豹蛱蝶 *Fabriana adippe* Linnaeus
150	毛翅目	蛱蝶科 Nymphalidae	大豹蛱蝶 *Fabriana childreni* Gray
151	Trichoptera		褐脉蛱蝶 *Hestina nama melanina* Oberthur
152			孔雀蛱蝶 *Inachis io*
153			琉璃蛱蝶 *Kaniska canacae* Linnaeus
154			红线蛱蝶 *Limenitis populi* Linnaeus
155			折线蛱蝶 *Limenitis sydyi* Led.
156			缘线蛱蝶 *Limenitis latefasciafa* Menetris
157			线蛱蝶 *Limenitis helmanni duplieata* Staudinger
158			大网蛱蝶 *Melitaea scotosia* Butler
159			网蛱蝶 *Melitaea proromedia* Menetiries
160			东北网蛱蝶 *Melitaea mandschurica* Seitz
161			罗网蛱蝶 *Melitaea romanovi* Bremer et Gray
162			斑网蛱蝶 *Melitaea didyma* Staudinger
163			重环蛱蝶 *Neptis alwina dejeani* Oberthur
164			黄环蛱蝶 *Neptis themis* Leech

续表

序号	目名	科名	物种名
165			单环蛱蝶 *Neptis coenobita insularum* Fruhstorfor
166			链环蛱蝶 *Neptis pryeri* Butler
167			朱蛱蝶 *Nymphalis xanthomelas* Linnaeus
168			长眉蛱蝶 *Pantoporia* sp.
169		蛱蝶科 Nymphalidae	眉蛱蝶 *Pantoporia disjucta* Leech
170			白钩蛱蝶 *Polygonia calbum bemigera* Butler
171			猫蛱蝶 *Timelaea maculata* Bremer et Gray
172			大红蛱蝶 *Vanessa indica* Linnaeus
173			小红蛱蝶 *Vanessa cardui* Linnaeus
174			星点弄蝶 *Muschampia tessellum* （Habne）
175			小赭弄蝶 *Ochlodes sylvanus* Esper
176			赭弄蝶 *Ochlodes subhyalina* Bremer
177		弄蝶科 Hesperiidae	直纹稻弄蝶 *Parnara guttata* Bremer
178	毛翅目		曲纹黄弄蝶 *Patanthus flavus* Marray
179	Trichoptera		花弄蝶 *Pyrgus maculata* Bremer
180			黑豹弄蝶 *Thymericus sylvaticus* Bremer
181			朴喙蝶 *Libythea celtis chinensis* Fruhstorfer
182		喙蝶科 Libytheidae	绿灰蝶 *Tavonius cognatus* Staudinger
183			鸟灰蝶 *Steymonidia walbum* Knoch
184			线灰蝶 *Thecla eximia* Fixsen
185		绢蝶科 Parnassiidae	小红珠绢蝶 *Parnassius bremeri graeseri* Horn
186			鬼脸天蛾 *Acherontia lachesis* Fabricius
187			芝麻鬼脸天蛾 *Acherontia styx* Westwood
188			葡萄天蛾 *Amepelophaga rubiginosa rubiginosa* Bremer
189		天蛾科 Sphingidae	黄脉天蛾 *Amorpha amurensis* Staudinger
190			榆绿天蛾 *Callambulyx tatarinovi* Bremer
191			洋槐天蛾 *Clanis deucalion* Walker
192			南方豆天蛾 *Clanis bilineata bilineata* Walker

续表

序号	目 名	科 名	物种名
193			豆天蛾 *Clanis bilineata tsingtauica* Mell
194			绒星天蛾 *Dolbina tancrei* Staudinger
195			川海黑边天蛾 *Haemorrhagia fuciformis ganssuensis* Gr. Grsch
196			大黑边天蛾 *Haemorrhagia alternata* Butler
197			后黄黑边天蛾 *Haemorrhagia radians* Walker
198			白薯天蛾 *Herse convolvuli* Linnaeus
199			松黑天蛾 *Hyloricus caligineus sinicus* Rothschild et Jordan
200			白须天蛾 *Kentrochysalis sieversi* Alpheraky
201			小豆长喙天蛾 *Macroglossum stellatarum* （Linnaeus）
202			黑长喙天蛾 *Macroglossum pyrrhosticta* （Butler）
203			菩提六点天蛾 *Marumba jankowskii* （Oberthur）
204	毛翅目 Trichoptera	天蛾科 Sphingidae	梨六点天蛾 *Marumba gaschkewitschi complacens* Walker
205			桃六点天蛾 *Marumba gaschkewitschii* Bremer et Grey
206			栗六点天蛾 *Marumba sperchius* Menentries
207			桃天蛾 *Marumba gaschkewitschii echephro* Boisduval
208			大背天蛾 *Meganoton analis* Felder
209			鹰翅天蛾 *Oxyambulyx ochracea* Butler
210			构星天蛾 *Parum colligata saturata* Clark
211			红天蛾 *Pergesa elpenor lewisi* Butler
212			紫光盾天蛾 *Phyllospingia dissimilis sinensis* Jordan
213			霜天蛾 *Psilogramma menephron* Cramer
214			绒天蛾 *Rhagastis mongoliana* Butler
215			蓝目天蛾 *Smerithus planus planus* Walker

续表

序号	目 名	科 名	物种名
216		天蛾科 Sphingidae	红节天蛾 *Sphinx ligustri constricta* Butler
217			雀纹天蛾 *Theretra japonica* Orza
218			杨二尾舟蛾 *Cerura menciana* Moore
219			黑带尾舟蛾 *Cerura vinula felina* （Butler）
220			杨扇舟蛾 *Clostera anachoireta* （Fabricius）
221			迥舟蛾 *Disparia variegata* （Witeman）
222			污灰上舟蛾 *Epinotodonta griseotincta* Kiriakoff
223			角翅舟蛾 *Gonoclostera timonides* （Bremer）
224			怪舟蛾 *Hagapteryx admirabilis* （Stauginger）
225			榆白边舟蛾 *Nericoides davidi*（Oberthur）
226			小白边舟蛾 *Nericoides minor* Cai
227		舟蛾科 Notodontidae	仿齿舟蛾 *Odontosiana schistacea* Kiriakff
228			糙内斑舟蛾 *Peridea trachitso* Oberthiur
229	毛翅目 Trichoptera		扇内斑舟蛾 *Peridea graham* Schaus
230			著内斑舟蛾 *Peridea aliena* Staudinger
231			黄掌舟蛾 *Phalera fuslescens* Butler
232			栎掌舟蛾 *Phalera assimilis* Bremer
233			刺槐掌舟蛾 *Phalera birmicola* Bryk
234			苹掌舟蛾 *Phalera flavescens* Bremer Grey
235			杨白剑舟蛾 *Pheossia fusiformis* Matsumura
236			槐羽舟蛾 *Pterotoma sinicum* Moore
237			苹蚁舟蛾 *Stauropus persimilis* Butler
238			琴纹尺蛾 *Abraxaphantes perampla* Suinhoe
239			醋栗尺蛾 *Abraxas grossudariata* Linnaeus
240		尺蛾科 Geometridae	萝摩艳青尺蛾 *Agathia carissima* Butler
241			针叶霜尺蛾 *Alcis secundaria* Esper
242			锯翅尺蛾 *Angerona glandinaria* Motschulsky
243			黄星尺蛾 *Arichanna melanaria fraterna* Butler

续表

序号	目 名	科 名	物种名
244			大造桥虫 *Ascotis selenaria schiffer* Muller Denis
245			二白点尺蛾 *Aspilates smirnovi* Bom
246			华北双齿尺蛾 *Biston* sp.
247			桦尺蛾 *Biston betularia* Linnaeus
248			皱霜尺蛾 *Boarmia displiscens* Butler
249			油桐尺蛾 *Buzura suppressaria* Guene
250			白杜星尺蛾 *Calospilos suspecta* Warren
251			榛金星尺蛾 *Calospilos sylvata* Scopoli
252			肾纹绿尺蛾 *Comibaena procumbaria* Pryer
253			双线针尺蛾 *Conchia mundataria* Cramer
254			网目尺蛾 *Chiasmia clathrata* （Linnaeus）
255			蜻蜓尺蛾 *Cystidia stratonice* Stoli
256			枞灰尺蛾 *Deileptenia ribeata* Derck
257	毛翅目	尺蛾科 Geometridae	胡桃尺蛾 *Ephoria arenosa* Butler
258	Trichoptera		北京尺蛾 *Epipristis transiens* Sterneck
259			贡尺蛾 *Gondontis aurata* Prout
260			白脉青尺蛾 *Hipparchus albovenaria* Bremer
261			直脉青尺蛾 *Hipparchus valida* Felder
262			蝶青尺蛾 *Hipparchus papilionaria* Linnaeus
263			茶用克尺蛾 *Junkowskia athleta* Oberthur
264			橄璃尺蛾 *Krananda oliveomarginata* Swinhoe
265			中国巨青尺蛾 *Limbatochlamys rothorni* Kothschild
266			葡萄回纹尺蛾 *Lygris ludovicaria* Oberthur
267			女贞尺蛾 *Naxa seriaria* Motschulsky
268			雪尾尺蛾 *Ourapteryx nivea* Butler
269			接骨木尾尺蛾 *Ourapteryx sambucaria* Linnaeus
270			驼波尺蛾 *Pelurga comitata* （Linnaeus）
271			黄基粉尺蛾 *Pingasa ruginaria* Guenee

续表

序号	目名	科名	物种名
272			桑尺蛾 *Phthonandria atrilineata* Butler
273			苹烟尺蛾 *Phthonosema tendinosaria* Bremer
274			槭烟尺蛾 *Phthonosema invenustdria* Leech
275			塞尺蛾 *Sebastosema bubonaria* Warren
276			槐尺蛾 *Semiothisa cinerearia* Bremer et Grey
277		尺蛾科 Geometridae	忍冬尺蛾 *Somatina indicataria* Walker
278			枣步曲尺蛾 *Sucra jujuba* Chu
279			黄双线尺蛾 *Syrrhodia perlutea* Wehrli
280			屏边垂耳尺蛾 *Terpna pingbiana* Chu
281			绿叶碧尺蛾 *Thetidia chlorophyllaria*（Hedemann）
282			玉臂黑尺蛾 *Xandrames dholaria* Moore
283			白杨枯叶蛾 *Bhima idiota* Graeser
284			波纹杂毛虫 *Cyclophragma undans*（Wallker）
285	毛翅目 Trichoptera		黄斑波纹杂毛虫 *Cyclophragma undans fasciatella* Menetries
286			天幕毛虫 *Malacosoma neustris testacea* Mots.
287		枯叶蛾科 Lasiocampidae	杨枯叶蛾 *Gastropacha populifolia* Esper
288			李枯叶蛾 *Gastropacha quercifolia* Linnaeus
289			高山天幕枯叶蛾 *Malacosoma insignis* Lajonquiere
290			苹果枯叶蛾 *Odonestis pruni* Linnaeus
291			栎毛虫 *Parabeda plagifera* Walker
292			黄绿枯叶蛾 *Trabla vishnou gintina* Kang
293			银紫枯叶蛾 *Somadasys berviensis* Butler
294		卷蛾科 Tertricidae	环铅卷蛾 *Ptycholoma lecheana* Linnaeus
295		细卷蛾科 Cochylidae	鼠李镰翅细卷蛾 *Ancylis unciana* Hawarth
296		螟蛾科 Alucitidae	四斑黑螟 *Algedonia luctualis diversa* Butle
297			八斑黑螟 *Anania assimilis* Butle
298		钩蛾科 Drepanidae	洋麻钩蛾 *Cyclidia substigmaria* Hubner

续表

序号	目名	科名	物种名
299			哑铃带钩蛾 *Macrocilix mysticata* Walker
300			网线钩蛾 *Oreta obtusa* Walker
301		钩蛾科 Drepanidae	荞麦钩蛾 *Spica parallelangula* Alperaky
302			接骨木钩蛾 *Psiloreta lochoana* Swinker
303			赤杨镰钩蛾 *Drepana curvatula* Borkhausen
304			戟剑纹夜蛾 *Acronita euphorbiae* Schiffermuller
305			桃剑纹夜蛾 *Acronita incretata* Hampson
306			晃剑纹夜蛾 *Acronita leucocuspis* Butler
307			赛剑纹夜蛾 *Acronita psi* Linnaeus
308			炫夜蛾 *Actinotia polyodon* Clerck
309			枯叶夜蛾 *Adris tyrannus* Guenee
310			小地老虎 *Agrotis ypsilon* Rottemberg
311			大地老虎 *Agrotis tokionis* Buthler
312	毛翅目		黄地老虎 *Agrotis segetum* Schiffermuller
313	Trichoptera		皱地夜蛾 *Agrotis corticea* Schiffermuller
314			棕肾鲁夜蛾 *Xestia renalis* Moore
315		夜蛾科 Noctuidae	蔷薇扁身夜蛾 *Amphipyta perflua* Fabricius
316			大红裙扁身夜蛾 *Amphipyta monolitha* Cuenee
317			前黄鲁夜蛾 *Amathes stupenda* Butler
318			八字地老虎 *Amathes cnigrum* Linnaeus
319			三角地老虎 *Amathes triangulum* Hufnagel
320			枭秀夜蛾 *Apama strigidisca* Moore
321			仿爱夜蛾 *Apopestes spectrum* Esper
322			满丫纹夜蛾 *Autographa mandarina* Freyer
323			黑点丫纹夜蛾 *Autographa nigrisigna* Walker
324			绿藓夜蛾 *Bryophila prasina* Draudt
325			果兜夜蛾 *Calymnia pyralina* Schiffermuller
326			疖角壶夜蛾 *Calymnia minuticornis* Guenee

序号	目 名	科 名	物种名
327			白斑兜夜蛾 *Calymnia restituta* Walker
328			椴裳夜蛾 *Catocala lara* Bremer
329			宁裳夜蛾 *Catocala nymphaeoides* Herrich-schaffer
330			显裳夜蛾 *Catocata deuteronympha* Staudinger
331			柳裳夜蛾 *Catocata electa* Borkhausen
332			茂裳夜蛾 *Cataoata doerriesi* Stauinger
333			缟裳夜蛾 *Catocata fraxini* Linnaeus
334			鹿裳夜蛾 *Catocata praxencta* Alpheraky
335			鸥裳夜蛾 *Catocata patata* Felder
336			丹日明夜蛾 *Sphragifera sigillata* Menetres
337			客来夜蛾 *Chrysorithrum amata* Bremer
338			筱客来夜蛾 *Chrysorithrum flavomaculata* Bremer
339			萱麻夜蛾 *Cocytodes caerulea* Guenee
340	毛翅目 Trichoptera	夜蛾科 Noctuidae	富冬夜蛾 *Cucullia fuchsiana* Eversmann
341			三斑蕊夜蛾 *Cymatophoropsis trimaculata* Bremer
342			中金狐夜蛾 *Diachrysia intermixta* Warren
343			斜尺夜蛾 *Dierna strigata* Moore
344			巨黑颈夜蛾 *Eccrita maxima* Bremer
345			旋皮夜蛾 *Eligma narcissus* Cramer
346			谐夜蛾 *Emmelia trabealis* Scopoli
347			变色夜蛾 *Enmonodia vespertilio* Fabricius
348			裳夜蛾 *Ephesia fulminea* Scopoli
349			达光裳夜蛾 *Ephesia davidi* Oberthur
350			鸽光裳夜蛾 *Ephesia columbina* Leech
351			意光裳夜蛾 *Ephesia ella* Butler
352			栎光裳夜蛾 *Ephesis dissimilis* Bremer
353			冬麦异夜蛾 *Protexarnis squalida* Guen
354			白肾文夜蛾 *Eustrotia marjanovi* Tschetverikow

续表

序号	目 名	科 名	物种名
355			厉切夜蛾 *Euxoa lidia* Cramer
356			寒切夜蛾 *Euxoa sibirica* Boisduval
357			庸切夜蛾 *Euxoa centralis* Staudinger
358			白边切根虫 *Euxoa oberthuri* Leech
359			织网夜蛾 *Heliophobus texturata* Alpheraky
360			花实夜蛾 *Heliothis ononis* Schiffermuller
361			点实夜蛾 *Heliothis peltigera* Schiffermuller
362			苜蓿夜蛾 *Helithis viriplaca* Hufnagel
363			茶色狭翅夜蛾 *Hermonassa cecilia* Butler
364			萍梢鹰夜蛾 *Hypocala subsafura* Guenee
365			肖毛翅夜蛾 *Lagoptera juno* Dalman
366			黏虫 *Leucania separata* Walker
367			比夜蛾 *Leucania juvenilia* Bremer
368	毛翅目 Trichoptera	夜蛾科 Noctuidae	白杖黏夜蛾 *Leucania lalbum* Linnaeus
369			白钩黏夜蛾 *Leucania proxima* Leech
370			瘦银锭夜蛾 *Macdunnoughia confusa* Stephens
371			甘蓝夜蛾 *Mamestra brassicae* Linnaeus
372			宽胫夜蛾 *Melicleptria scutosa* Schiffermuller
373			苹刺裳夜蛾 *Mormonia bella* Butler
374			栎刺裳夜蛾 *Mormonia dula* Bremer
375			晦刺裳夜蛾 *Mormonia abamita* Bremer
376			褐宽翅夜蛾 *Naenia contaminata* Walker
377			焰色狼夜蛾 *Ochropleura flammatra* Schiffermuller
378			缪狼夜蛾 *Ochropleura musiva* Hubner
379			红棕狼夜蛾 *Ochropleura ellapsa* Cortc
380			黑齿狼夜蛾 *Ochropleura praecurrens* Staudinger
381			窄直禾夜蛾 *Oligia arctides* Staudinger
382			落叶夜蛾 *Ophideres fullonica* Linnaeus

序号	目名	科名	物种名
383			梦尼夜蛾 *Orthosis incerta* Hufnagel
384			艳银钩夜蛾 *Panchyrysia ornata* Bremer
385			白斑星夜蛾 *Perigea albomaculata* Moore
386			围连环夜蛾 *Perigrapha circumducta* Ledrer
387			亚闪金夜蛾 *Plusida imperatrix* Draudt
388			霉裙剑夜蛾 *Polyphaenis oberthuri* Staudinger
389			间色异夜蛾 *Polyphaenis poecila* Alpheraky
390			冬麦异夜蛾 *Protexarnis squalida* Guenee
391			蒙灰夜蛾 *Polia advena* Schiffermuller
392			灰夜蛾 *Polia nebulosa* Hufnagel
393			白肾灰夜蛾 *Polia persicariae* Linnaeus
394			淡缘灰夜蛾 *Polia costirufa* Draudt
395		夜蛾科 Noctuidae	红棕灰夜蛾 *Polia illoba* Bufler
396	毛翅目		鹏灰夜蛾 *Polia goliath* Oberthur
397	Trichoptera		旋幽夜蛾 *Scotogramma trifolii* Rottemberg
398			扇夜蛾 *Sineugraphe disgnosta* Boursin
399			紫棕扇夜蛾 *Sineugraphe exusta* Buthler
400			灰缘贫夜蛾 *Simplicia marginata* Moore
401			旋目夜蛾 *Speiredonia retorta* Linnaeus
402			干纹冬夜蛾 *Staurophora celsia* Linnaeus
403			直紫脖夜蛾 *Toxocampa recta* Bremer
404			焚紫脖夜蛾 *Toxocampa vulcanea* Buthler
405			郁后夜蛾 *Trisuloides infausta* Walker
406			黑环陌夜蛾 *Trachea melanospila* Kollar
407			黄紫脖夜蛾 *Toxocampa* sp.
408			白脊铜翅夜蛾 *Trachea atriplicis* Linnaeus
409		灯蛾科 Arctiidae	红缘灯蛾 *Amsacta lactinea* Cramer
410			排点黄灯蛾 *Diacisia sannio* Linnaeus

序号	目 名	科 名	物种名
411			异艳望灯蛾 *Lemyra proteus* DE Joannis
412			亚麻篱灯蛾 *Phragmatobia fuliginosa* Linnaeus
413			黑纹黄灯蛾 *Phyparia leopardinal* Menetries
414			肖浑黄灯蛾 *Phyparia amurensis* Bremer
415			点浑黄灯蛾 *Rhyparioides metelkana* Lennaeus
416			黑须污灯蛾 *Spilarctia casigneta* Kollar
417			污白灯蛾 *Spilarctia jankowskkii* Oberthur
418		灯蛾科 Arctiidae	黄肾黑污灯蛾 *Spilarctia caesarea* Goeze
419			姬白污灯蛾 *Spilarctia rhodophila* Walker
420			缘斑污灯蛾 *Spilartia costimacula* Leech
421			纤带污灯蛾 *Spilartia rubitincta* Moore
422			红腹白灯蛾 *Spilartia subcarnea* Walker
423			洁雪灯蛾 *Spilosoma pura* Leech
424	毛翅目		星白灯蛾 *Spilosoma menthastri* Ester
425	Trichoptera		点斑雪灯蛾 *Spilosoma ningyuenfui* Daniel
426			星灯蛾 *Spilosoma menthstri* Esper
427			头橙华苔蛾 *Agylla gigantea* Oberehus
428			银雀苔蛾 *Eilema varana* Moore
429			黄土苔蛾 *Eilema nigripoda* Bremer
430		苔蛾科 Lithosiidae	粉鳞土苔蛾 *Eilema moorei* Leech
431			灰土苔蛾 *Eilema griseola* Hubner
432			鸟闪苔蛾 *Paraona staudingeri* Alpheraky
433			明痣苔蛾 *Stigmatuphora micans* Bremer
434			刻茸毒蛾 *Dasychira kibarae* Matsumura
435			栎茸毒蛾 *Dasychira taiwana* Scriba
436		毒蛾科 Lymantriidae	榆黄足毒蛾 *Ivela ochropoda* Eversmanm
437			舞毒蛾 *Lymantria dispar* Linnaeus
438			黄斜带毒蛾 *Numenes disparilis separate* Leech

续表

序号	目 名	科 名	物种名
439			盗毒蛾 *Porthesia similis* Tueszly
440		毒蛾科 Lymantriidae	杨雪毒蛾 *Stilpnotia candida* Staudinger
441			拟黄脉毒蛾 *Euprotis* sp.
442			梨叶斑蛾 *Illyberis pruni* Dyar
443		斑蛾科 Zygaenidae	茶六斑褐锦斑蛾 *Sorita pulchella sexpunctata* Walker
444			黑毛斑蛾 *Pryeria* sp.
445			四斑绢野螟 *Diaphania quadrimaculalis* Bremer
446			桑螟 *Diaphania pyloalis* Walker
447			赭翅斑端环野螟 *Emorypara obscu ralis*（Caudja）
448			夏枯草展颈野螟 *Eurrypara hortulata* Linnaeus
449			褐巢螟 *Hypsopygia regina* Bathrnae
450		螟蛾科 Pyralidae	草地螟 *Loxostege sticticalis* Linnaeus
451	毛翅目		玉米螟 *Ostrinia nubilalis* Hubner
452	Trichoptera		旱柳原螟 *Proteuclasta stotzneri* Caradja
453			紫斑谷螟 *Pyralis farinalis* Linnaeus
454			黄黑纹野螟 *Tyspanodes hypsalis* Warren
455			橙黑纹野螟 *Tyspanodes striata* Butler
456		木蠹蛾科 Cossidae	芳香木蠹蛾 *Cossus cossus* Linnaeus
457			六星黑点蠹蛾 *Zeuzera leuconotum* Butler
458		透翅蛾科 Aegeridae	苹果透翅蛾 *Hyponomeuta malinella* Zeller
459		带蛾科 Eupterotidae	云斑带蛾 *Apha yunnanensis* Mell
460			绿尾大蚕蛾 *Actias selene ningpoana* Felder
461			红尾大蚕蛾 *Actias rhodopneuma* Roter
462		大蚕蛾科 Saturriidae	合目大蚕蛾 *Coligula boisduvali fallax* Jordan
463			黄豹大蚕蛾 *Leopa katinka* Westwood
464			透翅大蚕蛾 *Rhodinia fugax* Butler
465		笋纹科 Brahmaeidae	紫光笋纹蛾 *Brahmaea porphyrio* Chu et Wang

续表

序号	目 名	科 名	物种名
466	毛翅目 Trichoptera	鹿蛾科 Amatidae	黑鹿蛾 *Amata ganssuensis* Grum-Grshimailo
467		刺蛾科 Limacdidae	中国绿刺蛾 *Parasa sinica* Moore
468			褐边绿刺蛾 *Parasa consocia* Walker
469	鞘翅目 Coleoptera	虎甲科 Cicindlidae	稠纹虎甲 *Cicindela elisae* Motschulsky
470			褴虎甲 *Cicindela*（Tribonophoru）*laetesoripta* Motsch
471			多型虎甲铜翅亚种 *Cicindela hybrida tranbaicalica* Motschulsky
472		步甲科 Carabidae	麦穗步甲 *Anisodactylus signatus* Illiger
473			中华广肩步甲 *Calosoma maderae chinensis* Kirby
474			赤胸步甲 *Calosoma*（Dolichus）*halensis* Sohall
475			黄缘步甲 *Chlaenius circumdatus* Brulle
476			大劫步甲 *Lesticus maganus* Motsch
477			短鞘步甲 *Pheropsophus jessoensi* Morauwitz
478			一棘锹步甲 *Sarites tarricolla* Bonelli
479		拟步甲科 Tenebrionidae	皱纹琵琶甲 *Blaps rugolosa* Gebler
480		瓢甲科 Coccinellidae	二星瓢虫 *Adalia bipunctata* Linnaeus
481			黑缘红瓢甲 *Chilocorus rubidus* Hope
482			七星瓢甲 *Coccinella septempuntata* Linnaeus
483			双七瓢虫 *Coccinula quaturodecimpulata* Linnaeus
484			福州食植瓢虫 *Epilachna magna* Dieke
485			蒙古光瓢甲 *Exochomus mongol* Barovsky
486			黑缘光瓢虫 *Exochomus xanthocorus nigromarginatus* Miyatake
487			梵文菌瓢甲 *Halyzia sanscrita* Mulsant
488			马铃薯二十八瓢甲 *Henosepilachna vigentioctomaculdta* Motschlsky
489			柯氏素菌瓢甲 *Illeis koehelei* Timberlake

续表

序号	目名	科名	物种名
490			花葬甲 *Necrophorus maculifron* Kraatz
491		埋葬甲科 Silphidae	亚洲葬甲 *Necrodes asiaticus* Portevin
492			小黑葬甲 *Ptomascopus moris* Kraatz
493			黄斑星天牛 *Anoplophora nobilcs* Ganglbauer
494			光肩星天牛 *Anoplophora glabripennis* Motschulsky
495			桑天牛 *Apriora germari* Hope
496		天牛科 Cerambycidae	苹果幽天牛 *Arhopalus* sp.
497			桃红颈天牛 *Aromia bungii* Faldermann
498			虎天牛 *Clytus laicharting* Fainnail
499			大牙锯天牛 *Dorysthene paradoxus* Faldermann
500			麻天牛 *Thyestilla gebleri* Fald
501		龙虱科 Dytiscidae	黄缘龙虱 *Cybister japonicus* Sharp
502			马铃薯金龟甲 *Amphimallon solstitialis* Linnaeus
503	鞘翅目		黄褐异丽金龟甲 *Anomala exoleleta* Faldermann
504	Coleoptera		二色烯鳃金龟甲 *Hilyotrogus bieoloreus* Heyde
505			棕色鳃金龟甲 *Holotrichia titanis* Reitter
506			毛黄脊鳃金龟甲 *Holotrichiatrichophora* Fairmaire
507			围绿长脚金龟甲 *Holotrichia cincticollis* Faldermann
508		金龟甲总科 Melolonthoidae	华北大黑鳃金龟 *Holotrichia oblita* Faldermann
509			灰胸突腮金龟甲 *Hoplosternus incanus* Motschulsky
510			铜色白纹金龟甲 *Liocola brevitarsis* Lewis
511			豆黄毛鳃金龟甲 *Liocola sahlbergi* Mannerhein
512			赤绒金龟甲 *Maladera verticalis* Fairm
513			阔胫鳃金龟甲 *Maladera castanea* Arrow
514			小阔胫鳃金龟甲 *Maladera ovatula* Fairm
515			褐绒金龟甲 *Maladera japonica* Motschulsky
516			黑绒鳃金龟甲 *Maladera orientalis* Motschulsky

续表

序号	目名	科名	物种名
517			小青花金龟甲 *Oxycetonia jucunda* Falderm
518			褐锈花金龟甲 *Poecilophilides rusticola* Burmeister
519		金龟甲总科 Melolonthoidae	云斑金龟甲 *Polyphylla Laticolis* Lewis
520			四斑丽金龟甲 *Popillia quadriguttata* Fald
521			白星花金龟甲 *Potosia*（Liocola）*brevitarsis* Lewis
522			黑皱鳃金龟甲 *Trematodes tenebrioides* Pallas
523		蜣螂科 Scarabaeoidae	戴锤角粪金龟甲 *Bolbotrypes davidis* Fairmaire
524			细胸叩头甲 *Agriotes fuscicollis* Miwa
525		叩头甲科 Elateridae	褐纹叩头甲 *Melanotus* sp.
526			沟叩头甲 *Pleonomus canaliculatus* Faldermann
527			宽背叩头甲 *Selatosomus latus* Linnaeus
528	鞘翅目 Coleoptera		麦茎叶甲 *Clytra dauricum dauricum* Mannerheim
529			锯角叶甲 *Clytra laicharting* Ratxeburg
530		叶甲科 Chrysomelidae	白杨叶甲 *Chrysomela populi* Linnaeus
531			甘薯叶甲 *Colasposoma dauricum* Mannerheim
532			小猿叶甲 *Phaedon brassicae* Baly
533			榆黄叶甲 *Pyrrhalta maculicollis* Motschulsky
534			大绿象甲 *Chlorophanus sibiricus* Gyll
535		象甲科 Curculionidae	沟眶象甲 *Eucryptorrhynchus Chinensis* Olivier
536			梨象甲 *Rhynchitidae coreanus* Kono
537			赤带绿芜菁 *Lytta suturella* Motschulsky
538		芜菁科 Meloidae	绿芜菁 *Lytta caraganae* Pallas
539			苹斑芜菁 *Mylabris calida* Pallas
540		水龟虫科 Hydrophilidae	长须水龟虫 *Hgdrous acuminatus* Motsch
541	革翅目 Dermaptera	蠼螋科 Labiduridae	红褐蠼螋 *Forficula scudderi* Bormans

序号	目　名	科　名	物种名
542			螟蛉悬茧姬蜂 *Charops bicolor* Szepligeti
543			台湾瘦姬蜂 *Diadegma akoensis* Shiraki
544		姬蜂科 Ichneumonidae	豹纹马尾姬蜂 *Megarhyssa praecellens* Tosquinet
545			甘蓝夜蛾拟瘦姬蜂 *Netelia*（N.）*ocellaris* Thomson
546	膜翅目 Hymenoptera		黏虫白星姬蜂 *Vulgichneumon leucaniae* Uchida
547		茧蜂科 Braconidae	黄长距茧蜂 *Macrocetrus abdominalis* Fabricius
548		叶蜂科 Tenthredinidae	小麦叶蜂 *Dolerus tritici* Chu
549		胡蜂科 Vespidae	大胡蜂 *Vespa auralia nigrithorax* Buysson
550			黑尾胡蜂 *Vespa ducalis* Smith
551		泥蜂科 Sphecidae	红腹细腰蜂 *Ammophila aenulans* Kohl
552		土蜂科 Scoliidae	金毛长腹土蜂 *Campsomeris prismatica* Smith
553		长尾小蜂科 Chalcidae	齿腿长尾小蜂 *Monodontomerus minor* Ratz.
554	双翅目 Diptera	食蚜蝇科 Syrphidae	短翅细腹蚜蝇 *Sphaerophoria scripta* L.
555		寄蝇科 Tachinidae	双斑撒寄蝇 *Salmacia bimaculata* Wiedemann
556		大蚊科 Tipulidae	斑大蚊 *Tipula coquilletti* Enderlein
557			窗大蚊 *Tipula nova* Walker
558		虻科 Tabanidae	邵氏剑虻 *Psilocephala sauteri* Krober
559		蜂虻科 Bombylidae	长喙虻 *Bombylus major* Linne

附录 9 自然保护区大型真菌名录

序号	门	纲	目	科	物种名	拉丁名	经济用途	习性、生境
1	子囊菌门 Ascomycota	锤舌菌纲 Leotiomycetes	柔膜菌目 Helotiales	柔膜菌科 Helotiaceae	紫色囊盘菌	*Ascocoryne cylichnium*（Tul.）		林地、腐木
2			蜡钉菌目 Helotiales	核盘科 Sclerotiniaceae	栎杯杯盘菌	*Ciboria batschiana*（Zopf）N.F.Buchw.		壳斗科科落果上
3		锤舌菌纲 Leotiomyceles	斑痣盘菌目 Rhytismatales	地锤菌科 Cudoniaceae	黄地勺菌	*Spathulariaflavida* Pers.	食用	地上
4				马鞍菌科 Helvellaceae	白柄马鞍菌	*Helvella albella* Quél.		苔藓地上
5		盘菌纲 Pezizomycetes	盘菌目 Pezizales	羊肚菌科 Morchellaceae	梯棱羊肚菌	*Morchella importuna*		林地上
6				火丝菌科 Pyronemataceae	小海绵羊肚菌	*Morchella spongiola* Boud.		林地上、草原上
7					假网孢盘盘菌	*Scutellinia colensoi* Massee ex Le Gal		腐木上或苔藓上
8					宾州盾盘菌	*Scutellinia pennsylvanica*（Seaver）		腐木上或苔藓上
9					碗状疣杯菌	*Tarzetta catinus*（Holmsk.）		地上
10					杯状疣杯菌	*Tarzetta cupularis*（L.）		地上
11	担子菌门 Basidiomycota	伞菌纲 Agaricomycetes	伞菌目 Agaricales	蘑菇科 Agaricaceae	双孢蘑菇	*Agaricus bisporus*（J.E.Lange）	食用	林地、草地

续表

序号	门	纲	目	科	物种名	拉丁名	经济用途	习性、生境
12	担子菌门 Basidiomycota	伞菌纲 Agaricomycetes	伞菌目 Agaricales	蘑菇科 Agaricaceae	假根蘑菇	*Agaricus bresadolanus* Bohus		地上
13					白林地蘑菇	*Agaricus sylvicola*（Vittad）		地上
14					大秃马勃	*Calvatia gigantea*（Batsch）	药用、食用	草地
15					毛头鬼伞	*Coprinus comatus*（O.F.Müll.）	食用	草地
16					嘉峪关黑蛋巢菌	*Cyathus jiayuguanensis*		腐木上
17					粒鳞囊小伞	*Cystolepiota adulterina*（F.H. Moller）Bon		地上
18					锐鳞棘皮菌	*Echinoderma asperum*（Pers.）		地上
19					肉褐鳞环柄菇	*Lepiota brunneoincarnata*	有毒	林中
20					冠状环柄菇	*Lepiota cristata*（Bolton）	有毒	林中
21					粉褶白环蘑	*Leucoagaricus leucothites*（Vittad.）		草地
22					红盖白环蘑	*Leucoagaricus rubrotinctus*（Peck）		地上
23					球盖菇科 Strophariaceae 硬田头菇	*Agrocybe dura*（Bolton）Singer		草地
24					平田头菇	*Agrocybe pediades*（Fr.）		地上
25					多脂鳞伞	*Pholiota adiposa*（Batsch）		林中

续表

序号	门	纲	目	科	物种名	拉丁名	经济用途	习性、生境
26	担子菌门 Basidiomycota	伞菌纲 Agaricomycetes	伞菌目 Agaricales	球盖菇科 Strophariaceae	翘鳞伞	*Pholiota squarrosa* (Vahl)	食用	林中
27				鹅膏科 Amanitaceae	烟色鹅膏	*Amanita simulans* Contu		地上
28				膨瑚菌科 Physalacriaceae	粗柄蜜环菌	*Armillaria cepistipes* Velen.		腐木上
29					冬菇	*Flammulinafiliformis* (Z.W.Ge et al.)	食用	地上
30					污白松果菌	*Strobilurus trullisatus* (Murrill)		落果上
31				小皮伞科 Marasmiaceae	脉褶菌	*Campanella junghuhnii* (Mont.)		腐木上
32					隐形小皮伞	*Marasmius occultatiformis*		腐木上
33					干小皮伞	*Marasmius siccus* (Schwein.) Fr.		地上
34				口蘑科 Tricholomataceae	亚历山大杯伞	*Clitocybe alexandri* (Gillet)	药用	林地
35					白霜杯伞	*Clitocybedealbata* (Sowerby)	有毒	林地
36					芳香杯伞	*Clitocybe fragrans* (With.)	有毒	林地
37					深凹杯伞	*Clitocybe gibba* (Pers.)	食用	地上
38					白杯伞	*Clitocybe phyllophila* (Pers.)	有毒	地上
39					寄生金钱菌	*Collybia cirrhata* (Schumach)	有毒	林地

续表

序号	门	纲	目	科	物种名	拉丁名	经济用途	习性、生境
40	担子菌门 Basidiomycota	伞菌纲 Agaricomycetes	伞菌目 Agaricales	口蘑科 Tricholomataceae	碱紫漏斗伞	*Infundibulicybe alkaliviolascens*（Bellù）		地上
41					灰紫香蘑	*Lepista glaucocana*（Bres.）	食用	林中、地上
42					花脸香蘑	*Lepista sordida*（Schumach.）	食用	草地
43					黑白钻囊蘑	*Melanoleuca melaleuca*（Pers.）	食用	地上
44					北美囊泡杯伞	*Singerocybe adirondackensis*（Peck）		林中
45					银盖口蘑	*Tricholoma argyraceum*（Bull.）		地上
46					油口蘑	*Tricholoma equestre*（L.）		地上
47					鳞柄口蘑	*Tricholoma psammopus*（Kalchbr.）	食用	地上
48					棕灰口蘑	*Tricholoma terreum*（Schaeff.）	食用	地上
49				小脆柄菇科 Psathyrellaceae	白色小鬼伞	*Coprinellus disseminatus*（Pers.）	食用	腐木上
50					晶粒小鬼伞	*Coprinellus micaceus*（Bull.）	食用	地上
51					辐毛小鬼伞	*Coprinellus radians*（Desm.）	食用	腐木上
52					庭院小鬼伞	*Coprinellus xanthothrix*（Romagn.）	食用	地上
53					墨汁拟鬼伞	*Coprinopsis atramentaria*（Bull.）	食用	腐木上、林中
54					疣孢拟鬼伞	*Coprinopsisinsignis*（Peck）	食用	林中

续表

序号	门	纲	目	科	物种名	拉丁名	经济用途	习性、生境
55	担子菌门 Basidiomycota	伞菌纲 Agaricomycetes	伞菌目 Agaricales	小脆柄菇科 Psathyrellaceae	褶纹鬼伞	Parasola plicatilis（Curtis）		地上
56					灰褐小脆柄菇	Psathyrella spadiceogrisea（Schaeff.）		林中、草地
57					白黄小脆柄菇	Psathyrella candolleana（Fr.）		林中
58				丝膜菌科 Cortinariaceae	牛丝膜菌	Cortinarius bovinus Fr.		地上
59					黏柄丝膜菌	Cortinarius collinitus（Sowerby）	食用	地上
60					米黄丝膜菌	Cortinarius multiformis Fr.	食用	地上
61					环带柄丝膜菌	Cortinarius trivialis		地上
62				丝盖伞科 Inocybaceae	平盖锈耳	Crepidotus applanatus（Pers.）	食用	腐木上
63					美鳞靴耳	Crepidotus calolepis（Fr.）		腐木上
64					酒红丝盖伞	Inocybe adaequata（Britzelm.）		腐木上
65					褐鳞丝盖伞	Inocybe cervicolor（Pers.）		地上
66					甜苦丝盖伞	Inocybe P.Kumm.		地上
67					污白丝盖伞	Inocybe geophylla（Bull.）	有毒	地上
68					白锅丝盖伞	Inocybe leucoloma Kuhner		地上

续表

序号	门	纲	目	科	物种名	拉丁名	经济用途	习性、生境
69				蜡伞科 Hygrophoraceae	洁白拱顶菇	Cuphophyllus virgineus (Wulfen)	食用	地上
70					红菇蜡伞	Hygrophorus russula (Schaeff.)	食用	地上
71				层腹菌科 Hymenogastraceae	纹缘盔孢伞	Galerina marginata (Batsch)	有毒	腐木上
72					具囊领滑锈伞	Hebeloma collariatum		地上
73					褐盖滑锈伞	Hebeloma mesophaeum (Pers.)		地上
74					大孢滑锈伞	Hebeloma sacchariolens Quél.	有毒	地上
75	担子菌门 Basidiomycota	伞菌纲 Agaricomycetes	伞菌目 Agaricales	脐伞科 Omphalotaceae	绒柄裸脚伞	Gymnopus confluens (Pers.)	食用	腐木上
76					栎裸脚伞	Gymnopus dryophilus (Bull.)	食用	腐木上
77					褐黄裸脚伞	Gymnopus ocior (Pers.)		地上
78					密褶裸脚伞	Gymnopus polyphyllus (Peck)		地上
79				离褶伞科 Lyophyllaceae	长根灰盖伞	Tephrocybe rancida (Fr.)		地上
80					荷叶离褶伞	Lyophyllum decastes (Fr.)	食用	地上
81				伞菌科 Agaricaceae	长柄梨形马勃	Lycoperdon excipuliforme (Scop.)	食用	地上
82					梨形马勃	Lycoperdon pyriforme	药用	地上
83				小菇科 Mycenaceae	红顶小菇	Mycena acicula (Schaeff.)		腐木上
84					纤柄小菇	Mycenafilopes (Bull.)		腐木上

续表

序号	门	纲	目	科	物种名	拉丁名	经济用途	习性、生境
85	担子菌门 Basidiomycota	伞菌纲 Agaricomycetes	伞菌目 Agaricales	小菇科 Mycenaceae	盔盖小菇	*Mycena galericulata*（Scop.）		腐木上
86					红汁小菇	*Mycena haematopus*（Pers.）		腐木上
87					沟柄小菇	*Mycena polygramma*（Bull.）		腐木上
88					洁小菇	*Mycena pura*（Pers.）	食用	腐木上
89					粉色小菇	*Mycena rosea* Gramberg		腐木上
90					黏柄小菇	*Roridomyces roridus*（Fr.）		林中
91				侧耳科 Pleurotaceae	糙皮侧耳	*Pleurotus ostreatus*（Jacq.）	食用、药用	腐木上
92					凤尾侧耳	*Pleurotus pulmonarius*（Fr.）	食用	腐木上
93					本乡光柄菇	*Pluteus hongoi* Singer		腐木上
94					球盖光柄菇	*Pluteus podospileus*		腐木上
95				光柄菇科 Pluteaceae	罗氏光柄菇	*Pluteus romellii*（Britzelm.）		腐木上
96					鹿色光柄菇	*Pluteus shikae*		腐木上
97					柳生光柄菇	*Pluteus salicinus*（Pers.）		腐木上
98					汤姆斯光柄菇	*Pluteus thomsonii*（Berk.& Broome）		腐木上
99				待定	条边杯伞	*Atractosporocybe inornata*（Sowerby）		草地

续表

序号	门	纲	目	科	物种名	拉丁名	经济用途	习性、生境
100					一色齿毛菌	*Cerrena unicolor*（Bull）	药用	腐木上
101					灰脊革菌	*Lopharia cinerascens*（Schwein.）G.		腐木上
102				多孔菌科 Polyporaceae	胭脂红栓菌	*Trametes coccinea*（Fr.）		腐木上
103					槐栓菌	*Trametes robiniophila*		腐木上
104					毛栓菌	*Trametes hirsuta*（Wulfen）	药用	腐木上
105					香栓菌	*Trametes suaveolens*（L.）Fr.		腐木上
106					白薄孔菌	*Antrodia albida*（Fr.）Donk	药用	腐木上
107	担子菌门 Basidiomycota	伞菌纲 Agaricomycetes	多孔菌目 Polyporales		异形薄孔菌	*Antrodia heteromorpha*（Fr.）		腐木上
108				拟层孔菌科 Fomitopsidaceae	白肉迷孔菌	*Daedalea dickinsii* Yasuda		腐木上
109					裂拟迷孔菌	*Daedaleopsis confragosa*（Bolton）J.Schröt.		地上
110					中国拟迷孔菌	*Daedaleopsis sinensis*（Lloyd）Y.C.		地上
111					蜡波斯特孔菌	*Postia fragilis*（Fr.）		地上
112				灵芝科 Ganodermataceae	南方灵芝	*Ganoderma australe*（Fr.）	药用	地上
113				皱孔菌科 Meruliacease	白囊耙齿菌	*Irpex lacteus*（Fr.）Fr.	药用	腐木上

续表

序号	门	纲	目	科	物种名	拉丁名	经济用途	习性、生境
114			多孔菌目 Polyporales	皱孔菌科 Meruliaceae	赭黄齿耳菌	*Steccherinum ochraceum*（Pers.）		腐木上
115			木耳目 Auriculariales	木耳科 Auriculariaceae	黑耳	*Exidia glandulosa*（Bull.）	有毒	腐木上
116				铆钉菇科 Gomphidiaceae	斑点铆钉菇	*Gomphidius maculatus*（Scop.）Fr.	食用	地上
117				桩菇科 Paxillaceae	卷边桩菇	*Paxillus involutus*（Batsch）Fr.	食用	地上
118				牛肝菌科 Boletaceae	褐疣柄牛肝菌	*Leccinum scabrum*（Bull.）	食用	地上
119	担子菌门 Basidiomycota	伞菌纲 Agaricomycetes	牛肝菌目 Boletales		褐黏盖牛肝菌	*Suillus collinitus*（Fr.）	食用	地上
120				黏盖牛肝菌科 Suillaceae	厚环黏盖牛肝菌	*Suillus grevillei*（Klotzsch）		地上
121					灰黏盖牛肝菌	*Suillus grisellus*（Peck）		地上
122					褐环黏盖牛肝菌	*Suillus luteus*（L.）		地上
123			红菇目 Russulales	红菇科 Russulaceae	白杨乳菇	*Lactarius controversus* Pers.	食用	地上
124					松乳菇	*Lactarius deliciosus*（L.）	食用	地上
125					绒边乳菇	*Lactarius pubescens* Fr.	有毒	地上

续表

序号	门	纲	目	科	物种名	拉丁名	经济用途	习性、生境
126					非白红菇	*Russula exalbicans*（Pers.）		林中
127					天竺葵红菇	*Russula pelargonia*		林中
128				红菇科 Russulaceae	蓝黄红菇	*Russula cyanoxantha*（Schaeff.）Fr.		林中
129					臭红菇	*Russula foetens*	有毒	林中
130			红菇目 Russulales		晚生红菇	*Russula cessans*		林中
131					淡孢红菇	*Russula pallidospora*		林中
132	担子菌门 Basidiomycota	伞菌纲 Agaricomycetes		韧革菌科 Stereaceae	毛韧革菌	*Stereumhirsutum*（Willd.）	药用	腐木上
133					血痕韧革菌	*Stereum sanguinolentum*（Alb.&Schwein.）Fr.		腐木上
134			钉菇目 Gomphales	钉菇科 Gomphaceae	冷杉暗锁瑚菌	*Phaeoclavulina abietina*（Pers.）		林中
135			锈革孔菌目 Hymenochaetales	锈革孔菌科 Hymenochaetaceae	鲍姆桑黄孔菌	*Sanghuangporus baumii*（Pilát）	药用	林中
136					褐黄锈革菌	*Hymenochaete xerantica*（Berk.）		林中
137				待定	冷杉附毛孔菌	*Trichaptum abietinum*（Dicks.）	药用	腐木上
138			蘑菇目 Agaricales	裂褶菌科 Schizophyllaceae	裂褶菌	*Schizophyllum commune* Fr.	食用、药用	腐木上

续表

序号	门	纲	目	科	物种名	拉丁名	经济用途	习性、生境
139		伞菌纲 Agaricomycetes	革菌目 Thelephorales	革菌科 Thelephoraceae	石竹色革菌	Thelephora caryophyllea (Schaeff.)		地上
140			伏革菌目 Corticiales	伏革菌科 Corticiaceae	玫瑰色伏革菌	Corticium roseum		腐木上
141	担子菌门 Basidiomycota	花耳纲 Dacrymycetes	花耳目 Dacrymycetales	花耳科 Dacrymycetaceae	花耳	Dacryopinax spathularia (Schwein.)		腐木上
142		银耳纲 Tremellomycetes	银耳目 Tremellales	银耳科 Tremellaceae	金黄银耳	Tremella mesenterica	食用	腐木上

附录10　自然保护区地图

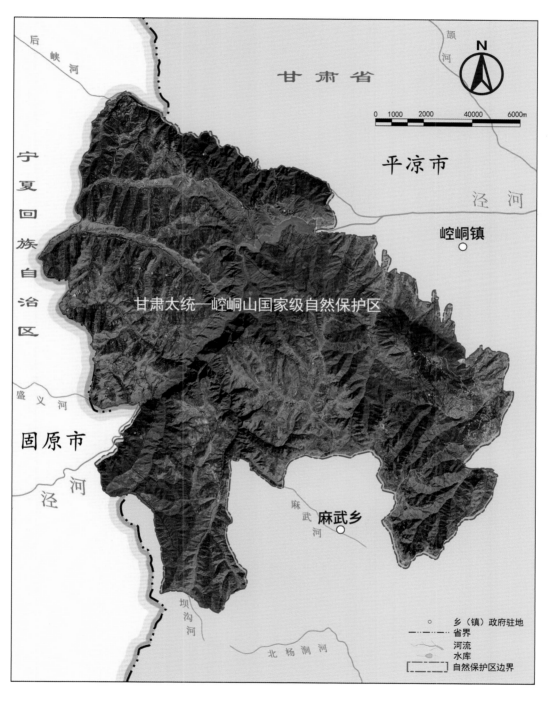

01自然保护区位置图

甘S（2024）6208009号

02自然保护区卫星影像图

甘S（2024）6208009号

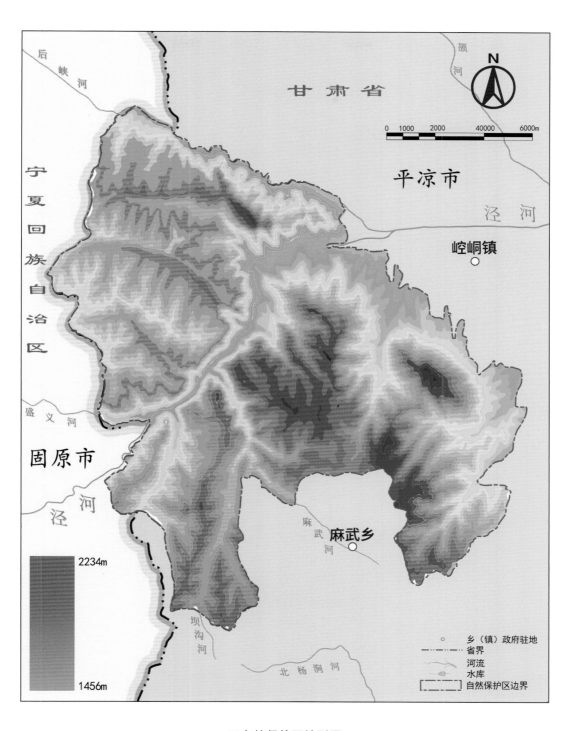

03自然保护区地形图
甘S（2024）6208009号

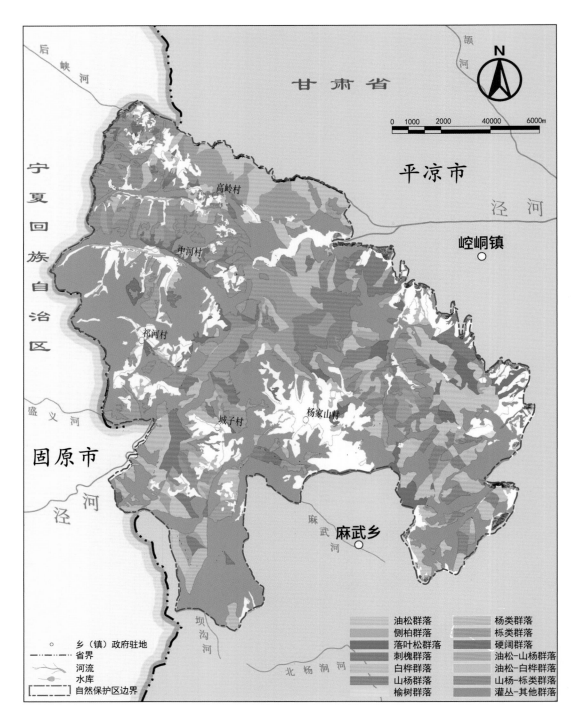

04自然保护区植被图

甘S（2024）6208009号

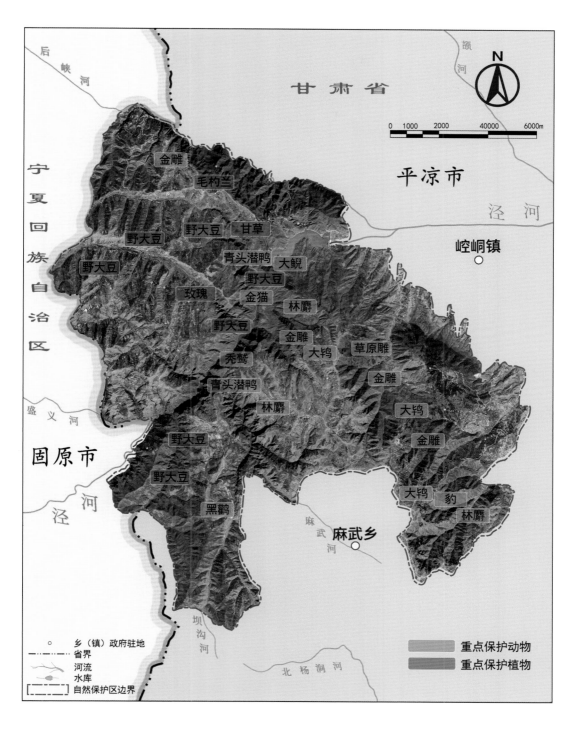

05自然保护区重点保护区对象分布图

甘S（2024）6208009号

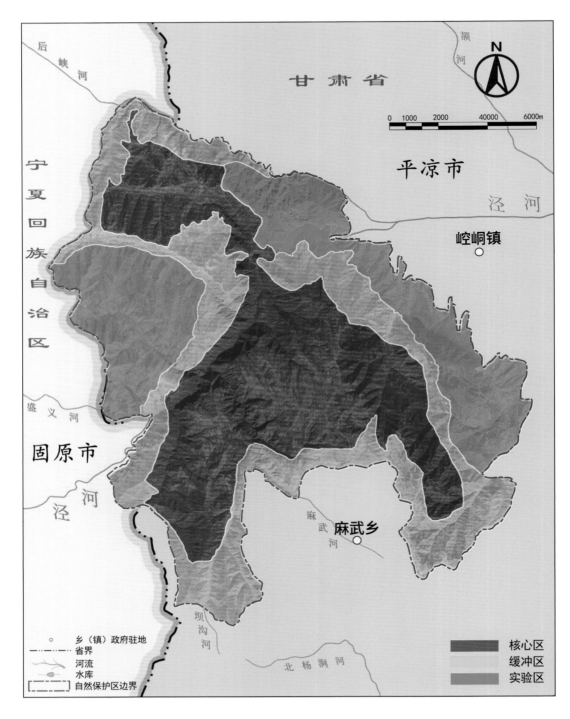

06自然保护区功能区划图

甘S（2024）6208009号

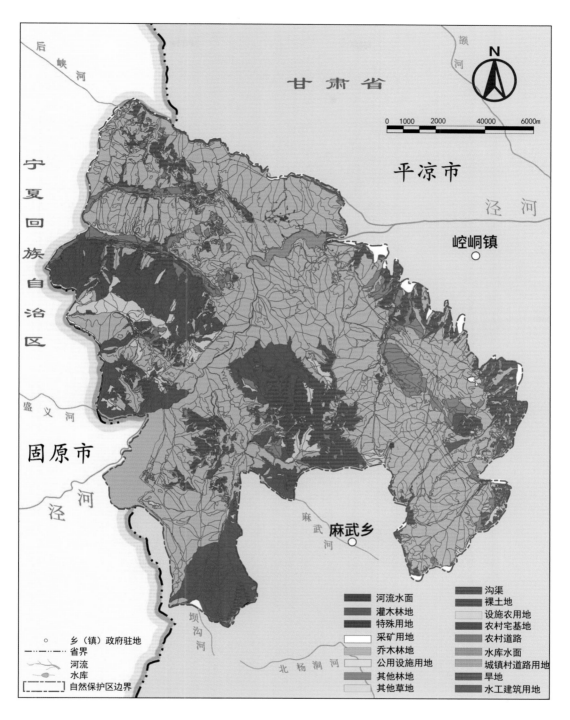

07自然保护区土地利用现状图

甘S（2024）6208009号

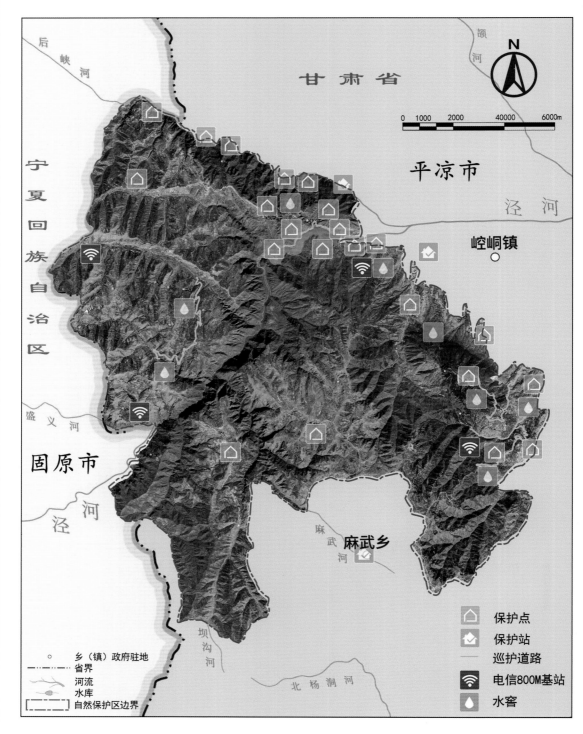

08自然保护区基础设施分布图

甘S（2024）6208009号

附录 11　自然保护区科考图片

问荆（*Equisetum arvense* L.）　　　　　节节草（*Equisetum ramosissimum* Desf.）

掌叶铁线蕨（*Adiantum pedatum* L.）　羽节蕨（*Gymnocarpium jessonse*（Koidz.）Koidz.）

云杉（*Picea asperata* Mast.） 青海云杉（*Picea crassifolia* Kom.）

华北落叶松（*Larix principis-rupprechtii* May.） 华山松（*Pinus armandii* Franch.）

油松（*Pinus tabulaeformis* Carr.）　　　　　叉子圆柏（*Sabina vulgaris* Ant.）

山杨（*Populus davidiana* Dode）　　　　　小叶杨（*Populus simonii* Carr.）

银白杨（*Populus alba* L.）　　　　虎榛子（*Ostryopsis davidiana* Decne.）

大麻（*Cannabis sativa* L.）　　　　麻叶荨麻（*Urtica cannabina* L.）

宽叶荨麻（*Urtica laetevirens* Maxim.）

西伯利亚蓼（*Polygonum sibiricum* Laxm.）

萹蓄（*Polygonum aviculare* L.）

水蓼（*Polygonum hydropiper* L.）

何首乌（*Fallopia multiflora*（Thunb.）Harald.）　　酸模（*Rumex acetosa* L.）

掌叶大黄（*Rheum Palmatum* L.）　　　　刺藜（*Chenopodium aristatum* L.）

菊叶香藜（*Chenopodium foetidum* Schrad.）　　　　地肤（*Kochia scoparia*（L.）Schrad.）

猪毛菜（*Salsola collina* Pall.）　　　　　　马齿苋（*Portulaca oleracea* L.）

蔓茎蝇子草（*Silene repens* Patr.）　　鹅肠菜（*Myosoton aquaticum* （L.）Moench）

牡丹（*Paeonia suffruticosa* Andr.）　　升麻（*Cimicifuga foetida* L.）

高乌头（*Aconitum sinomontanum* Nakai）

伏毛铁棒锤（*Aconitum pendulum* Busch）

甘青乌头
（*Aconitum tanguticum*（Maxim.）Stapf）

白蓝翠雀花
（*Delphinium albocoeruleum Maxim.*）

瓣蕊唐松草（*Thalictrum petaloideum* L.） 东亚唐松草（*Thalictrum minus* var. *hypoleucum* Miq.）

贝加尔唐松草（*Thalictrum baicalense* Turcz） 短尾铁线莲（*Clematis brevicaudata* DC.）

黄花铁线莲（*Clematis intricata* Bunge.）

甘青铁线莲（*Clematis tangutica*（Maxim.）Korsh.）

芹叶铁线莲（*Clematis aethusifolia* Turcz.）

秦岭小檗（*Berberis circumserrata* Schneid.）

驴蹄草（*Caltha palustris* L.）　　　　灌木铁线莲（*Clematis fruticosa* Turcz.）

直穗小檗（*Berberis dasystachya* Maxim.）　　　甘肃小檗（*Berberis kansuensis* Schneid.）

匙叶小檗（*Berberis vernae* Schneid.）　　　　　鲜黄小檗（*Berberis diaphana* Maxin.）

淫羊藿（*Epimedium brevicornu* Maxim.）　　　　地丁草（*Corydalis bungeana* Turcz）

独行菜（*Lepidium apetalum* Willd.）　紫花碎米荠（*Cardamine tangutorum* O.E.Schulz）

蚓果芥（*Torularia humilis* O.E.Schulz）　小丛红景天（*Rhodiola dumulosa* S.H.Fu）

蒙古绣线菊（*Spiraea mongolica* Maxim.）　　高丛珍珠梅（*Sorbaria arborea* Schneid.）

华北珍珠梅（*Sorbaria kirilowii*（Regel）Maxim.）　　灰栒子（*Cotoneaster acutifolius* Turcz.）

陕甘花楸（*Sorbus koehneana* Schneid.）　　小叶金露梅（*Potentilla parvifolia* Fisch.）

鹅绒委陵菜（*Potentilla anserina* L.）　　委陵菜（*Potentilla chinensis* Ser.）

多茎委陵菜（*Potentilla multicaulis* Bunge.）　　莓叶委陵菜（*Potentilla fragarioides* L.）

地蔷薇（*Chamaerhodos erecta* L.）　　东方草莓（*Fragaria orientalis* Lozinsk.）

黄蔷薇（*Rosa hugonis* Hemsl.）

西北蔷薇（*Rosa davidii* Crep.）

地榆（*Sanguisorba officinalis* L.）

苦豆子（*Sophora alopecuroides* L.）

披针叶黄花（*Thermopsis lanceolata* R.Br.）

红花岩黄芪（*Hedysarum multijugum* Maxim.）

鬼箭锦鸡儿（*Caragana jubata*（Pall.）Poir.）

小叶锦鸡儿（*Caragana microphylla* Lam.）

黄毛棘豆（*Oxytropis ochrantha* Turcz.）

黄花棘豆（*Oxytropis ochrocephala* Bunge）

甘肃棘豆（*Oxytropis kansuensis* Bunge）

甘肃米口袋（*Gueldenstaedtia gansuensis* H. P. Tsui）

广布野豌豆（*Vicia cracca* L.）　　　　白香草木樨（*Melilotus albus* Desr）

天蓝苜蓿（*Medicago lupulina* L.）　　　花苜蓿（*Medicago ruthenica*（L.）Trautv.）

紫苜蓿（*Medicago sativa* L.）　　　　　牻牛儿苗（*Erodium stephanianum* Willd）

鼠掌老鹳草（*Geranium sibiricum* L.）　　野亚麻（*Linum stelleroides* Planch）

臭椿（*Ailanthus altissima*（Mill.）Swingle）　　　远志（*Polygala tenuifolia* Willd.）

乳浆大戟（*Euphorbia esula* L.）　　　矮卫矛（*Euonymus nanus* Bieb.）

野葵（*Malva verticillata* Linn.）　　　　双花堇菜（*Viola biflora* L.）

黄瑞香（*Daphne giraldii* Nitsche）　　　　狼毒（*Stellera chamaejasme* L.）

中国沙棘
（ *Hippophae rhamnoides* L.subsp.sinensis Rousi ）

柳兰（ *Epilobium angustifolium* L. ）

宽叶羌活（ *Notopterygium forbesii* H. de Boissieu ）

北柴胡（ *Bupleurum chinense* DC. ）

葛缕子（*Carum carvi* L.）　　　　蛇床（*Cnidium monnieri*（L.）Cuss.）

防风（*Saposhnikovia divaricata*　　　　白蜡树（*Fraxinus chinensis* Roxb.）
（Turcz.）Schischk.）

紫丁香（*Syringa oblata* Lindl）　　　　　互叶醉鱼草（*Buddleja alternifolia* Maxim.）

椭圆叶花锚（*Halenia elliptica* D.Don.）　　　　打碗花（*Calystegia hederacea* Wall）

田旋花（*Convolvulus arvensis* L.）　　　银灰旋花（*Convolvulus ammannii* Desr.）

蒙古莸（*Caryopteris mongholica* Bunge）　　　多裂叶荆芥（*Schizonepeta multifida*
（L.）Briq.）

白花枝子花（*Dracocephalum heterophyllum* Benth.）

糙苏（*Phlomis umbrosa* Turcz.）

益母草（*Leonurus japonicus* Houtt）

百里香（*Thymus mongolicus* Ronn.）

枸杞（*Lycium chinense* Mill.）　　　　天仙子（*Hyoscyamus niger* L.）

龙葵（*Solanum nigrum* L.）　　　　红纹马先蒿（*Pedicularis striata* Pall.）

藓生马先蒿（*Pedicularis muscicola* Maxim.）

甘肃马先蒿（*Pedicularis kansuensis* Maxim.）

平车前（*Plantago depressa* Willd.）

大车前（*Plantago major* L.）

茜草（*Rubia cordifolia* L.）

蒙古荚蒾（*Viburnum mongolicum*（Pall.）Rehd.）

羽裂莛子藨（*Triosteum pinnatifidum* Maxim.）

葱皮忍冬（*Lonicera ferdinandii* Franch.）

长柱沙参（*Adenophora stenanthina*（Ledeb.）
Kitag.）

阿尔泰狗娃花（Heteropappus altaicus
（Willd）Novopokr）

中亚紫菀木（*Asterothamnus centrali-
asiaticus* Novopokr.）

薄雪火绒草（*Leontopodium japonicum* Miq.）

大籽蒿（*Artemisia sieversiana* Ehrhart ex Willd.）

冷蒿（*Artemisia frigida* Willd.）

兔儿伞（*Syneilesis aconitifolia*（Bunge）Maxim.）

牛蒡（*Arctium lappa* L.）

丝毛飞廉（*Carduus crispus* L.）　　　漏芦（*Stemmacantha uniflora* （L.） Dittrich）

山丹（*Lilium pumilum* DC.）　　　马蔺（*Iris lactea pall.*var.*chinensis*

（Fisch.） Koidz.）

野鸢尾（*Iris dichotoma* Pall.）

锐果鸢尾（*Iris goniocarpa* Baker）

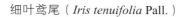

细叶鸢尾（*Iris tenuifolia* Pall.）

毛杓兰（*Cypripedium franchetii* E. H. Wilson）